林峰田教授推薦序

　　永續和生態的觀念其實不是什麼新鮮事。《孟子・梁惠王上》：「不違農時，穀不可勝食也；數罟不入洿池，魚鼈不可勝食也；斧斤以時入山林，材木不可勝用也。」顯然在戰國時代已經有了這種觀念。時至今日，科技的進步和經濟的繁榮雖然帶來許多便利和享受，但也同時帶來了對大自然更加難以回復的破壞。1962年，美國海洋生物學家瑞秋・卡森(Rachel Carson)所著的《寂靜的春天》(Silent Spring)喚起了大眾的關注。1992年聯合國地球高峰會通過「21世紀議程」等文件，呼籲各國訂定永續發展政策。在此世界潮流之下，臺灣在2000年5月訂定了本土化的版本，復於2004年11月修訂為「臺灣21世紀議程——國家永續發展願景與策略綱領」，作為打造永續海島臺灣的指引，包括了對今後推動國土、都市、社區、建築規劃設計的策略綱領，其中有一部分已經被納入後來新訂的國土計畫法之中。

　　永續發展包括了經濟、社會和環境(生態)三個面向，這三個面向環環相扣，也互有競合，缺一不可。是故，生態城市是城市永續發展不可或缺的一個面向，而城市永續發展是生態城市所追求的目標。「臺灣21世紀議程」指出應該將自然保育、永續利用、環境規劃、適當利用農業生產區、永續農漁林業、保留自然綠地、普設生態走廊、建立生態城鄉、生態工業區、防災計畫、自然資源及環境調查納入國土規劃和都市計畫。2016年頒訂的「國土計畫法」將國土保育地區列為四大功能分區之首，並成立國土復育專章，目的事業主管機關得劃設國土復育促進地區，進行復育工作。又，內政部建築研究所的「生態社區解說與評估手冊(2010年版)」將生態社區的衡量指標分成：生態、節能減廢、健康舒適、社區機能及治安維護等五大範疇，顯然不只注意到了狹義生態，也包括了社區居民的生活面向。但是城市的功能不止於生活，還須具有生產的功能。「臺灣21世紀議程」的永續產業強調綠色科技、綠色能源、綠色生產、綠色採購、綠色消費、綠色運輸、休閒觀光農業、綠建築、減廢、綠色租稅；永續社會則強調社會公平、民眾參與、社區發展、人口健康，卻忽視了嚴重破壞農地、危害糧食生產與安全，以及造成環境污染的未登記工廠問題。「臺灣21世紀議程」的永續農業只是消極的宣示保護優良農田，卻無具體策略；國土計畫法也僅針對因為土地使用功能分區調整而須遷移之合法建築物與設施給予補償，以及對於違反土地使用管制者予以處罰，卻未能對於防止農地被轉作他用提出積極的作法。所幸，農委會自2018年起開始推動「對地綠色環境給付」，讓種田所得不比賣地或出租農地差，以遏止農地不斷被侵蝕的動機，不過成效如何，尚有待觀察。由此可見，生態保育的工作，不能只靠國土及都市規劃，各部會的相互配合才能達成生態永續的目標。

雖然國土、城市、社區、建築等不同尺度的空間規劃、設計、施工、營運、經營、管理不是確保生態永續環境的充分條件，卻是不可缺少的必要條件。生態規劃設計是一個還在不斷成長演進的知識領域，吳綱立博士就其多年來的理論發展、實務經驗及兩岸多個實際案例的觀察訪問，綜整成冊，以補當前相關論述之不足。第四章以國光石化以及濱南工業區為例，詳細的陳述了生態環境保育與經濟發展的內在衝突，以及過程之中，地方政治的介入、民眾對政府信心的無法建立、基礎資料的缺乏，以及外在經濟景氣的變動，都是造成開發案失敗(或者成功捍衛生態環境保育)的原因。第四章至第七章，吳博士以其特有的兩岸經驗，列舉了許多兩岸的案例，這是其他書籍或論文所少見者。這些案例以住宅社區的生態規劃設計為主軸，也兼及產業、商業、歷史文化觀光等議題。案例的規模涵蓋了新市鎮、都市計畫、社區、街廓、街道、公園等不同空間尺度。在介紹了各案例的背景及發展歷程之後，吳博士透過他自身的實地觀察、住戶訪談，或者參與審議過程和規劃設計者的對話，分析了各案例的成功之處，並點出目前生態規劃設計所存在的問題與盲點，尤其是社區人際關係的建立、社區服務設施的營運維持，以及社區商業活動的引進……，都不是光靠美麗整潔的社區環境所能單獨解決的。第八章列舉了五個例子，詳細的說明了荒野濕地、景觀格局監測、生態廊道、海綿城市、綠色大眾運輸導向的科學性生態規劃分析方法，極具參考價值。

　　書本的編輯畢竟有一定的時間限制，但是生態規劃設計的理念、案例，以及相關的法制卻都在不斷的推陳出新。除了如前所提到的臺灣的國土計畫將國土保育區列為四大功能分區之首，以及列了國土復育專章之外，大陸在 2018 年成立自然資源部，撤銷建設部，並將原屬建設部的國土規劃職能劃入自然資源部，預示著大陸的城市規劃將從擴張型的開發轉而開始注重和自然生態的互相調和。當兩岸的國土及城鄉規劃都在迎接生態規劃新時代的來臨之際，我們期盼吳博士的這本書不但可以讓讀者瞭解兩岸生態規劃設計的進展和主要議題，更希望能夠引發更多的案例蒐集、議題討論以及理論建構。

林峰田

成功大學研究發展基金會　特聘研究員
國立成功大學都市計劃學系　研究教授
國立成功大學規劃與設計學院　前院長
中華民國都市計劃學會　前理事長
2019 年於台南

王耀武教授推薦序

在中國快速城市化發展的過程中，城市建設的成就舉世矚目，但對於生態環境的破壞也非常驚人，GDP 的增量中有相當一部分是以犧牲生態環境為代價而產生，而經濟發展與環境保護一度成為城市化的核心矛盾。當下的中國，已經進入從追求發展速度到注重發展品質的轉型期，國家成立了自然資源部，在國土空間規劃中要求確定「三區三線」，明確化生態、農業、城鎮空間的邊界，並要求完成資源環境承載能力及國土空間開發適宜性的「雙評價」，從行政部門改革到新技術標準推行，皆可以看出政府改善生態環境、全面實現可持續發展的決心與力度。然而，也應可看到，在實際操作過程中，各級政府仍需面對諸多的矛盾與現實問題，學界也在不斷探討之中，吳綱立教授出版的這本新作可以說是恰逢其時。

吳教授近些年來頻繁往來大陸與臺灣之間，在任哈爾濱工業大學(哈工大)特聘教授期間，也經常來哈工大深圳校區進行學術交流，我與他曾有過多次的深入探討，這本書的風格正如吳教授本人，體現了他的治學嚴謹與細心體察。書中所選的海峽兩岸實踐案例均為吳教授親自主持或參與調研，內容涵蓋了生態規劃的時代背景、理論基礎、管理機制，分別從生態保護與經濟發展、新城開發與舊城更新、城市生態構成要素、可持續生態社區等不同角度，結合案例進行了深入分析，介紹了生態量化分析與評價方法的實際應用，提出了如何建立生態價值觀，並將生態規劃設計理論與方法應用於土地開發管理與生態城鄉的建設中。吳教授行文深入淺出、以點帶面、細緻入微，讀後收穫頗豐。與諸多同類著作相比可謂特色鮮明，有理論梳理、有深入分析、有最新技術，更有人文關懷。

我對書中的幾個案例較為瞭解，讀後仍然給我帶來更為清晰深刻的認識，個人認為每個實踐案例後的建議與省思部分都頗具價值，可為業界同仁帶來更為深入的啟發與思考。雖然此書涵蓋了生態規劃設計的多個相關層面，涉及內容的跨度很大，但每章均可發現多個觀點閃亮之處，值得學者們進行後續的深入研究。透過這本書，再次感受到臺灣學者們在學術研究上的務實與遠見。希望此書既能成為學生們全面瞭解生態規劃的著作，又能成為海峽兩岸學者們學術交流的媒介，共同推進兩岸的城鄉生態建設。

中國幾千年的文化傳承，「營城」與「自然」本應是合一的。正如書中所倡導的，生態理念不僅體現在行政管理與技術方法上，還應是一種深入到骨子裡(生活中)的哲學觀念。對國人來講，既非單一的強調「自然中心觀點」，也非過度強調

「人類中心觀點」，而應是兩者的協同發展與融合，這既是傳承中華傳統的，也是面向世界未來的，這是我理解吳教授這本書的深層意義。

哈爾濱工業大學(深圳)建築學院　教授
城市規劃與管理學院　前院長
深圳市城市規劃與決策模擬重點實驗室　主任
2019 年於深圳

王小璘教授推薦序

上世紀五○年代，為了解決工業革命所造成的居住環境問題，英國倫敦市政府(London County Council)參照 Ebenezer Howard 之 'Garden City' 思想，制定了 'New Town Policy'，開發當時全英國 33 個新市鎮。其第一代初期仍沿襲十八世紀側重營造風景式(picturistic)的人居環境；經過十年的發展經驗，於第二代引進 TOD 和生態觀念，規劃城市空間佈局和景觀設計；至第三代更以科學方法保存、利用、培育綠色資源和植物選種，是為生態學原理運用於都市計劃和景觀規劃之先驅！其後，歷經半個世紀的應用與錘鍊，以及諸多專家學者的剖析與辯證，「生態導向」(Ecological Orientation)已然成為各類自然及人為環境規劃設計之不二法門，並為城鄉永續發展墊下穩固的基石。

本書有系統的剖析生態規劃設計理論思路與脈絡，引經據典地由時間軸和空間軸介紹各家學說，並以實例佐證其應用。而第八章提出「荒野哲學」和「環境倫理」，是對生態理論的另一層面的詮釋與提昇，對應於生態學中的 'Natural Colonisation'，實有異曲同功之妙！值得讀者一探 'Wilderness'、'Environmental Ethics' 和 'Natural Colonisation' 之間的鏈結性與互補性。而該篇章所論述的理念和方法，應是未來國土永續發展中不可或缺的一環！

其次，本書藉由不同議題，包括城鄉規劃、生態保育、新市鎮開發和舊聚落再發展、水環境、生態公園、濕地、社區營造等，將台灣和中國大陸案例，無論作者是否親力親為，皆踏踏實實、有系統地詳細剖析與反思，提供讀者一個深刻的參考實證。

長期以來，有關生態規劃設計理念應用於環境實質規劃的專書不在少數，而能應用於海峽兩岸土地開發管理和城鄉規劃設計之論著則屬有限。本書作者以其跨域、跨界的豐富學養和經驗，透過方法論、制度面、審議面和規劃設計面，圖文並茂的進行分析並予以佐證，值得海峽兩岸學界、公私部門及有興趣的同好們，借鑑參考。

爰此，本人願極力推薦！

王小璘

東海大學景觀系所　教授
臺灣朝陽科技大學設計學院　前院長
臺灣造園景觀學會　名譽理事長

單樑教授推薦序

在最近熱播的紀錄片《美國工廠》中，曹德旺先生提出感慨引人的深思：他在惦念著自己以前孩童時代走出家門就能聽到蟬鳴蛙叫的生活，而現在門外是密密麻麻的房子。他也在反思：自己這麼多年建廠，是不是破壞了環境與安定？自己究竟是有功之人還是有罪之人？曹德旺總經理的困惑，其實透射出生態文化保育與經濟發展之衝突在土地開發及都市發展上的兩難。

當今，全球化、城市化、人口結構變化和氣候變化等大趨勢愈發深刻地影響著城市發展，如何使城市在經濟發展、生態環境和生活品質之間找到一個平衡點，讓人們在享有經濟增長的同時，也能享有充滿活力且綠色健康的城市生活，是城市發展不可迴避的問題。而生態城市的規劃與設計，正是著眼於謀求城市與社會、經濟和環境的共贏發展，著眼於人類當下的幸福與未來世代繁衍的永續，它是一項立體的、多維的、複雜的系統性思維與工作方法，更是一種值得每個城市工作者持續秉持，貫徹始終的理念。

本書結合城市發展與建設的實際訴求，立足於業內權威及先鋒從業者的實際工作感受，從管理機制到空間設計營造全方位地對生態規劃設計思想進行了系統性的剖析。作為一名伴隨著深圳經歷了近半歲月的規劃師，書中的幾個深圳案例是我親身參與或體驗過的，深圳的城市營造正是得益於這樣不斷進階的生態城市實踐探索，而實現了從「跟跑」到「領跑」先行示範性發展的跨越。這讓我更加認同，並切身體會到本書的理論意義與實踐價值之所在。我與吳綱立教授相識多年，並有幸與其多次進行學術交流與合作。我非常敬佩先生嚴謹務實的專業精神和敏銳的洞察力，這些品質在本書的科學性基礎及方法論上的創新性等方面都有充分的體現。我相信本書的出版能為探索未來城市發展路徑提供深刻有用的啟示和重要借鑒，並吸引更多的人參與到建設生態城市、追求綠色健康和美好生活的討論與行動之中。茲藉此共勉，期待各位從業者共同為探索城市的可持續發展之路而上下求索。

深圳市城市規劃設計研究院　副院長暨城市設計總監
中國城鄉規劃　教授級高級工程師
深圳市土木建築學會　副理事長
深圳市城市設計專業委員會　副主任委員

賴碧瑩教授推薦序

　　有機會替吳綱立老師的大作寫推薦序，本人深感榮幸，但也如臨深淵、如履薄水。臺灣 20 多年來，生態規劃設計已經成為都市計劃界的顯學，在全球氣候變遷的趨勢下，生態規劃設計理念的導入城鄉規劃設計及土地開發管理，更是不可避免的趨勢。國內探討生態城市與永續發展的文章相當豐富，尤其是吳綱立老師在此一領域的文章著墨更深。本書《生態規劃設計理念在海峽兩岸土地開發管理與城鄉規劃設計的實踐》的內容豐富且多元，無論是臺灣或中國大陸的濕地公園、水岸空間設計，或是其他的生態規劃設計議題，對於土地開發與城鄉環境管理提供了具體的參考資訊，可說是生態規劃設計書籍中的翹楚，書中更提供諸多規劃設計個案供讀者學習。

　　我相信透過這本書可以讓讀者明確的掌握生態規劃設計的框架，奠定生態設計的理論基礎，並幫助讀者瞭解臺灣、大陸與美國的生態規劃設計理念及應用趨勢。吳綱立老師以有限的篇幅描述都市規劃與生態設計各式各樣的課題，無論是深圳、上海、哈爾濱、台中、台南、台北等國際都會城市，都做了翔實的分析以及案例的介紹。在作者深入淺出、行雲流水的撰述之下，讀者可以簡單容易地去理解生態規劃設計理念的內涵，尋繹出都市未來生態設計及永續發展的方向。透過這本書，讀者可以大大的提升個人在生態理念應用上的思維能力，這是一本絕對值得您深入閱讀的書籍。

國立屏東大學不動產經營系　教授
President, Pacific Rim Real Estate Society
2019 July

劉曉光教授推薦序

有幸與吳綱立教授共事三年，適逢哈爾濱工業大學景觀學科初創，在建立生態規劃特色體系等諸多方面，都得到了吳教授的協助與支持。吳教授治學嚴謹，學養深厚，為我所敬，此次吳教授將其多年理論與實證研究結果撰寫成書，實為兩岸迫切所需。

幾十年來地球生態危機不斷加劇，需要切實可行的系統性理論與操作方法。大陸近期以自然資源部統合各類與土地、環境、城鄉空間相關的部門，提出國土空間規劃、生態紅線管控、生態資產評估與追責等一系列的措施。此書的出版，將從理論、方法、技術、實踐等諸多面向，系統性地彙整並深入剖析，提供了生態規劃的示範路徑，深具參考性。特別是書中所提的臺灣的生態規劃與建設經驗，對大陸的景觀學科及城鄉規劃學科的發展具有重要的價值。

目前學科的分工過細，導致了知識體系不易進行跨域整合，而人定勝天的思維方式，更引發了當今生態環境上的危機，這些都需要從跨領域、多學科整合的維度，提出具遠見的生態規劃策略。吳教授的這本生態專書融通了制度法規、生態經濟、人力資本、社會發展、景觀生態、環境保育、交通、城鄉規劃等學科的經驗與成果，深度解析了諸如產業規劃與經濟績效的生態闡釋、社會網絡建構、生態基礎設施(EI)規劃與生態資產計量等跨學科的問題；探討了生態規劃、產業規劃、社會規劃，從用地、資本的競爭論述到互惠發展的可能，展現了社會、經濟、生態(SEE)複雜巨大系統整體規劃的宏觀架構與願景。

理論研究與建設實踐，需要整合貫通。本書對生態規劃的理論——實踐體系進行了系統性的梳理、構建與價值挖掘；案例解析中可隨處體認到生態學原理的普世價值——如自然演替觀、時空延續觀等，充分展現了理論的應用價值。建設實踐也需要哲學思辨。本書也把生態規劃提升到荒野哲學、環境倫理學、荒野美學等維度，並結合案例進行高屋建瓴的思辨與闡釋，顯示出高遠眼光與深刻洞察。

案例研究需要真實精準。吳教授不畏寒暑與文化障礙，勘察研究親力親為。對多尺度、多類型案例的操作流程真切剖析，揭示了實踐背後複雜的理論思辨、博弈過程以及結果反省。書中哈爾濱的群力濕地、溪樹庭院、深圳華僑城等案例，我雖然皆相當熟悉，但經本書解析，方得精深理悟。書中案例研究所用的方法、工具、資料等也皆示範詳盡，如 SCP 方法等，操作性非常強。

吳教授不僅是在生態規劃各維度都有學術精見的謙謙學者，更多年不懈地在推動國際與兩岸跨學科交流合作，相信本書不僅能為生態規劃的理論與實踐提供新思維，更能進一步激勵兩岸學者共同推進相關的合作研究，以取得更多成果，並創造出更好的城鄉環境。

哈爾濱工業大學(哈爾濱)建築學院副教授
景觀系首任系主任
景觀與生態規劃研究所所長

李彥頤教授推薦序

　　生態城鄉規劃設計為現今國土規劃的顯學課題，隨處可見不同的定義與作法，但是卻缺少了完整的整合性論述與深刻的實踐案例的檢討。本書著者吳綱立教授擁有相關領域豐富的教學、研究及專業實踐經驗，透過個人研究成果於書中做了精闢的彙整分析與案例檢證。本書亦提供豐富的實務驗證來作為理論應用的參考依據，並將研究與分析結果回歸到海峽兩岸城鄉規劃設計的實務操作應用，這是目前相關書籍中相當少見的。另外，本書第八章中，對於生態規劃新理念與新方法和技術的闡述，正符合永續發展與生態評估的科學性研究特質，也提供一些新的思維。對於想要理解完整生態規劃理論與實踐的專業人士，個人極力推薦本書，相信閱讀本書之後，您也會有豁然開朗的感受。

樹德科技大學建築與室內設計研究所　副教授
臺灣永續建築環境促進會(TSSBE)　秘書長

許晉誌理事長推薦序

　　台灣各縣市正如火如荼地進行國土規劃，而環境改變、氣候變遷、海平面上升……等議題，也證明生態城鄉規劃的重要性。本書彙整相關的理論與案例，有系統地將理論依據與理念形塑進行驗證，論述內容涵蓋了生態規劃理論的發展及如何落實到永續發展與景觀生態多樣性保育，對景觀專業的發展的確有具體的助益。更難能可貴的是，作者透過兩岸不同土地管理與環境制度下所實踐之規劃設計經驗與詳實的案例分析，指出生態規劃設計在落實於兩岸土地開發管理及生態城鄉規劃時應該注意的重點與課題，由此更顯示出本書的獨特性與價值性。

　　吳綱立博士藉由其豐富的實務經驗及頗具挑戰性的學術性理論發展經驗，將近年來的研究成果及專業實踐經驗彙整，執筆撰寫本書。此書含括兩岸生態規劃設計的重要議題，內容詳實豐富，並且有具體的實證研究資料，以作為規劃設計的參考，實為目前或是未來有心從事土地開發經營管理或是環境規劃設計工作的專業者一個相當具有參考價值的資源。更重要的是，作者書中的論述皆從「以人為本」、「對使用者的關懷」及「尊重自然」等角度出發，藉由藍綠基盤網絡之建立及生態規劃設計理論與案例實踐的剖析，來試圖提升集居環境的生活品質及生物多樣性，讀之著實令人感動與興奮，除忝為之序外，更深切的期待本書可為臺灣土地的永續發展引領出更多的關懷與努力。

許晉誌

中華民國景觀學會理事長
中國文化大學景觀系副教授

蘇許輝理事長推薦序

生態規劃思潮引入國內已 20 餘年，至今方興未艾。從早期的學術發表、課堂規劃練習到具體地影響到規劃實務；其重要性，也從一個審查議題、價值選項，變成了規劃案之重要價值，甚至是核心價值。這樣的改變，與近十餘年來我們歷經氣候變遷所導致諸多前所未有的災變有重大的關係，讓我們確信生存環境的急遽惡化，已不是學界的憶想，而是一次次無情的浩劫。無疑的，對未來環境的變遷，學子們更是憂心忡忡，歷年來相關環境規劃系所畢業成果展，都能見到對此類問題之嚴肅的關懷。

然而，即使生態城鄉已是顯學，規劃實務界對其仍存在相當程度的模糊。已發展區，存在盤根錯節的課題，在價值排序中如何更有智慧的實踐？於不同尺度進行環境規劃時，除了盤點環境敏感資訊，如何擬定合宜的對策，以建構出好的環境系統？而依規劃所發展出來的新環境，是否又真能達到原擬建構的生態城鄉發展目標？在面對大自然不斷反撲的趨勢下，規劃界更是忐忑不安。

吳綱立教授長期研究生態城鄉規劃設計，其對兩岸生態城鄉實踐所擁有的豐富經驗，更是十分難得。此書涵蓋空間尺度與涵構之多樣性，以及案例實踐與實證檢驗與建議的精闢分析，對於規劃實務界著實具有極高的參考價值。我深信透過此書，未來我們能更有智慧的處理環境議題，共同建構出可永續發展的城鄉環境。

長豐工程顧問股份有限公司總經理
中華民國都市計畫技師公會全國聯合會　前理事長

自序

　　生態規劃設計是一個跨領域的研究課題，近年來隨著生態城鄉及永續發展思潮的推廣，生態規劃設計理念應如何納入建築、景觀及城市規劃設計的專業實踐之中，已引起各界廣泛的重視與討論。自從二十多年前赴美唸書返臺教書之後，個人對此領域一直有著濃厚的興趣，也曾主持相關的研究計畫及擔任政府部門的審議委員，實際經歷了臺灣地區近十餘年來相關理念的推動歷程，也看到了一些成功及失敗的經驗。2012 年至 2015 年期間，本人應邀在哈爾濱工業大學建築學院任教，藉由實際參與中國相關的學科建設及城鄉規劃設計之專業實踐，更深深的體會到生態規劃設計理念的宣導，對於中國在快速經濟成長之後，欲進一步邁入永續城市治理，實具有相當的重要性，而建立正確生態規劃設計理念之價值觀及相關規劃設計原則的推廣，更是推動大中華地區生態文明發展的重要基礎。隨著永續發展與生態低碳城鄉理論的發展，以及相關政策的推動，生態規劃設計理念的實踐已成為相關領域專業者必須瞭解的議題，有鑑於此，本書嘗試以綜合性、跨領域整合的角度，探討在當今全球環境變遷的趨勢下，應如何將生態規劃設計理念落實在臺灣及大陸地區之多尺度、多重課題的土地開發管理及城鄉規劃設計專業實踐之中。

　　本書的標題其實是一個很大的範疇，以此為標題是希望能夠含括宏觀的全方位思考及對當前土地開發及城鄉規劃操作經驗與困境，提供一些有用的省思。然而，以作者的有限能力及經驗，實無法涵蓋此標題中全方位、綜合性的所有討論內涵，所以本書嘗試以主題導向、案例導向的寫作架構及專書鋪陳方式，就作者的實際經驗及當前學科發展的趨勢，挑選出一些具代表性的關鍵議題，並透過作者實際親身經歷的規劃實踐經驗，整理出海峽兩岸相關議題的操作成果及經驗省思。囿於研究資源及時間等限制，本書無法以嚴格的比較研究之架構及方式進行，對於海峽兩岸相關案例及議題的選取，主要係基於作者的實際經驗及相關重要資料所能獲得的程度。

　　本書嘗試結合理論與實務，全書共計九章。第一章透過全球環境變遷的簡述，揭示出生態規劃設計價值觀及倫理的重要性，以及生態規劃設計的時代意涵；第二章嘗試以跨領域的角度，探討相關的理論基礎及規劃設計原則；第三章則從制度面，透過海峽兩岸城鄉規劃及土地開發管理制度的分析，探討法規及規劃機制設計對於相關專業實踐的影響。第四章以海峽兩岸的實際案例，論述生態文化保

育與經濟發展的衝突在土地開發及都市發展專業實踐上的兩難。第五章則以作者實際參與的三個臺灣案例，論述不同類型之城市發展計畫〔新市鎮建設與舊城區(聚落)再發展〕在處理生態規劃相關議題上的基本考量與所面臨的限制，這些臺灣的相關實踐經驗，對於當前大陸的快速城鎮化發展，應具有相當的省思價值。第六章介紹臺灣幾個生態水岸、生態街道、生態公園及生態公共空間改造的成功案例，以期能發展出一些可推廣的生態空間營造模式。第七章為中國具代表性的生態社區案例分析，除了介紹案例的背景及操作內容之外，也透過第一手的訪談資料，分析實際空間使用者的意見與看法。第八章探討如何將新興的規劃設計理念及方法論導入相關的研究及規劃實踐，以期能增加生態規劃設計理念的科學性基礎及方法論上的創新性。最後第九章中則歸納出前述海峽兩岸案例操作經驗的啟示與省思，並提出對未來城鄉規劃及土地開發管理應如何實踐生態規劃設計理念的建議。

要寫一本能反映當前重要生態規劃設計思潮及專業實踐操作經驗省思的專書，對我而言並不是一件容易的事，本書是近十餘年來從事相關教學、理論研究，以及生態城鄉規劃設計專業實踐及土地開發審議經驗的累積。本書得以完成，除了要感謝我任教過的學校(成功大學、哈爾濱工業大學、東華大學、金門大學、東海大學、朝陽科技大學、文化大學等)給予我機會教授相關課程之外，我也要感謝臺灣內政部及許多地方政府給我擔任相關委員的機會，讓我可以透過參與相關計畫及項目的審查，更瞭解公部門、規劃專業界及土地開發業者的實際需求與觀點，此外，也要特別感謝哈爾濱工業大學建築學院及深圳市城市規劃設計研究院，讓我能將西方及臺灣的經驗帶到大陸，並藉由教學及規劃專業實踐，而獲得更深刻的本土化省思。我還要感謝這些年來相關計畫的參與長官、工作夥伴及學生之協助，尤其是內政部區域計畫委員會的長官及參與審議工作的夥伴，讓我有長達八年的時間擔任內政部區域計畫委員，參與多項重要開發計畫的審議，也要感謝禾拓工程顧問公司的許晉誌總經理、九宜工程顧問公司的張登欽總經理、葉世宗建築師，以及我的老東家中央營建技術顧問社，提供本書寫作所需的案例資料，這些都是多年的好友及共同參與臺灣生態城鄉環境營造的夥伴，他們多年來的認真付出，我要在此表達由衷的敬意與謝意。我也要特別感謝許多和我一起參與臺灣或大陸生態城鄉規劃或提供相關參考資訊的師長與朋友，包括 Robert Cervero 教授、Michael Southworth 教授、Stephen Wheeler 教授、林俊興董事長、梅洪元教授、安學敏教授、林峰田教授、陳明竺教授、王耀武教授、宋聚生教授、陸明教授、

劉曉光教授、單樑副院長、荊萬里所長、施鴻志教授、鄒克萬教授、何有鋒教授、王小璘教授、劉正千教授、侯錦雄教授、李素馨教授、林憲德教授、江哲銘教授、張益三教授、吳桂陽教授、許晉誌教授、蘇許輝總經理、李彥頤教授、李子耀教授、李永展教授、彭文惠教授、賴碧瑩教授、曾梓峰教授、葉世宗建築師、孫可為建築師等，以及許多曾修我課程或參與我研究項目的學生，謝謝他們的支持與協助讓我能在永續生態城鄉規劃設計專業實踐這條路走了這麼久。最後，還要感謝我的內人幸萍這些年來的全力支持，讓我在美國和臺灣累積了一些經驗之後，能有機會去大陸及金門地區繼續推廣永續生態城鄉規劃設計的理念。轉眼之間，從美國回到臺灣來實際參與生態城鄉規劃設計工作已超過二十年了，如果我的人生還有十年可以投入此工作，我非常樂於繼續參與，並擔任永遠的志工。希望此書能兼顧理論與實務，可確切地反映全球思潮與地方需求，讓專業者和學生皆可獲得實質上的幫助。作者才學有限、野人獻曝，本書如有任何遺誤之處，尚請讀者不吝指正。

吳綱立

於國立金門大學

2019.07

書中案例空間分佈示意圖

哈爾濱漢樹庭院

黑龍江省

吉林省

遼寧省

山東德州薛來城

內蒙古自治區

北京市
天津市

上海安亭新鎮

浙江桐鄉烏鎮

山東省

江蘇省

浙江省

河北省

山西省

陝西省

河南省

安徽省

湖北省

江西省

福建省

新北市淺海新市鎮
新北市板橋公館街
花蓮馬太鞍濕地
台中黎明新村
台南北門鄉
台南濱巴克禮公園及
台南工業屋
台南市文化中心

台灣

金門

湖南省

重慶市

貴州省

廣東省

廣西壯族自治區

特別行政區

深圳華僑城
深圳坪地國際低碳城
香港
深圳蛇口

甘肅省

寧夏回族自治區

四川省

雲南省

青海省

海南省

新疆維吾爾自治區

西藏自治區

目　錄

第一章 導論

第一節 推動生態規劃設計來因應全球氣候異變的衝擊

在全球氣候異變、沙漠化及都會區擴張等環境問題持續惡化的情況下，如何透過生態城鄉的建構，來營造出一個可永續發展的城鄉生活空間，已成為當前城鄉環境規劃設計領域的重要研究課題之一。全球氣候異變的衝擊不斷地在各地發生，所引發的問題已導致全球性的生態、經濟、社會及人類生存的危機，也影響到傳統的城鄉規劃模式之運作。例如 2011 年 9 月，百年水患發生在泰國，除造成三百多人死亡之外，大量農田被淹沒、居民被迫疏散，而受困在高架道路上或高樓房舍等待救援的人更是不計其數。自 2010 年 11 月開始，德州久旱未雨，發生史上少見的百餘起火災，整個州共燒掉了超過 1,000 棟房屋，在熱帶風暴的風力助長下，惡火吞噬逾 116 平方公里土地，數千名住民被迫撤出。同樣情況也於 2011 年 9 月發生在美國南加州，野火越燒越烈，起火面積達到 200 公頃，當局動員 200 名消防人員、50 輛消防水車跟 18 架消防飛機，前往現場撲救，並強制疏散住在附近的 1,500 戶居民。2010 年起，加州陷入連續 5 年的乾旱，長達 3 年來幾乎沒有降雨，許多地區水庫見底，只能抽取地下水來補用水之不足，造成地下水水位嚴重的降低，各地野火不斷，一直到 2016 年底冬季大量降雪，2017 年強烈風暴來襲，帶來大雨量，才緩解了加州大部分地區的乾旱，但也造成大水災。2009 年 8 月 6 日至 8 月 10 日間發生於臺灣中南部及東南部的八八水災，引發臺灣多處水患、崩坍與土石流，更導致小林村滅村、數百人慘遭活埋的悲慘事件。

除了水患、暴雨、乾旱、颱風等極端氣候現象之外，高溫、急凍也是近十餘年來全球普遍出現的問題，例如歐洲倫敦在 2006 年 5 月發生異常的高溫，而亞洲印度的熱浪更為嚴重，最高可達 46 度，至少有上百人因此而死亡。一直有「水果王國」美稱的臺灣，近年來也深受暖冬及降雨型態改變的影響，打亂了水果的收成，使得夏天的水果，像是芒果、荔枝、蓮霧的收成都受到明顯的影響。而在持續幾年的暖冬之後，2016 年下旬，霸王級寒流的侵襲臺灣，更造成全島長達 90 小時的急凍，嚴重地影響到農業及人民的日常生活。

上述這些現象顯示出，全球氣候異變的衝擊有可能隨時出現在我們的周遭，且發生的頻率比以往更頻繁，所造成破壞的程度更大，其所帶來的衝擊促使我們不得不去思考，當前的土地開發管理及城鄉規劃設計模式是否需作一些調整，或

導入一些對自然環境更友善的規劃模式及生活態度。回顧人類的城鄉發展史，自然生態環境提供了人類生存與活動的基本要素，而氣候的條件造成各地區人們不同的集居模式與生活方式。當人類不斷地過度開發或不當開發，而無止境地浪費地球資源及破壞自然環境系統時，全球氣候可能正醞釀著下一次反撲的能量。全球暖化過程導致大氣環流形式改變，而大氣環流又是維持大氣平衡穩定狀態的關鍵之一，一旦環流形式改變，全球氣候特徵亦將隨之改變。受到地理環境差異的影響，氣候改變將造成各地出現不同程度的劇變天氣，某一地區可能因降水量減少而進入長期乾旱，導致湖泊乾涸；反之，部分地區亦將因降雨量暴增以致洪水泛濫。氣候變化導致「極端天氣」或「天氣突變」的形成，其發展過程中頻率的增快、範圍的擴大以及強度的增強，不但影響到人類的集居環境，也直接挑戰人類對氣候異變的因應能力。

隨著全球環境變遷影響範疇的不斷擴大，所引發的問題已不再僅侷限於科學的議題，它可能導致巨大生態、經濟、社會、文化上的衝擊，而我們賴以生存的城鄉環境當然也會受到重大的影響。根據「政府間氣候變遷專門委員會」(Intergovernmental Panel on Climate Change, IPCC)近年來的研究及相關文獻顯示，對於氣候異變所帶來的影響，生態城鄉及生態社區的建構應是人類面對氣候異變所帶來衝擊的一種因應方式。在全球環境變遷的衝擊下，我們確實需要一些改變：需要營造一種新的生活方式及城鄉土地開發管理模式，以便能更友善的對待我們賴以維生的生態環境。依據生態城鄉規劃理念，人與自然互動及自我循環系統運作得越好，對空間及土地資源的需求也會越少，也會因此而發展出更生態且較具回復力的集居形式，來因應全球氣候異變下災變之發生。生態城鄉的實踐在於建構一個能與自然及人文環境共生共榮的集居生活空間，藉以實踐一個可持續發展的新生活型態。但是在建構及推廣生態城鄉及新生活願景時，目前所面臨的重要課題為：如何檢視現階段的土地開發行為及相關的環境管理，以引導現行城鄉集居模式之調整，通過災變的考驗。此時生態規劃設計理念的導入，正好提供了一個契機。

第二節　生態規劃設計的新時代意涵

　　「生態規劃設計」是一個內容廣泛的領域，對不同背景的專業者而言，可能具有不同的意涵與考量重點，甚至是不同的價值觀。為了便於本書的討論，作者綜合了建築、景觀建築、環境規劃、城鄉規劃設計、城市設計及都市與區域計畫等領域中對生態規劃設計的觀點，大膽地給生態規劃設計下了一個操作型定義：「藉由規劃及設計與環境管理的方法，將現有資源做有效率及公平的安排與利用，使其能在符合生態系統健全性及資源利用永續性的條件下，來滿足人類的基本需求及改善生活的品質，並加強生物多樣性之維護」。近年來，推動生態都市、生態社區及生態城鄉發展等理念的重要性已引起規劃及相關領域的重視，然而在理念的推廣及落實上，目前仍遭受到不少的限制。例如目前的國土計畫及區域計畫在維護區域生態平衡及城鄉土地開發管理的功能上仍有諸多限制，而非都市土地開發管理也無法與都市建成區的更新做整體性的配套考量，以致造成郊區土地的炒作與蛙躍式土地開發的大量蔓延。又如部分生態資源或環境敏感地的管制範圍在區域計畫或新擬定的國土計畫中尚未被明確的指認與公告，以致常引起土地開發管理上的爭議。此外，不同部門在城鄉環境管理及土地開發管理上的權責分工，如水保、環評、開發許可等審議的協調與配合，以及違章建築及未登記工廠的處理方式，也常是爭議的焦點。這些問題再再顯示出在全球環境變遷的衝擊下，如何重新定位生態規劃設計在城鄉規劃與土地開發管理上的意義，並予以具體的落實，實為當務之急。參考當前全球城鄉環境規劃的趨勢，以及海峽兩岸的環境狀況，可初步界定出以下生態規劃設計的新時代意涵：

一、 生態規劃設計作為重建人與自然關係的工具

　　永續城鄉發展需要建立人造環境與自然資源間的依存關係，這種關係可以從重新建構人與土地之關係以及人類對自然的責任開始。人類與生物一樣具有親自然的天性，但這種天性，長久以來由於生活在都市化、人工化的環境過久，已被壓抑至逐漸式微的狀況，所以各種相關的壓力及疾病也就因應而生。生態規劃設計可作為一種親自然生活實踐的工具，協助我們找回這種人與自然的關係及親自然生活的天性。

二、 生態規劃設計作為促進城鄉環境自然演替的觸媒

　　從生態區域及區域治理的角度，城鄉環境其實如同草原沼澤一樣，應遵循著自然法則循環、維持適當的自然演替，避免過度人工化環境的營造；自然循環的

環境不僅有利於人類及生物的健康，也降低了維護管理的成本。

三、 生態規劃設計作為環境綠美化的新價值觀基礎

　　價值觀引導著規劃操作模式與需求，欲營造生態城鄉環境，我們需要新的價值觀。以生態規劃設計的觀點切入，城鄉環境綠美化應該不僅是空間美化設計及種樹而已，也須包括綠資源的經營管理、親自然環境的營造、資源循環再使用、民眾參與與環境教育。在此過程中，目前普遍出現的空間形式複製、大而美及過度設計的規劃操作現象應予以調整，強調適量設計、減法減量、親自然、循環式、誘導式的生態規劃設計理念可作為新價值觀的基礎。

四、 生態規劃設計與社區營造及環境教育的結合

　　社區是城鄉環境營造理想的空間規劃單位與行動單位，生態規劃設計時應考慮社區空間與社區生態資源的類型與功能，達到自然資源管理與社區發展的有效結合，此外也需加強社區環境綠美化與公共空間營造及社區參與的結合，發揮「從做中學」的社區營造精神，進而促進環境覺醒，達到環境教育的目的。

五、 生態規劃設計作為促進社會公平及環境正義的基礎

　　生態規劃設計的理念精神除主張維護生物多樣性之外，也強調從生物多樣性拓展到社會多樣性及文化多元性，此作法有助於規劃設計專業者思考在城鄉規劃設計過程中資源分配的效率與公平性，以及土地使用與社會公平正義之關係。

六、 生態規劃設計作為全球氣候異變的因應策略

　　生態規劃設計不僅強調利用自然環境之風、光、水、氣、熱等力量來進行空間規劃設計，同時也試圖透過規劃設計，而非人造設備的方式來解決集居環境在可居性與舒適性上的問題。這種誘導式(passive)的空間規劃設計手法其實是最具彈性及回復力的空間營造形式，應有助於解決全球氣候異變對人類集居環境之衝擊。

　　生態規劃設計除了理念的推廣之外，更重要的是在地的實踐，其實臺灣及中國大陸近十餘年來已有不少公私部門的專業者、規劃設計師，以及地方社區的環境改造志工，在努力地實踐生態城鄉規劃設計的理念，本書試圖忠實地記錄這些實際的經驗，並指出城鄉環境規劃設計過程中所遇到的一些問題及提供相關的省思。整體而言，本書的章節安排希望能含括基本理論及不同空間尺度與類型的案例操作，以期能為有興趣的學生及專業者提供一些有用的參考資訊。

第二章　建構生態規劃設計的理論基礎

　　近年來，隨著永續發展、景觀生態學(landscape ecology，或譯為地景生態學)、生態城市、永續生態社區及綠建築等理念的推廣，生態規劃設計理念已引起海峽兩岸城鄉規劃設計界的重視。然而不少民眾及專業者仍對生態規劃設計的理念精神缺乏具體的理解，以致常會對一些生態規劃設計作法的真正意涵感到納悶，例如不少民眾較難理解為何建構一個誘鳥、誘蝶或是對生物友善的環境會是城市建設的重要考量之一，也有許多民眾不瞭解人工化的整齊草皮與複層式植栽在固碳及生態效益上的差別。再者，就土地開發管理而言，由於土地開發審議機制設計及相關基礎資料的不足，目前臺灣在實際推動生態規劃設計理念於土地開發管理的實踐時也遭遇到不少的限制，例如在臺灣國土計畫及修訂之區域計畫與相關的土地開發法規中雖有嘗試納入生態保育的概念，卻沒有明確的操作型規範來敘明生態規劃設計的重要項目或課題應如何具體地納入目前的土地開發管理機制之中，而且目前相關的都市計畫與都市設計機制(註 1)的操作，雖有土地使用計畫、土地使用分區管制、綠地計畫及相關的綠建築規定，但在實務執行時，也常因成本、經濟、技術限制及業主價值觀等因素，而無法將生物多樣性設計的理念具體地落實。此外，在全球目前普遍不景氣的情況下，更有不少開發業者或公共政策決策者認為，推動生態規劃設計理念反而會限制了促進經濟發展的機會。

　　生態規劃設計其實是非常生活化且不昂貴的操作，其符合人類親自然的本性，並可在建築或城鄉發展之生命週期中的各個階段，發揮環境改善及提升生活品質的功能。欲達此目的，一個通盤性理論基礎之建構以及跨領域知識的累積有其必要，綜合而言，生態規劃設計的理論基礎相當廣泛，除了生態學及生態系統理論之外，近年來永續發展、綠建築、環境生態學、景觀生態學、群落生態學、社會生態學、永續栽培、生態城市、永續生態社區、參與式設計、生態工程、低碳城市、低碳社區、韌性城鄉等理念的發展也都影響到生態規劃設計思潮的發展。這些理論或思潮的匯聚及整合，讓生態規劃設計逐漸發展成一個跨領域的學域，也擴充了其專業的範疇。鑑於相關理論基礎的龐大與複雜，本章嘗試依據理論的應用範疇，將主要相關理論的發展背景及核心精神做一介紹，以期能協助建立綜合性的理論基礎。

第一節　生態規劃設計理論的發展脈絡

一、生態區域規劃理念

　　生態區域規劃(ecoregional planning)理念提供了一個宏觀的視野，可藉以瞭解一個區域內之生態演替與人類開發行為之間的關係。其實在人類集居環境發展的歷史上，土地使用活動與區域自然生態間的互動關係一直是人類文明發展中一項重要的挑戰。人類在早期聚落發展的經驗中，就已累積了不少對於自然環境因子及區域生態運作的處理經驗，但是這些先民的集居環境營造智慧(常以風土建築或具地方特色的聚落空間營造模式呈現)，卻隨著快速都市化發展及強調經濟利益之土地開發行為的盛行，而逐漸被忽視了，因而造成對土地使用與生態環境間關係的重視之逐漸式微。在此趨勢下，瞭解生態區域規劃理念的發展脈絡及重要性，重新建構「人」、「地」、「生態」三者在區域環境中的互動關係，實為當務之急。

　　生態區域規劃理念強調人造環境與自然環境在生活區域中的和諧共生與相互支援。此理念存在於東西方的環境哲學中，例如東方文化中的「天、地、人」關係及西方近代的環境保育與生態思潮。西方近代生態區域規劃理念的發展可追溯至 Ebenezer Howard、Frederick Law Olmsted、Patrick Geddes、Lewis Mumford 等人的先驅性理念。十九世紀末 Howard 的花園城市(garden city)理念，對工業革命後所形成的惡劣都市生活環境，提供了一個發展理想都市的願景，其強調都市與自然結合、均衡發展以及藉由分散式(decentralized)衛星城鎮發展來維持理想都市規模的作法，對晚近生態都市、永續發展及緊湊都市(compact city)等理念的發展有相當大的啟發作用。美國景觀建築之父 Olmsted 深具自然保育思想的景觀規劃理念，對區域地景資源的規劃與管理及都市自然公園規劃，則有相當深遠的啟示性意義。Olmsted 是十九世紀末美國自然公園運動的倡議者，曾規劃美國加州優勝美地公園等知名的自然國家公園，他很早就提出以設置都市周邊綠帶來管理都市成長的概念，並強調自然資源保育及維持自然性在區域地景規劃中的重要性。著名的生態學家 Patrick Geddes 則透過長期對區域生態運作及西方城市發展的觀察，提出了生態區域及組合城市(conurbation)的概念，其將「區域」的概念導入城市規劃之中，進而拓展了地理學與都市及區域規劃領域的視野。Geddes 認為都市及其周邊生態系統具有相互依存的關係，因此規劃者應以生態區域為規劃的空間範疇(超越傳統的城鎮行政界限)，仔細分析城市及其周邊生態系統間的依存關係以及維持整體區域生態的平衡。Geddes 相當強調環境調查分析在規劃中的重要性，他所提出

的「調查應在規劃之前」(Survey before Plan)的概念 (Hall, 2002; 吳綱立，2017)，早已成為城鄉規劃作業的基本教條。他認為區域尺度的調查應涵蓋整體區域環境及地區環境，包括自然資源、水文、植被、地形地勢、地質及人文空間發展的涵構(context)，這些自然生態及人文生態的基盤正是區域賴以持續發展的基礎，也是人類生存的主要支持系統。Geddes 的學生，著名的都市歷史學家 Lewis Mumford 更進一步的拓展了生態區域理念的應用，其 1938 年出版的《城市文化》(The Culture of Cities)引起當時規劃界普遍的重視。Mumford 嘗試從場所(place)、生態及文化的角度來闡釋生態區域的意涵，他認為都市及周圍鄉村地區所呈現出的整體區域環境是在兩種秩序運作下的結果：一種是人為的秩序，另一種則是自然的秩序。自然秩序是有機發展、自我調控的；而人為的秩序則有賴人為的管控。Mumford 特別強調維持區域內自然秩序的重要性，依此觀點，區域應是一個自持、動態平衡，且具有文化自明性的空間單位，是在不斷自然環境及文化演替過程中所建立出來的。所以，一個有意義的生態區域應是人與自然萬物所共同生活出來的。Mumford 對近代都市化發展及大型工程建設破壞了都市與區域的自然調控力量提出嚴厲的批判，他指出，許多貫穿城市的不當鐵路建設，其實是破壞了都市的自然生育權。

二、環境思潮、景觀生態規劃思潮與生態規劃設計思潮的發展與擴張

在 20 世紀強調科技導向及機能城市的規劃思維下，環境思潮及景觀生態規劃思潮的發展，對於生態規劃設計理念的發展，提供了重要的知識論基礎。十九世紀初德國知名的地理學家 von Humboldt 以科學方法與工具來觀察與記錄自然地理現象的著作，以及其將地景視為是一個複雜的地域綜合體(地表特徵的總合)的概念，將地景的概念與地理學、植物學做了有效的連結。十九世紀末，Howard 的花園城市理念，勾勒出城市與鄉村相結合的願景，以及一個理想城市規模、離心式發展的生態城市發展模式。美國景觀建築之父 Olmsted 等人所推動的都市公園運動及園道設計將生態保育及綠色基盤設施規劃的概念導入城市規劃實踐之中。1940 年代，德國地理學家 Troll 利用航空照片的研究分析，將地景與生態相結合，1980 年代，生態學家 Naveh 和 Liebermen 所強調的地景整體觀(holistic)觀點，則揭示出地景資源的綜合性及整體性效果之重要性，荷蘭生態學家 Zonneveld(1995)並進一步對景觀感知、景觀格局變遷、景觀鑲嵌及景觀系統進行分析與論述。上述這些思潮顯示出景觀生態結構及景觀系統之層級性與關聯性的重要性，也揭示出景觀生態是地表現象的總合，其是一個活生生的整體，也是一個融合許多小系統(小整體)的複雜系統，其中包括生物圈、土地資源與人類活動，所以要建立彼此之

間的互利共生關係。土地倫理(the land ethic)概念的提出，更適時地提醒人們，應該重新思考都市與自然之關係。Leopold (1949)的土地倫理概念，如暮鼓晨鐘般地告誡世人，維持人與土地間和諧共生關係的重要性，在此理念中，Leopold 將傳統對地球村社群的定義擴大，含括了地球村中的所有成員，包括土壤、水、植物及動物，其並倡議將人類的角色從「土地征服者」轉化為「地球環境資源的監護者」。

　　1950 年代 Odum 的生態學理論及其後續提出的以「能量分析」為基礎的生態系統論，奠定了生態系統生態學理論的基礎。1960 年代起，生態學、景觀生態學及生態規劃設計等思潮進入一個快速擴展、多元發展及跨領域整合的時期。Ian Mcharg (1969)提出的結合生態學與城市規劃方法的土地適宜性分析及千層派環境地理疊圖分析方法，成功地建構出生態土地使用規劃的方法論。Aren Naess(1973)提出的深層生態學(deep ecology)概念，則提醒規劃者應省思在地球生態村內的動物、植物及所有成員皆有其內在價值及存在的必要，而非只是配合人類發展需求的工具性價值，此概念在充斥著「人類中心論」(anthropocentrism)的城鄉規劃專業環境中，適時地導入了「自然中心論」(eco-centrism)及維護生物多樣性的概念。上述這些生態思潮先驅者的理念，促使規劃設計者重新思索都市與自然之關係：依據環境思潮及生態區域規劃觀點，都市與自然應非對立的關係，都市也可以不再是環境問題的製造者及開放空間的掠食者，其可以是自然區域中的一部分，也可以是解決城鄉環境問題的機會所在(Leitmann,1999)，因為都市有資訊及資源匯聚的利基，也是人類文明的所在。依據生態區域及生態規劃設計觀點，都市與自然應是相互支援的關係，都市應融入自然區域之中，而自然復育又應導入都市之中(如圖 2-1 所示)，如此，都市將從環境問題的製造者，轉換成生態城鄉的創造者。

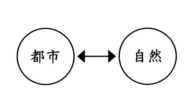 

目前狀況　　　　　　　　**生態城鄉願景**

都市與自然呈對立關係　　　　都市與自然共生、相互支援

都市是環境問題的製造者，都市是　　都市是營造生態城鄉的機會所在，
自然的破壞者，也是開放空間的掠食　　其與自然區域相互依存，如此，都市在
者，並將污染排放於自然環境之中。　　自然區域之中，並將自然導入都市之中。

圖 2-1　生態區域概念下都市與自然關係分析圖 (修改自吳綱立，2009)

　　在 1970 年代相關思潮百花齊放的時代，生態規劃設計的知識論基礎漸漸與社會學、經濟學、社會生態學、社會生物學、樸門設計(permaculture)、社區設計以及景觀建築學等領域產生連結。Schumacher 的「小即是美」觀點，揭示出小尺度系統的重要性；樸門設計(永續栽培)則強調建立善用自然資源循環的農業行為與地方文化之關係。Hough 提出維持都市中生態運作過程的重要性；知名的景觀建築師 Lawrence Halprin 則將自然與水景元素導入城市景觀設計，並指出使用者經驗在環境設計中的重要性，相關的參與式設計理念，也為加州大學柏克萊分校景觀系教授 Hester 所倡議。Register 和非營利組織 Urban Ecology 則以柏克萊市為基地，提出生態城市理念，進而帶動生態城市思潮與相關運動的發展。1990 年代以後，永續社區理念也在北美及歐洲流傳(Beatley,1998; Roseland,1998；Barton, 2000 等)，而強調民眾參與及生態修復的生活景觀(living landscape)概念也漸漸受到重視。

　　1970 年代以後，景觀生態學、群落生態學(community ecology)及島嶼生物地理學等理論的發展，更加強了相關領域專業者對景觀生態空間結構、生態與地景變遷與土地利用之關係的瞭解，於是如何將對於景觀結構、功能、格局、景觀系統關聯性的考量，以及維持生物多樣性的觀念納入城鄉規劃逐漸成為重要的課題。哈佛大學 Forman 等學者對於景觀生態學的系列研究，例如探討嵌塊體(patch)、基質(matrix)、邊緣(edge)、廊道(corridor)等地景元素的特性，以及其在景觀規劃及土地使用規劃上的功能，對於地景變遷監測及相關的土地使用管理發揮了重要的指導作用。群落生態學的發展有助於探討能量流動及物質循環對種群生態平衡及生物群落結構的影響，而島嶼生物地理學對於生物遷移、物種擴張與滅絕等現象以及棲地破碎化之探討，則揭示出棲地保育及保護區劃設的重要性。此外，也有學者探討自然生態過程與城市型態(city form)及城市發展的關係，例如 Hough(1995)關於自然作用(natural process)對城市發展之影響的研究顯示出，親自然設計及維持都市內自然循環演替的重要性，這對於強調人工化及設備化的機能都市主義，提出了深刻的反省。至於俞孔堅(1999)所提出之強調生物保護及生態環境維護的景觀生態安全格局理論，則對當前開發導向的都市規劃模式提出深具反思性的批判。

　　在生態規劃設計理念逐漸應用於都市及社區規劃設計之際，「環境倫理」(environmental ethics)概念的提出則提供了哲學觀與價值觀上的基礎。Taylor(1986)發表的《尊重自然》(*Respect for Nature*)一書，從環境倫理的角度，提供了規劃設計者一些決策上的價值判斷參考。Taylor 的理念與 Leopold 的土地倫理概念相近，其認為所有生物皆有其自身的天賦價值，值得人類尊重，人類和其他生物都是地

球生命社區的成員，人類在地球生命社區中的價值，並沒有超越其他生物，故應該與其他生物共同構成相互依賴的整體生態系統。Taylor 的「生命中心倫理說」更進一步說明了人類與自然的道德關係，他提出五個優先原則，以作為人類行為對環境將產生衝擊時的決策依據：自衛原則、比例原則、最少錯誤原則、分佈性公平原則及補償性公平原則。這些原則提醒專業者，除非必要，否則應減少對自然生態環境的擾動(破壞)，若在非不得已而需擾動自然環境時，則應提供適當的補償措施。1990 年代以後，隨著生態規劃設計思潮及相關理念的推廣，一些關懷環境的規劃設計師更嘗試將生態規劃設計理念運用於實務工作中，例如 Sim Van der Ryn 和 Stuart Cowan (1996)強調將生態規劃設計與日常生活相結合，讓每個人都能在生活環境中感受自然，讓生態在都市及社區生活中隨處可見。作為新都市主義的主要倡議者之一的知名建築師 Calthorpe 在其名著 *The Next American Metropolis: Ecology, Community, and the American Dream* 一書中，則透過實際規劃案例，將生態社區、大眾運輸導向發展(TOD)、生態景觀營造及都市成長管理做了有效的整合。

近年來，歐美地區盛行的智慧型成長(smart growth)理念及綠城市設計(green cities/green urbanism)，更嘗試將永續都市及生態規劃設計的理念納入都市土地使用規劃及城市管理機制之中；類似的努力已出現在歐洲、北美、中國大陸及臺灣，例如荷蘭提出 2000 年至 2020 年的國土空間發展政策，其中將永續區域發展及區域水與綠資源管理列為主要施政目標之一。德國國土空間規劃體系中的景觀計畫，特別強調以「避免」、「平衡」、「補償」與「促進發展」作為空間發展行動的指導原則和手段，認為擬定空間計畫時應該先避免及減緩對環境的衝擊，然後才是促進開發與發展，德國近年並提出生物準則城市(bioprincipled cities)的規劃理念。中國的一些重點園林城市或生態城市也積極的進行城市藍帶與綠帶系統的規劃，並推動生態復育(例如深圳市的綠道網規劃及最近推動的山海連城生態基盤建構計畫)，而臺灣中央及地方政府則積極地推動節能減碳、綠建築、生態城市、生態社區及農村再生(創生)等政策。近年來在全球氣候變遷的衝擊下，聯合國政府間氣候變化專門委員會(IPCC)已公佈了第五次評估報告(AR5)，而各國也嘗試加強氣候變遷下城市與社區的調適與回復能力。在此趨勢下，生物氣候設計、韌性城鄉，以及從搖籃到搖籃(Cradle to Cradle, C2C)理念中所強調的資源循環再利用之生態效率循環設計思潮(McDonough & Braungart, 2009)，已引起建築、景觀及城鄉規劃界的重視，這些思潮的發展，不僅形成更廣泛的思潮擴張與跨領域整合，也提供了相關領域專業者更全面性的思考方向。茲將相關重要思潮與人物整理於表 2-1。

表2-1 生態規劃設計思潮及人物年表

1840 1860 1870 1880 1890 1900 1910 1920 1930 1940 1950 1960 1970 1980 1990 2000 2010 2020 2050

- Von Humboldt 自然綜合體/景觀整體觀
- Frederic Law Olmsted 公園運動
- Partrick Geddes 生態區域
- Ednezer Howard 花園城市
- L. Mumford 城市文化/城市與自然關係
- C. Troll 地景生態
- Adlo Leopold 土地倫理
- E. Odum & H. Odum 生態學/生態系統生態學
- E. Odum 系統生態分析
- R. MacArthur & E. O. Wilson 島嶼生物地理學
- Ian McHarg 生態土地使用規劃
- Arne Naess 深層生態學
- E. F. Schumacher 小即是美 (小尺度系統)
- Murry Bookchin 社會生態學
- E. O. Wilson 社會生物學親生命假說
- B. Mollison & D. Holmgren 永續栽培樸門設計 (Permaculture)
- Lawrence Halprin 城市水景設計/生態過程
- M. Hough 城市發展與自然生態過程
- P. W. Taylor 環境倫理
- R. T. Forman & M. Godron 景觀生態學與土地使用規劃
- R. Register; Urban Ecology 生態城市 (Ecocity Berkeley)
- R. Hester 景觀的流會面向/景觀規劃與社區民眾參與
- Sim Van der Ryn & Peter Calthorpe 永續社區/生態設計
- Peter Calthorpe 新都市主義/生態社區
- Z. Naveh & A. S. Liberman 地景整合觀/景觀整體觀
- I. S. Zonneveld 土地生態學/景觀鑲嵌
- Sim Van der Ryn & S. Cowan 生態設計
- Dramstad, Olson, Forman 景觀生態原則/土地使用
- Cliff Moughtin 綠城市設計
- Josef Leitmann 永續都市
- 俞孔堅 景觀生態安全格局；反規劃
- T. Beatley; M. Roseland; H. Barton 永續社區
- F. R. Steiner; R. Hester 生活景觀/生活地景
- W. Mitsch 濕地保育
- T. Beatley 綠城市規劃
- Duany & Talen Transect規劃
- W. Mitsch & S. E. Jorgensen 生態工程及生態系統重建
- S. Wheeler & T. Beatley 永續都市規劃
- W. McDonough & M. Braungart 從搖籃到搖籃 C2C
- S. Wheeler 氣候變遷與社會生態學
- IPCC AR4
- IPCC AR5
- IPCC AR6
- 全球氣候變遷因應
- 韌性城鄉、韌性社區
- 生態規劃設計與永續生態城鄉

綜觀近代生態區域規劃、景觀生態規劃及生態規劃設計理念的發展,可將其應用於城鄉規劃及土地開發管理時應考量的內容整理如下:

(一) 以區域資源及生態系統運作來界定區域規劃與治理的範圍:區域治理空間範圍之界定,應綜合考量區域生態基盤、資源分佈、自然及人文涵構的關係,而非僅考慮行政界線;此外,自然與人文發展的時空關係也應納入。

(二) 區域土地開發管理需考慮城鄉互賴關係及人造環境與自然環境間的相互依存關係,並就公共設施及環境管理的需求(如交通系統、環保設施、水資源管理等)及區域環境承受力做區域性的整體考量。

(三) 建立將區域生態景觀視為是一個複雜系統的概念,瞭解區域生態景觀的結構、格局、系統性(整體與子系統)和層級性,以及能量、營養流動及物質循環在時空中的動態關係與變遷,以建立有效的生態修護與環境管理模式。

(四) 將傳統的美學導向和功能導向的城鄉景觀規劃設計操作模式,轉換成重視萬物生命過程及與自然共生之景觀營造模式與生活態度,並將單向線性的生活與消費模式,轉換為循環再生的生活模式與資源使用態度。

(五) 建構對土地及區域的認同與自明性,思考如何重新建構生態區域內人與土地之和諧共生關係,並建構人對自然的責任。例如實際在進行土地開發時,應避免擾動過多的生態環境,並避免衝擊到區域及地區的水文循環系統。

(六) 從維護區域生物多樣性拓展到維護社會多樣性及文化多元性,強調區域資源分配的公平正義及土地使用與社會正義之關係;探討氣候變遷與社會生態學的關係,例如考量包容性城市發展以及族群和性別平等的規劃議題。

(七) 推動可彈性因應環境變遷的生態區域規劃模式,進行生態區域規劃時應探索各種區域發展的可能,並分析經濟與文化及生態環境相結合的各種可能。

(八) 從征服自然、強調科技與人為技術的大系統,走回「向自然學習」、「與大自然共生」、強調在地循環及社區參與的自持性小系統,並在生態區域內讓這些小系統能串連成網,相互支援。

(九) 落實從搖籃到搖籃的理念,強調在生態區域範圍內之各種物產(資源)的生命週期過程中,不斷地發掘其創新的價值與功能,讓各種地域性資源及物產能不斷地循環利用,並帶動空間、產業及環境的活化再生與再發展,讓沿海地區目前只強調吃的海鮮文化轉型為海洋文化;山林地區的林木砍伐變成林業永續經營及林業體驗型觀光;稻米生產鄉鎮的稻米產銷轉型為以稻作文化為基礎的「文化—產業—地區發展」以及地方創生,如此一來,從

山林到平原再到海洋，可以循環創生、綿延不斷、生生不息(如圖 2-2)。

(十) 運用縱向剖面圖(如圖 2-3)及 Transect 概念(Duany and Talen, 2002)，分析地景元素及建築型態在區域內之銜接與轉換。從山地到丘陵，再到平原、城市與海邊，讓山成為海的戀人，讓小水滴能夠從山流向海，再回到山林，讓地景元素能在區域內和諧的轉換與銜接，並加強彼此之間的關聯性。

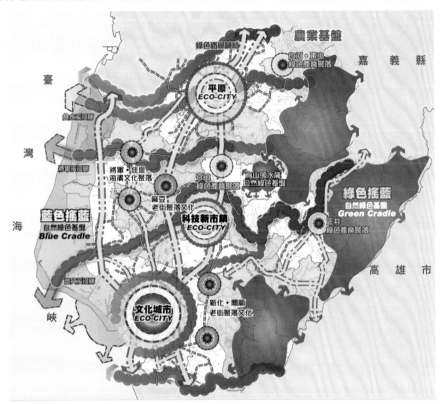

圖 2-2 以生態區域為基礎，將搖籃到搖籃的理念應用於大台南地區之概念圖
(資料來源：許晉誌、吳綱立、王小璘，《修訂台南市景觀綱要計畫》，2012)

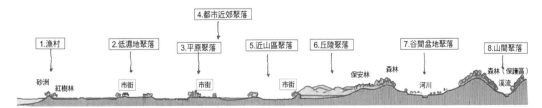

圖 2-3 生態區域縱向剖面圖：山是海的戀人，從山林到海洋形成完整相互關聯的生態體系 (資料來源：許晉誌、吳綱立、王小璘，《修訂台南市景觀綱要計畫》，2012；修改自株式會社象設計集團，《台南縣鄉村風貌綱要規劃報告書》，2006)

第二節　永續生態城鄉理論

一、從永續發展理念到規劃行動

　　永續發展(sustainable development)理念的發展與生態規劃設計思潮有密切的關係，永續發展的概念雖然是在 20 世紀後期才被廣泛地使用，但類似的想法可以追溯到中國早期的環境哲學，例如呂氏春秋所言：不可「竭澤而漁」以及老子道德經中所提到的「人法地、地法天、天法道、道法自然」等強調順應自然運作的生活與生存哲學。近代西方永續發展思潮的起源則可追溯到十九世紀末德國的森林經營理論，以及土地倫理與環境生態學等理論的發展。德國森林永續經營理論中強調維持林木砍伐與生產之平衡狀態的「永續生產」(sustained yield)理念，讓決策者瞭解如何適度取用林木的森林永續經營之道；環境生態學中所強調的「物物相關」、「物有所歸」、「自然善知」、及「環境有價」等概念，使得吾人重新思考人與環境間之關係。土地倫理觀的適時提出，則揭示出人類只是大自然社區中的成員之一，有責任將健康的生態環境留給後代子孫，其並勸誡世人，自然有其存在的價值，人類無權剝奪。隨著這些強調環境共生之理念的推廣，再加上 1970 年代以後環境與能源問題的受到重視，以及環境會計學、環境經濟學、環境倫理學等相關學科的快速發展，使得永續發展理念迅速地發展為一個重要的跨領域思潮。

　　自從 1970 年代首先出現在聯合國報告，1980 年代正式被應用於相關規劃文獻之後，近四十多年來，永續發展理念已被普遍的用來描述「人與環境之間及人與人之間一種長期和諧共生的關係」。依據聯合國世界環境與發展委員會(World Commission on Environment and Development, WCED)於 1987 年發佈之「我們共同的未來」(Our Common Future)宣言中的定義，「永續發展就是能滿足當代的需求而不損及後代子孫去滿足他們需求的能力」。這個著名的規範性的定義不僅顯示出永續發展理念的包容性，同時也引入了需求(needs)、限制(limitation)及跨世代公平(intergenerational equity)等重要概念，此文獻並揭示出永續發展應是在「人類需求」、「資源限制」及「跨世代公平」之間尋求一個平衡點，但宣言中以人類為主的思考模式，也引發一些過於「人類中心論」的批判。1991 年聯合國世界保育聯盟(World Conservation Union, WCU)的《關懷地球》(*Caring for the Earth*)報告，則以生態永續性的概念，揭示出「永續發展」應是在生態系統之環境承載量(carrying capacity)的容許程度之內，一種改善人類生活品質的發展模式。此外，聯合國自然保育聯盟(International Union for the Conservation of Nature, IUCN)於 1986 年加拿大

聯合國保育與發展會議中則更明確的確認出永續發展的主要考慮面向，認為永續發展應嘗試同時回應五個基本需求：(1)保育與發展的整合；(2)人類基本需求的滿足；(3)社會正義及社會公平的維持；(4)社會自我管理(self-determination)及文化多元性(cultural diversity)的建構；(5)生態系統完整性的維持。上述這些永續發展的定義顯示出永續發展理念除了強調環境與經濟的整合之外，也相當重視社會公平及社會正義面向的議題，隨著此理念的推廣，晚近不少學者指出，永續發展就是一種同時兼顧經濟效率(economic efficiency)、環境完整性(environmental integrity)與社會公平(social equity)三個面向(3E)的發展模式。

自從 1962 年 Rachel Carson 的《寂靜的春天》(Silent Spring)及 1972 年羅馬俱樂部(Club of Rome)的《成長的極限》(The Limit to Growth)等重要環保文獻揭示出人類行為對地球生態的衝擊以及地球資源使用上的侷限性之後，人類已逐漸開始體認到，應思索該如何調整自身的行為模式，以超越「成長的極限」。整體而言，永續發展理念對於當前人類過於依賴科技及過度強調人定勝天(征服自然)的開發模式提出了一針見血的批判，此理念並適時地闡釋出，解決當前環境問題的關鍵在於「人的行為」及「人對資源的使用態度」。這些深刻的批判如暮鼓晨鐘般的揭示出人與自然間的互利共生關係，並暗示著只要人類能夠覺醒，並改變對自然資源的使用態度，欲達到永續發展的願景並非遙不可及；然而，自從聯合國相關組織正式提出永續發展概念，並喊出全球性思考及科技整合的口號之後，有鑑於僅靠國際層次的思考及策略並無法真正解決全球不同地區與居民切身有關的環境問題，後遂有 1992 年地球高峰會議(Earth Summit)中「里約宣言」及「地方性 21 世紀議程」(Local Agenda 21)的提出，企圖透過具體的工作藍圖及行動綱領來促使各國推動相關的政策，並有「全球思考、在地行動」(think globally and act locally)概念的提出，以期能藉由地方性的策略及行動方案來達到永續發展的目標。在此趨勢下，各國也皆擬定相關的 21 世紀議程，並嘗試予以落實。近十餘年來，隨著氣候變遷衝擊的加劇，減碳的議題也成為 21 世紀城鄉永續發展的關注焦點之一。

二、生態城市、永續生態社區、低碳城市與低碳社區

隨著生態規劃設計及永續發展理念的推廣，「生態城市」也逐漸成為當前重要的規劃思潮。綜合而言，生態城市所考慮的生態規劃設計原則包括：(1)考慮環境中的多樣性及複雜性；(2)加強連續性與串連性(例如營造串連的生態綠廊及綠地系統，以供生物棲息活動，並提升居民的生活品質)；(3)建立自持及自我調控的系統，

以減少生態足跡；(4)以就地處理及分散處理的方式來處理雨污水排放，並推動廢棄物減量及循環再利用；(5)高科技(high-tech)與在地風土建築技術(low-tech)的搭配使用，結合新的環保技術及在地化的處理方式(吳綱立，2009；林憲德，2011)；(6)發展低排放、高能效、高效率的城市型態。上述理念及前人研究成果提供了可供檢視人類行為模式及城市規劃方法的思考架構。綜合相關文獻(例如 Lynch, 1981; Register, 1987; Calthorpe, 1993; Dramstad et al., 1996; Moughtin, 1996; Roseland, 1997; 華昌琳，1997；俞孔堅，1999；Barton, 2000; 王建國，2000；Beatley, 2001; Wheeler, 2004; 沈清基，2009；何友鋒，2009；吳綱立，2009；Glaeser & Kahn, 2010; 仇保興，2012；王如松，2014)及相關的生態城市規劃經驗，生態城市的基本操作面向可包括：生物多樣性城市、安全生態(或景觀安全格局)城市、最短距離城市、人本交通城市、省能循環再生城市、循環經濟城市、城鄉農業整合城市、健康建築城市、全球地方化城市、職住均衡城市、市民社會 (或和諧社會) 城市、包容性城市等。

永續生態社區(sustainable and ecological community)理念的基本構想是將永續發展及生態設計的理念融入於社區規劃與管理之中，藉以建立兼具生態永續性、生活便利性、資源分配公平性，以及社區管理效率化的人性化社區生活空間。在「全球思考、在地行動」的潮流下，由於社區與民眾日常生活息息相關，故以社區為行動單元及實際操作的舞台，來落實永續發展及生態規劃設計的理念，應為值得鼓勵的作法。何謂永續生態社區？由於不同社區之環境狀況常有所差異，而居民的需求也不盡相同，故很難給予永續生態社區理念下一個放諸四海皆準的定義，儘管如此，近年來國內外對於永續社區或生態社區意涵的研究，應可提供一些有用的參考資訊。例如美國明尼蘇達州永續社區協會長期研究該地永續社區的經驗發現，該地區居民認為永續社區應是一個能維持資源之持續使用，以滿足現在及未來居民需求的社區。Beatley 和 Manning(1997)認為永續社區應具備以下內涵：(1)致力於將土地使用、環境、住宅、交通、社會服務、安全等課題做策略性的整合；(2)以社區為行動單位，並進行社區間的串連；(3)致力於控制人口及住宅向周圍自然地區蔓延，並保留生態敏感地區；(4)致力於減少空氣及水污染，並加強可回收資源的再利用；(5)致力於營造地區自明性、場所精神，並鼓勵建立人性尺度的生活空間；(6)致力於提高服務設施的可及性，並提供充滿活力的公共空間；(7)鼓勵民眾參與及社區自我管理。Beatley(1998)在 *Cooperating with Nature* 一書中更提到永續社區應體認到生態環境的基本限制，提高生態系統的健全性，並建立與自然環境間緊密的關係，以及加強資源與環境風險的公平分配。加州大學教授

Peter Calthorpe(1993)與臺灣內政部建築研究所(1997，2010)對於生態社區的研究也皆指出，生態社區是採用生態環保的理念來進行社區開發及建築設計，並致力於追求居民與自然環境及社區人文環境之共生共榮的社區。綜合以上可知，永續與生態的概念已經結合，而永續生態社區理念含括的範疇，已融入了近年來流行之生態設計、生物多樣性規劃、新都市主義(new urbanism)、資源永續利用、社區授能(community empowerment)及社區自我管理等理念的精神。此外，相關研究也建議，真正的永續生態社區應是一個處於動態平衡的社區，其會隨著環境及居民需求的改變，不斷地進行自我調整以達最適的狀態(Roseland,1998；吳綱立，2009)。

近年來，永續生態思潮也漸與低碳城市及低碳社區思潮相結合，以減少能源消耗及減少二氧化碳排放為主軸，相關研究並嘗試透過「生態綠化」、「低碳節能建築」、「城市空間結構調整」、「低碳交通」、「資源循環利用」、「再生能源」、「低碳經濟」、「低碳生活」、「民眾參與」等面向之操作，來發展低碳城市或低碳社區(例如辛章平等，2008；仇保興，2008；潘海嘯等，2008；Glaeser and Kahn, 2010; 沈清基等，2011；餘詩躍等，2011；黃斌等，2011；閔雷等，2012)。近年來，兩岸的學者分別從不同角度對低碳城市或低碳社區進行研究，研究主要包括幾個面向：(1)依據地區特性，提出相應的評價指標(如梁浩等，2011；喬路，2018)；(2)對已提出的評價體系進行評析，或提出低碳生態社區規劃模式或原則(如葉昌東等，2010；徐義中，2010；楊敏行等，2011；陳琳等，2011)；(3)發展碳足跡評量方法(姚亮等，2011；林憲德，2014)；(4)分析低碳城市研究進展或相關政策的發展(如顧朝林等，2009；張君瑛，2011；仇保興，2012)。國外文獻關於低碳生態城市或社區的研究則包括：配合情境分析計算城市或社區的碳排放(如 Zhang et al., 2011; Liu et al., 2012)；碳足跡分析或減碳方法探討(如 Barthelmie, et al., 2008; Wu et al., 2012)；低碳城市指標或減碳韌性社區規劃探討(如 Lynn et al., 2013; Seelig, 2011)等。

三、韌性城鄉及韌性社區建構

隨著全球氣候變遷問題的日益嚴重，各國已開始思考如何因應其所帶來的災變，「韌性」(resilience)的概念也隨之興起。Comfort (1999)認為，韌性是使用現有資源和技術去適應新的系統和環境運作狀況的能力。Bruneau等人(2003)將韌性定義為：社會單元減輕災害發生時的影響、減少社會破壞及減輕未來災情的能力。Gunderson和Folke(2005)認為，社會生態系統的韌性取決於動態環境變化中的更新能力和人們的學習與調適能力。Folke等人(2002)則指出，脆弱性是承受被災害破

壞的可能性，它的反面是抵抗災害及恢復的能力，亦即是韌性。陳利等人(2017)提出韌性城市的分析架構，將其區分為：經濟、工程、環境、社會等四個面向。

就城鄉規劃設計而言，韌性社區是推動韌性城市建設的重要基礎。不少研究者進行韌性社區的研究，例如Mayunga(2007)認為韌性是指社區抗災的能力，此能力係由社會資本、經濟資本、人力資本、物質資本、自然資本所決定，他並指出，在社區面對災害衝擊時，有韌性的社會系統能連結個人行為及社區能力，並吸收衝擊而後重建；梁宏飛(2017)則指出，韌性社區可包括環境韌性、制度韌性、社會韌性及個體韌性等四個考慮面向。相關研究並顯示，健全的生態系統，可加強社區的環境韌性，而社區的社會韌性則主要反映在族群或社區可以應對壓力及擾動的能力，此能力會受到社區內部社會資本之累積程度的影響。

就韌性與生態城鄉及永續生態社區規劃的關係而言，陳亮全(2014)指出，韌性的觀念自1980年起逐漸應用在災害管理領域，於是研究者開始探討造成社區災害的「脆弱度」或「致災性」(vulnerability)，除了探討發生災變衝擊後如何迅速地恢復，也同時思索如何加強國土及城市與社區對於環境變遷的回應與調適能力，並減少環境的脆弱度。在此趨勢下，相關領域研究者開始進行一系列的脆弱度分析研究(例如圖2-4)，以便瞭解全球氣候變遷下，地區災害發生的風險，以便能及時進行預警與告知，以及相應的規劃行動。

淹水潛勢圖

地質風險圖

老年人口比例圖

社區參與度分析圖

圖 2-4 金門韌性島嶼脆弱度分析之部分元素疊圖分析示意圖(資料來源：吳綱立等，2018)

四、維護生態系統及推動生物多樣性設計

生態規劃設計的主要目的之一是維持生態系統的正常運作及提升生物多樣性，相關理論分述如下：

(一) 生物多樣性的規劃設計

1. 生物多樣性的意涵

維護生物多樣性是生態規劃設計的重要目的之一，廣義的生物多樣性包括基因、物種與生態系的多樣性。因此維護生物多樣性除了要保育生物之外，也需加

強基因、物種與生態系的多樣性。維護生物多樣性的意涵，簡單的說，就是要保持生命存在的多元價值及其特殊的功能，以及生態系統的正常運作，而這些價值與功能需在所有生命體所共同建立的生態網絡之整體運作下才能呈現。生物多樣性在城鄉規劃設計的實踐，並不是指要設計所有的生態運作機制(事實上也做不到)，而是應該尊重生物存在的價值，營造一個共生的城鄉環境(例如提供生態廊道及生物友善環境)，讓生物有機會生活在其中，並讓大自然發揮最好的運作及修護作用，其實在這樣的環境中，老天(大自然)會自己完成最好的生態設計。

2. 生物多樣性對城鄉生態之影響

　　從社會生物學的觀點，生物學家 Edward O. Wilson 倡議生物多樣性的概念。藉由對於基因演化與人類存在意義之論述，他試圖將倫理學從哲學領域應用到生物學領域。Wilson(1984)提出人類有親近自然世界的天性之「親生命假說」(biophilia hypothesis)，此假說是建構在共同演化的觀點上，認為人類有與其他生命形式相接觸的欲望，他並進一步指出，人類若長久與自然和其他生命疏遠，將可能會降低人類本身的演化過程和適應環境的能力。事實上，目前過度都市化發展所造成的建成環境已阻礙人類親近自然世界的機會，也讓生態系統處於破損或崩解的狀態。

　　生物多樣性強調每一個物種都有特殊的生態功能，藉由物種間所形成的食物鏈結構及養分流動結構，形成了穩定的生態金字塔(如圖 2-5)，藉以維持整體生態系統的穩定性與完整性。由生態金字塔的角度來看，物種多樣性及生產者(如綠資源)對維持整體生態系統的穩定性十分重要，而完整的生態系統通常具有自持性與自我修復的能力，也能提供較完善且多元的服務：例如調節微氣候、提供氧氣、淨化水質、清除污染、製造沃土等。同時，在城鄉環境中的水、營養與大氣之循環，以及植物授粉、動物繁殖等工作，也需靠生態系統的健全運作才能完成。一個穩定自持的城鄉生態系統應保存著豐富多樣的綠資源及多樣的物種，藉以形成完整的食物鏈結構及能源與養分輸送關係。城鄉環境就如同草原或沼澤一樣，應遵循著自

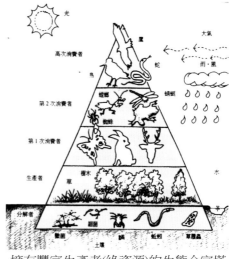

擁有豐富生產者(綠資源)的生態金字塔結構，是較穩定的系統 (林憲德，2006)

圖 2-5 生態金字塔示意圖

然法則運作,維持適當的自然演替,並避免過度人工化的建設。其實維持自然循環與自然演替的城鄉環境,也是最穩定、且需要較少維護管理成本的集居環境。

3. 生物多樣性之城鄉規劃設計原則

對於如何維持生物多樣性,綜合相關文獻可歸納出下列基本原則:

(1) 減少棲地破碎化

減少棲地破碎化是維護動植物與生態系統健全發展的最好方法,所以在進行土地開發之前,應儘量保存棲地。目前許多都市地區因土地開發的壓力而造成棲地與綠資源的切割或破碎化,為降低此現象所造成的環境衝擊,在城鄉規劃時應保留重要的生態綠地單元及連接棲地的綠廊與綠資源踏腳石(stepping stones)。

(2) 增加棲地與綠資源之連繫

無論是在都市或鄉間,應儘可能保留自然的開放空間單元,且維持綠地網絡之串連性。自然棲地單元的距離越遠,越不利於野生動物的自然遷徙。建立生態廊道可以維持單獨的棲地單元與其他棲地之間的連繫性與生物活動,增加生物物種與棲地的多樣性。

(3) 維持地景的多樣性

單一型式的土地使用方式或過度人工化的綠地開放空間設計,將造成環境純化,應予以避免。對於鳥類而言,維持棲地的多樣性與維持棲地數量及縮短棲地間的距離同樣重要。因此都市土地開發時,除應儘量避免破壞原本的自然棲地之外,也應儘量以多層級的開放空間規劃及複層式植栽綠化來創造出多樣的地景形態,豐富都市中的自然環境,以提升生物多樣性。

(二) 生態系統運作的基本原理

生態系統雖然有自淨及自我修復的能力,但此能力有一定的限度,需在環境承載量的負荷內才能適當的運作,所以在進行城鄉規劃設計時,需瞭解生態系統運作的基本原理。綜合相關文獻(Mcharg, 1969; Van der Ryn and Cowan, 1996; Mitsch and Jørgensen, 2004;吳綱立,2009),可將基本的生態系統運作原則整理如下:

1. 生態系統的結構與功能係受到系統作用力影響

生態系統不斷地與環境做質量與能量的交換,維持生態系統之結構及功能與系統作用力間的良性互動及平衡應是規劃設計時重要的考量之一〔例如使用農藥及人工化設施(如水壩)都將對生態系統產生作用力,應予以漸少或適當的管理〕。

2. 生態系統須有能量的輸入及有效的儲存

生態規劃設計應考量能量的輸入及能量儲存的方式與效能，目前最常見的能量輸入是太陽能，其係一種永續的能量，而化石能源則是非再生性的能源，故其使用比例應有所控制，其他替代能源可考慮如生質能等。人工能量輸入應避免對生態系統造成衝擊(如公園的人工燈光設計)。

3. 生態系統具有自我平衡及自我設計的能力，應避免破壞此能力

生態系統具有自我平衡能力(homeostatic capability)及自我設計的能力，但此能力是有限度的，一旦超過了就會停擺。在進行規劃設計時，自然的自我設計能力使用得越多(例如具自然演替效果的景觀營造及複層式植栽設計)，維護系統的需要能量就越少，故城鄉環境規劃設計應維護此自我平衡及自我設計的能力，例如維護生物多樣性及提供多孔隙環境，就是保持生態系統自我設計能力的基礎。

4. 交錯群落及過渡區對生態系統的重要性，如同細胞膜對細胞一樣

城鄉規劃與土地開發管理應考量到交錯群落及過渡區(transition zones)的重要性，自然環境或人造環境的交錯群落有助於生態系統間的柔性轉換(例如城鄉環境中的有機生態介面)，應予以適當的保存維護或規劃設計，例如城市規劃及土地開發管理時，不相容的土地使用之間則應留設適當的緩衝區或緩衝綠帶。

5. 維護生態系統的脈動穩定性

生態系統會持續受到四季變化、洪水、乾旱及人為擾動的影響，在此過程中，應透過規劃設計的方法，來增加系統的回復力及脈動穩定性，如此系統才能長久。景觀設計時也應注意季節性變化對景觀品質及使用者行為的影響，例如圖 2-6 和圖 2-7 所示為中國哈爾濱市知名的溪樹庭院生態社區，其嘗試將中國江南的溪、樹景觀元素及水景設計手法引入至東北寒地的社區環境，但因季節性變化造成生態系統的脈動變化性過大，也影響到整體的景觀營造效果及空間的使用性。

圖 2-6 哈爾濱生態社區景觀池夏季景象　圖 2-7 哈爾濱生態社區景觀池冬季景象

6. 瞭解物物相關、物有所歸的重要性

　　生態系統的成員(或元素)彼此之間係相互關聯，串連成一個複雜的網絡系統(大系統)，並相互競爭與支援，形成生生不息的機制，每一個物種在食物鏈結構(生態金字塔)中都有其重要性，也與其他物種有直接或間接的關聯，應予以尊重，並維護其存在的價值與功能(換言之，物種的價值並非僅是其對人類的工具性價值)。

五、都市森林學及生態觀的環境綠美化與綠資源管理

(一) 都市森林學在城鄉規劃設計的應用

　　一般植物的生存與生長主要受到氣候、土壤、地形、其他物種，以及時間等因素的綜合影響。生長於都市中的植物則更易受到人為干擾與人工化環境所影響，導致置身其中的植物面臨更大的環境壓力。故在進行城鄉規劃設計時，應注意生長於都市地區中植物生態的穩定性，以加強整體生態系統的健全性。

　　都市植栽受限於建成環境的空間有限，大多是在公園綠地、植穴及人工地盤上栽種，其土壤覆蓋面積較小，致使每棵植物可作為其他生物棲息地的空間與層次變化上也相對地較少(Dreistadt et al., 1990)。此外，再加上人們常因美觀、市場偏好、經濟及環境限制等因素，而特別偏愛某些特定的外來樹種(如黑板樹及小葉欖仁)，因而造成植物豐富性與歧異度的降低，進而降低植物族群的穩定性，一旦環境發生變化，如病蟲害的侵襲，植物就會變得較無抵抗能力，甚至導致死亡。

　　維護植物生態的歧異度為都市森林學的重要工作。歧異度包含了植物品種的數量，以及各種植物品種在全體植物族群中所占的比例，相關研究經驗顯示，最穩定且理想的植物族群，應要擁有豐富的植物品種，且各品種的數量應不要差異過大。除此之外，樹種與樹齡的組成、環境適應力，以及病蟲害抵抗力等，對於生態穩定也都有影響。

　　都市造林的主要工作包括：植栽環境改善及品種選擇。在植栽環境改善方面可從土壤維護、複層式設計手法、綠化法令等面向著手，至於品種選擇方面，不僅應對植物的需求與特性有所認識，也需對種植環境有所瞭解，除考慮植栽的外觀(如形狀、顏色、質感、高度、植栽孔隙率、花朵與果實、花期長短等)以及植物所能夠提供的機能(如遮風、改善視覺景觀、提升生物多樣性、淨化空氣等)之外，植物在該地的生存能力及在整體生態系統中所扮演的角色，也應是考量的重點。

(二) 生態觀的環境綠美化與綠資源管理

為因應當前城鄉環境的問題，推動生態觀的環境綠美化與綠資源管理，應是各地區可積極推動的策略。以此觀點，環境綠美化不應僅是空間綠美化設計或只是種樹而已，其也是生活模式的調整與民眾參與集居環境改造之結合。一般而言，生態觀的環境綠美化之操作項目可包括：綠資源的指認與維護管理、原生植栽的保存維護、建築立體綠化、棲地維護、社區參與綠化與維護管理，以及環境改造與環境教育的結合等。在此多元考量之下，環境綠美化的尺度及操作面向應更加寬廣，除了種樹與空間綠美化外，也應納入地方特色的營造及綠資源功能的分析，以達到綠資源管理與城鄉發展有效結合之目的。表 2-2 列出依此觀點之綠資源(公園、綠地、花園、林地、農地等)的多重功能：

表2-2 生態規劃設計觀之綠資源功能分析表

功　能	說　明
景觀	提供令人愉悅之視野景觀，軟化都市硬性單調之建物景觀，緩和密集且巨大建物所造成之壓迫感。
休閒遊憩	提供民眾戶外休閒場所，紓解身心壓力，增進生理及心理健康。
環境淨化	吸收二氧化碳、有毒氣體及粉塵，淨化空氣，減弱噪音、放射性物質及輻射，改善都市微氣候，調節溫度濕度等。
防災避難	防止火災蔓延，作為災難時之避難場所，固著土壤避免流失造成災害，道路中之綠籬可阻擋來車炫光，減少車禍發生等。
生態及環境保護	保護水、土及生物資源，使整體生態環境正常地運作，提供人類以外之生物棲息、遷徙及覓食場所。
環境教育	增進居民及學童親近自然之機會，提供自然環境學習及環境教育之場所。
社會文化	紓解都市人生活之緊張與壓力，提供社區居民戶外聚集社交之場所，增進人與人之情感交流，強化居民對社區及社會之認同感等。
生產	提供農、林、牧等產業發展之空間，增加糧食需求及生活物資的自給自足。
都市成長管理	利用都市或聚落周圍的綠地(綠手指)，防止漫無節制之蛙躍式土地開發及都市擴張(都市蔓延)。

城鄉環境綠美化可與空間營造結合，對各種集居環境，藉由從點拓展到線與面的方式，進行整體性的環境綠美化與綠資源管理，配合點、線、面空間元素，建議操作如下：1.點狀空間綠化：採取小面積的綠化及保育方式，拼湊出一塊一

塊的綠地及生物棲地，例如採生態設計手法的後院及鄰里口袋型外部空間。2.線狀空間綠化：利用生態綠廊營造串連各種綠地單元，如植栽帶、立體綠化及生態街道、自然的排水溝、建築指定退縮之法定空地綠化等。3.面狀空間綠化：計畫綠地、校園及閒置空間的綠美化(如市民農園、社區公園、綠校園)，以形成區域生態綠網。

六、生態廊道與生態水岸

(一) 生態廊道

　　生態規劃設計理念落實在城鄉環境營造時，生態廊道及生態水岸是目前中央及地方政府施政的重點。生態廊道(ecological corridor)意指由地景生態學元素，如嵌塊體(如生物棲地、踏腳石等)與廊道所形成的網絡系統，透過核心區(core)、節點(node)與長條型綠廊網絡(corridor)等地景元素之串連，讓生物能順利的遷移與活動。此概念由景觀生態學學者所提出(例如 Forman et al., 1986; Dramstad et al., 1996; Fábos, 2004 等)，目前已被廣泛的應用到城鄉規劃領域之中(圖 2-8)。

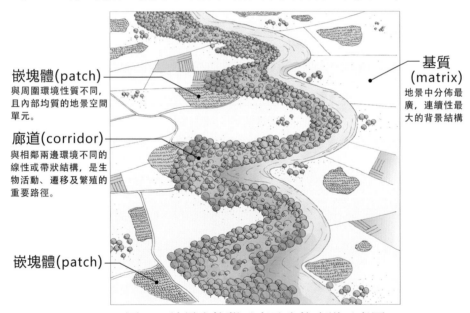

圖 2-8 地景生態學元素及生態廊道示意圖
(資料來源：本研究繪製)

　　整體而言，生態廊道系統具有以下的生態功能：

1. 連結原本孤立的生物棲息地，避免被孤立的生物棲息地因無法與外界交換基
   因，而產生遺傳基因偏差。

2. 串連不同的生物棲息空間，提供物種更多覓食、築巢、隱蔽的功能，藉此增加物種的多樣性。

3. 可與水岸空間設計結合，營造水與綠廊帶，可調整微氣候，並增加環境舒適。

(二) 河川生態工程與生態水岸

河川生態工程概念，源於瑞士、德國等國，近年來逐漸推展至世界各國，日本稱此觀念為「近自然工法」，臺灣及大陸目前尚無統一的名稱，「河川生態工程」為常用稱法，其理念精神簡述如下(陳秋陽，1998；Mitsch and Jørgensen, 2004 等)：

1. 尊重自然生態環境原有之多樣性及生態循環演替。

2. 依照現存的生態條件，建設具備良好水循環及使用安全考量的河溪環境。

3. 創造出水與綠連結之生態網絡，不只是消極的保護，更應積極地促使自然環境的復育與再生，恢復河川的生命力。

生態工程是近年來公部門積極推動的空間營造手法，其意涵為「以生態之自然復育為基礎，強調工程建設與自然環境間之設計及安排等處理措施，以促進彼此之互利共生，進而達到自然生態資源之永續生產與利用」(陳秋陽，1998)，其理念乃源自 Odum 所提出之「生態工程乃為對自然界的管理，藉以輔助傳統性工程方法，並致力於人類與自然系統之協調合作」之理念精神。生態工程也意指著「儘量取當地可供使用之自然資材，進行生態保育措施或針對工程建設後所造成之生態破壞，進行適當的生態保育與復育措施之工程方法」，此規劃設計手法應用於水岸空間營造及河溪整治時，一方面需考慮工程結構體的安全性及排水與洪泛管理上的需求，另一方面則需兼顧當地之自然生態系統的健全性(圖 2-9 至圖 2-12)，使得生物能在人為的生活空間與復育的生態基盤上，繼續生長、演替與繁衍。

圖2-9 台南市巴克禮公園生態水岸木樁護坡因暴雨後土質鬆軟而坍塌壞損 (資料來源：吳綱立攝)　圖2-10 台南巴克禮公園生態水岸護坡改用重力疊石施作，安全穩定，並營造出多孔隙的環境 (資料來源：吳綱立攝)

圖2-11 台中麻園溪生態工法施工現況　圖2-12 花蓮馬太鞍濕地砌石生態護岸營
　　　(資料來源：吳綱立攝)　　　　　　造成果(資料來源：禾拓工程顧問公司，2010)

(三) 生態水岸與河川的環境規劃設計原則

　　河川是建構綠色基盤設施(green infrastructure)的重要空間元素，也是促進區域生態復育的環境設計觸媒。目前河川空間規劃設計實務操作時常會碰到：降雨不穩定、河川泥沙多、河川水質惡化、自然生態遭破壞、河川維護與土地使用及活動引入之衝突等問題，所以將河川生態工程及生態規劃設計的理念及方法導入，並尋求共識，實為當務之急。綜合相關文獻(陳秋陽，1998；郭瓊瑩，2003；韓選棠，1998；Mitsch and Jørgensen, 2004; Mitsch and Gosselink, 2007；許海龍，2005；吳綱立，2005；盧惠敏，2006；李錦育，2010 等)，可將生態水岸及河川環境設計原則整理如下：

1. 以流域治理的觀念來進行河川整治及生態水岸空間營造，考慮各河川分段的生態、水文、人文環境、腹地型態、沿岸活動類型等特性，研擬適當的維護管理策略及發展定位，並加強河川與河岸空間的整體性規劃與管理。

2. 瞭解河川與都市發展(或聚落發展)、都市空間紋理及地方文化之關係，重塑(或恢復)河川與居民生活模式間的良性互動關係，以及河川的生命力。

3. 掌握河川之空間特性，例如生態性、連續性、方向性、視覺引導性、空間界定性、串連性、整體性等，發揮河川在區域生態系統復育，以及作為城市設計觸媒與空間縫合之膠合物上的角色與功能。

4. 河溪生態環境營造須對現地生態環境充分瞭解，除了以生態觀念進行河川、護岸及高灘地的規劃設計與整治之外，對於自然環境的保護、植生復育也需多加考慮。

5. 確實執行集水區的水土保持計畫，現有河溪環境整治，應避免截斷自然的水文循環路徑，並適當地維持河道之天然蜿蜒度，避免過度的截彎取直。

6. 保存河溪原有多樣性之環境，離岸緩流深潭、淺灘、小溪溝、瀉湖及濕地等多樣性水邊環境是生物生息的最佳場所，應予以適當地維護。

7. 河溪斷面設計應依河川分段的機能因地制宜，避免採上、下游一致之標準斷面。對於原有寬廣河幅應加以保存，以維持河道的滯洪能力，並可提供自然工法所需用地，另外，河岸旁應規劃適當寬度的綠帶開放空間。

8. 護岸所採用之工法須考量河川水理特性、坡面之狀況，以建設出最適合生物生存之環境及具自然景觀效果的多孔隙介面。

9. 採用之河川整治工法須考量施設後維護管理之方便性及經濟性，並對整治結果進行定期監測與回饋檢討。

10. 加強對附近居民之宣導教育及環境教育，增加民眾對河川生態環境再造的參與感與認同感，並鼓勵地方社區參與使用管理及環境監測，藉以降低河川近自然工法推展之阻力，亦可降低維護管理之成本。

11. 採用多樣性河溪斷面，例如依現地狀況配置深潭淺灘，若需設置橫向構造物則落差不宜過大，以利水生生物活動。

12. 本土在地動植物需慎加保護，減少使用外來植物，以免改變原有生態環境。

13. 河床底除為防止強烈沖刷處之外，應儘量避免以混凝土封底，並宜增加滲透、湧水及提供底棲生物生存之環境。

14. 以木、石等自然材料構築之多孔質護岸，是草木、水生、陸生生物良好之生息地，但使用木料時需注意其易腐朽的特質。木料若常年浸於水中，必需能維持一段時間不致損壞。在河岸安全性要求較高的地區，應考慮以混凝土椿替代。

15. 丁壩周圍由於土砂堆積或水流沖刷所形成之深潭淺灘或濕地應予以維護，以創造出多樣性之水邊環境。

16. 以自然石塊構築生態護岸，乃在利用石塊間之空隙及表面，提供魚類等水生生物及植栽生長使用，當植物生長後即會形成自然的水邊空間，應避免以混凝土將空隙填滿。

17. 水與綠生態廊道營造應考慮空間尺度、地域自明性及地方特色營造，避免過度人工化的處理及制式作法的大量複製，應儘量讓每個地方都有符合在

地生態環境特性、生物多樣性機能考量及使用者需求的水與綠生態廊道(圖2-13至圖2-18)。

圖2-13 上海市郊區社區的水與綠生態廊道營造 (資料來源:吳綱立攝)

圖2-14 加州新都市主義住宅社區的水與綠生態廊道營造 (資料來源:吳綱立攝)

圖2-15 中國東北大地景觀氣勢的水與綠生態廊道營造 (資料來源:吳綱立攝)

圖2-16 柏克萊大學校園親切尺度的水與綠生態廊道營造 (資料來源:吳綱立攝)

圖2-17 臺灣北部農村野溪地區的親自然水與綠生態廊道的營造 (資料來源:吳綱立攝)

圖2-18 哈爾濱市群力濕地公園的親自然水與綠生態廊道營造 (資料來源:吳綱立攝)

第三節 生態規劃設計的基本考量與原則

　　建構生態城鄉強調生態化規劃設計理念的推廣，此理念應如何導入城鄉規劃操作之中，本節就相關基本議題做一分析。

一、 生態城市規劃設計與傳統城市規劃設計的比較

　　首先探討規劃思考邏輯應做的調整。生態城市規劃設計操作時，不少思考邏輯與傳統城市規劃設計有一些基本的差異，以下表2-3就主要考慮內容做一比較：

表 2-3　傳統都市規劃設計與生態都市規劃設計的比較

考慮內容	傳統規劃設計	生態規劃設計
決策主要標準	經濟報酬	人類與生態系統的健康。
空間規劃形式	追求普通性最適解的發展形式。	根據生態區域的特徵以及地方文化、需求及資源狀況來發展在地化的空間形式。
空間設計手法	強調複製、形式美學導向、物質需求導向；主要在空間使用階段，透過建築設備來解決問題。	強調適量、減量、減法、可適性再利用、誘導式設計；嘗試在規劃設計階段就解決部分的問題。
能源	傾向於使用非再生性化石燃料及核能；主要考量能源的效率及方便性。	傾向於使用可再生性能源及強調溫室效應氣體的減量；考量能源的效率及能源生產在整體生命週期中對環境的衝擊。
物質使用	會產生大量的廢棄物，易造成空氣、水及土地的環境破壞。	強調再利用、回收、修復、彈性、輕量化及耐久性。
考慮的時間範疇	短期。	短期及中長期(跨世代)。
空間尺度	注重單一尺度。	考慮不同尺度間的關係及整體的配合。
與環境間之關係	利用大自然，掌控大自然；在此自然環境是被支配的，以服務人類的需求。	強調與大自然互利共生、順應自然環境的力量(如風、光、水、熱)來做設計。
知識基礎	強調特定學科的知識，知識分工越來越細。	強調不同學科知識間的跨領域整合，並以生態學及社會生態學為基礎，強調跨域及跨界溝通與合作。
決策過程	由上而下，單向、專家或決策菁英主導。	雙向互動式、多元回饋、強調社會學習與民眾參與。

(資料來源：本研究修改自 Van der Ryn and Cowan, 1996)

二、 不同尺度空間規劃的考量

生態規劃設計理念導入城鄉環境規劃時，依不同的空間尺度，會有不同的規劃目的與考量重點，為便於實務操作，茲將一般性原則分析於表 2-4：

表 2-4 生態規劃設計理念在不同尺度空間規劃設計操作的基本考量分析表

	宏觀 (區域)	中觀 (城市或地區)	微觀 (社區或街廓)
目的	建立以生態區域理念為基礎的城鄉空間發展格局。 進行生態基盤設施的整體規劃，作為城市空間規劃的參考依據。	作為城市建設分區規劃、地區生態經營和環境管理的參考依據。 作為棲地維護及都市生態復育的基礎。	推動考量生態功能的街廓規劃設計及社區規劃設計，以及每一個建築基地生態環境營造。 提供生態設計基礎條件，讓自然修護及自然演替能夠發生。
涵義	生態共生格局，指認並劃設必須的保全用地（不可開發區、保育地區）及生態緩衝區，作為城市總體空間發展規劃的參考。 提出以區域生態基盤為基礎的區域計畫或都會空間發展計畫。	城市內部空間結構與生態管理分區。 制訂基於生態及環境特色的城市分區和發展管控。 提出以城市(或地區)生態基盤為基礎的細部計畫或地區空間計畫。	依據地區生態基盤設施計畫，進行具體的基地生態規劃設計及生態復育。 加強敷地計畫、都市設計及建築計畫與生物多樣性規劃、多元綠化、保水、建築節能、在地資源循環利用的結合。
基地規模與空間尺度	基地規模 > 100 km^2 圖面表達比例尺約 1/100,000～1/50,000	基地規模 > 10 km^2 圖面表達比例尺約 1/50,000～1/10,000。	基地規模 < 10 km^2 圖面表達比例尺約 1/5,000 ～ 1/1,000；或 1/1,000 以下。
分析對象	自然生態過程：海岸及灘地變遷、濕地變遷；區域降雨與逕流過程；流域水文、區域滯洪、洪氾管理；區域植被生態、生態綠網；植被分佈與擴散；動物生存、遷徙、覓食、繁殖。 人文生態過程：海岸線變遷、水利工程變化；城市擴張與土地利用型態變遷；農地利用及農地變遷；歷史建物與文化遺址；區域文化、區域自明性。	自然生態過程：棲地變遷；集水滯洪分區；土地開發與地區水文變化；地區降雨與逕流過程；地區保水滯洪；地區植被生態變化、綠化量、生態綠網、植物群落生態；動物生存、遷徙、覓食、繁殖。 人文生態過程：城鎮或城區的歷史演變；河川廊道的人為開發擾動；城市水與綠空間結構變遷；城市景觀與都市意象及環境感知；居民生活模式；地方產業變遷；地方文化變遷。	自然生態過程：微氣候因子如風、光、水、熱對建築及環境設計的影響，以及上下游環境場域的影響；街廓滯洪、保水、中水循環利用；植被生態、濃縮的自然；物種與族群；吸引生物，提供動物生存、遷徙、覓食環境。 人文生態過程：每日生活圈空間領域與活動規劃；鄰里生活機能與生活動線；人性尺度的生態街道設計；建築生命週期環境衝擊管理；街廓(或社區)產業與經濟活動；相容性混合土地使用規劃。

(資料來源：本研究整理)

三、 生態規劃設計操作項目與原則

經由前述分析，整理出以下生態規劃設計操作項目與內容，如表 2-5 所示：

表 2-5 城鄉生態規劃設計操作原則表

城鄉生態營造	內容
建構生態綠網及水與綠廊道	生態綠網建構應注重綠帶或綠地資源的連貫性及與重要生態單元的連接，以建構完整的生態網絡系統。此綠地網絡應配合多元綠化，減少人為干擾和天敵傷害，讓生物能於此遷徙、覓食、築巢、求偶、繁殖，並促成生物遺傳基因的交流，達到物種強化之目地。生態綠網亦應儘量與水域或河川資源結合，營造具生態功能的水與綠廊道網絡(如圖 2-19 及圖 2-20)。
創造都市跳島	維護都市地區內具生態功能的基本綠地單元；推動綠屋頂、建築物露臺、陽台與街道等的綠化，以形塑立體綠化廊道及創造可供生物棲息活動之都市跳島。
劃設限制發展區及保育(復育)自然區域	為確保自然環境的保育，重要自然生態資源應劃設限制發展區，以避免或減少人為開發的衝擊；為復育受損的都市環境，應導入生態補償制度，透過生態復育方式(如生態公園、生態溼地、都市生態基盤復育等)，以維護都市重要的生態資源。
生物棲地多樣化	運用都市閒置空間、空地或畸零地等的綠化，以及住家前後院的生態綠化，設計成都市小型口袋公園或其他小型棲地(Biotope)，以營造生物棲息空間的多樣化。都市中分散的綠塊，亦可透過混合密林或雜生灌木林等設計手法，使被隔離的綠地，能創造出可供鳥類、昆蟲棲息的高品質生態空間。
多孔隙生態環境設計	透過多孔隙設計將無孔隙空間的都市水泥化環境，改造成生物棲息空間以及可供植物生長與攀附的生存空間。
改善基地邊界綠帶品質	基地邊界作為隔離污染、噪音、入侵的圍籬，應採用有植栽綠化的生態綠籬或透空性良好的植物綠籬，並提供軟性、有機、多層次的界面設計，此對於小動物棲息、移動、覓食、活動皆有所助益，也對景觀美化有所幫助。
植物多樣性設計	透過原生樹種或誘蝶誘鳥植栽種植、複層式植栽及自然雜生混種設計，營造多樣化的生態系環境；落葉可任其腐爛作為土壤肥料來強化植物群落的穩定性，植栽應避免人為干擾及燈光危害。
推動小苗種植	小苗種植可減少成樹因移植過程的斷根及修剪所造成植物損傷，同時小苗在種植時所保留的主根可使樹木成長之後的根系能夠更深入土壤，對於強風能有較好的抵擋能力。小苗在成長過程中也可以逐漸的適應環境而增加其存活率，並可作為成年老樹死亡後的更替，以穩定整體生態環境。

(資料來源：本研究整理)

圖 2-19 日本兼六園庭園造景的水　　圖 2-20 台南四草保護區自然復育的
與綠廊帶 (資料來源：吳綱立攝)　　水與綠廊帶 (資料來源：吳綱立攝)

【註釋】

註 1. 關於「都市規劃」(urban planning) 與「城市規劃」(city planning)一詞的用法，臺灣通常使用都市規劃，而中國則使用城市規劃。「都市」與「城市」兩者的意涵其實相當接近，在城鄉規劃領域已屬通用。雖然在城市設計理論上，曾有學者嘗試區分「城市」與「都市」的差別，例如麻省理工學院知名的城市設計大師 Kevin Lynch 在其關於城市設計(city design)的系列著作中，偏好使用「城市」一詞，其認為「都市」是較偏向於空間尺度的概念，而「城市」的意涵中則有較多對於「民眾日常生活需求」的關懷，而且「城市設計」的考量範疇也較能包含一些小城鎮的空間設計(見吳綱立，2006)。雖然 Kevin Lynch 的觀點影響到 MIT 學派對 urban design 與 city design 英文名詞的使用，但在規劃實務上，尤其是在相關中文文獻的用法上，目前此兩名詞已接近通用。由於本書探討的內容係涵蓋臺灣及中國大陸相關案例經驗的探討，所以在用詞上係採用入境隨俗的作法，在探討中國相關案例時，使用「城市」一詞；而探討臺灣相關案例與經驗時則主要使用「都市」一詞，作者其實並未刻意要區分兩者的差別，只是希望能以較通俗的文字用法，以便於與兩地學者及專業者進行溝通。另外，關於「計劃」與「計畫」用詞上的差別，就文字定義與規劃理論而言，「計劃」是 planning，是一種行動(action)、過程與程序(process)，而「計畫」則是 plan，是一種結果(outcome，諸如規劃報告書、書圖文件等)，但目前報章媒體已將兩名詞通用，甚至有許多官方規劃文件也是如此。由於要忠於原始文獻出處的用法，故本書中對於「計劃」或「計畫」用詞的選擇，係以相關官方文獻及規劃文獻常用之用法為主要依據。

第三章　海峽兩岸城鄉規劃與土地開發管理機制

生態規劃設計理念的落實需靠城鄉計畫體系及土地開發管理體制的有效設計與運作，才能順利的推動。本節就臺灣及中國的土地開發管理及城鄉規劃機制設計做一初探，並分析幾個代表性的案例，以探討可供借鏡與省思之處。

第一節　臺灣城鄉規劃及土地開發管理機制

臺灣的國土法已經立法通過，但尚未全面性實施(註 1)，在此之際，臺灣多年來城鄉計畫體系與土地開發管理機制的運作經驗，值得給予一個通盤性的回顧與檢討，以找出可供後續相關機制設計作為參考之處，並藉此完善國土計畫及相關執行機制的內容。在國土計畫正式全面實施之前，臺灣習用多年的規劃體系及土地開發管理機制主要分為四個層級(見圖 3-1)，最上位(第一層級)的指導計畫是臺灣地區國土綜合開發計畫(係非法定計畫)，第二層級是區域計畫與部門計畫，第三層級是區域計畫下所涵蓋的都市地區土地使用管制體系(都市計畫系統)及非都市地區土地使用計畫與土地管理機制，第四層級則為地方政府層級的建築管理機制(包括建築執照及雜項執照管理等)，都市及非都市土地在第四層級皆需經地方建管機制的管控，來維持環境品質。但管控內容屬基地尺度的考量，無法涵蓋到整個街廓或鄰里社區。就第三層級的土地開發管制機制而言，目前臺灣的土地開發管制方式主要是以都市土地或非都市土地來劃分，都市土地係依都市計畫法由都市計畫機制(包括主要計畫、細部計畫及都市計畫委員會審議制度)及都市土地使用分區管制規則來進行相關的土地開發管控，而非都市土地則依據「區域計畫法」、「非都市土地使用管制規則」、「非都市土地開發審議作業規範」及「區域計畫委員會審議機制」來進行相關的土地開發管控。較具彈性的開發許可制度係主要應用於非都市土地的開發管理，也應用於部分都市計畫地區的一些特定專用區。

就現行機制而言，都市計畫地區主要透過主要計畫及細部計畫來進行土地開發管理，其中土地使用分區管制(簡稱土管)是主要的執行工具。土地使用分區管制規範出容許的土地使用內容(有正面表列及負面禁止等方式)、密度及強度(如建蔽率與容積)。剛性的土地使用分區管制在臺灣已行之多年，是目前最廣泛應用的土地使用管控工具，但也衍生出一些問題，例如：(1)未能有效的反映動態的土地使用變遷；(2)過度強調計畫管制，因而忽視了善用市場機制的力量；(3)土地使用計畫係由地方政府擬定，易形成地方性考量與區域性考量間的衝突(例如地方當局常

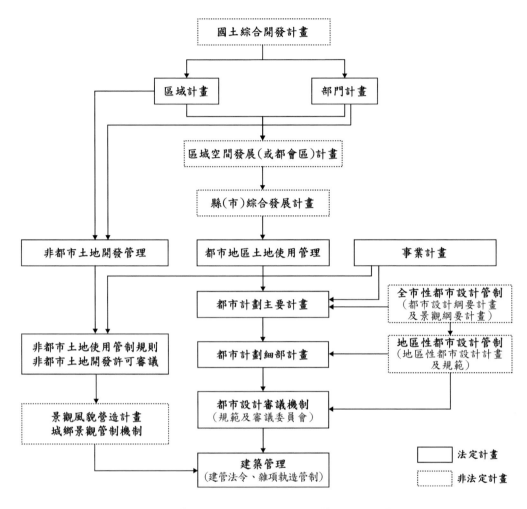

圖 3-1 台灣城鄉規劃與土地開發管理機制體系圖

劃設過多的商業或高獲利土地使用類別，或劃設出超過城市或鄉鎮之環境承載量的土地使用計畫內容)，以致無法達到區域最大的整體利益及資源分配的公平性；(4)無法將生態規劃設計的議題，隨著城鄉環境的變遷，因時因地制宜地納入剛性的計畫管控；(5)無法有效的營造空間情境及地域自明性。針對這些問題，近年來已有一些改善措施，例如於都市計畫體系中納入浮動容積、容積移轉及績效標準等作法，也有地方政府嘗試將生態基盤設施規劃納入主要計畫的策略性規劃，但整體而言，當生態規劃設計議題面臨到重大經濟發展或與政府主導政策相衝突時，生態的考量往往就退讓了。另外，目前也缺乏對於配套的計畫工具進行全面性的檢討(例如如何配合區段徵收，導入可落實的生態規劃設計的措施)。

相較於都市計畫體系，目前主要運用於非都市土地的開發許可機制，如果運用得當，似乎具有較多的機會可因地制宜地探討如何加強生態規劃設計理念的落實。綜合而言，開發許可制度有以下的特點：(1)重視市場機制的力量；(2)可考量開發與環境的動態平衡；(3)重視開發管理及願景的實踐(例如較能掌握開發的時程及地方的需求)；(4)可進行階段性的景觀及環境變遷管理；(5)可配合開發基地的環境特性，納入特殊的生態規劃設計考量。此外，藉由開發許可審議規範設計及審議委員會的運作，開發許可審議制度較能依據個案性質將生態規劃設計的理念及相關的設計管控適當地納入。有鑑於此，近年來，中央及地方政府也不斷地調整現有之土地使用管理方式，以更彈性的方式來檢討開發的環境衝擊。然而實務上，從目前臺灣開發許可的變更與相關法令內容仍可以發現，管制事權過於分散(例如涉及目的事業主管單位及土地開發審議單位不同的立場及權責)，也造成一些執行上的問題。以下針對相關的機制作一檢討分析。

一、開發許可制度

開發許可審議制度源於英國，由 1947 年的「城鄉計畫法」頒訂實施而具體化，透過「先審後開發」的方式，以達到土地使用管制的目標。其目的在於消除因計畫管制而產生之土地利益的分配不公。英國開發許可制對於土地開發管理的作法是要求任何形式之土地開發，都必須申請開發許可的審查，經審查通過後才能進行開發。臺灣類似開發許可的作法最早係使用於山坡地開發之建築管制，後來則主要運用於非都市土地及新訂或擴大都市計畫地區的開發管理。非都市土地開發許可案件審查的操作，係由申請人向變更後之目的事業主管機關提出興辦事業計畫，若興辦事業計畫用地需辦理用地變更編定，且符合《非都市土地使用管制規則》第十一條之規定(開發範圍達一定規模以上，並涉及使用分區變更者)，則須依非都市土地使用管制規則第十三條之規定，由申請人擬具申請書、開發計畫書圖、環境影響評估報告書、水土保持規劃書圖(非山坡地範圍內者則免)等相關文件，依法定申請程序向土地所在之各縣(市)政府辦理用地變更，徵得該區域計畫擬定機關之開發許可同意後，得申辦雜項執照、水土保持計畫書圖及山坡地建築審查(非山坡地範圍內者則免)，經核可後，始得辦理分區變更及用地變更編定。依目前臺灣開發許可機制的執行狀況，開發許可的審議內容包括：(1)非都市土地開發審議規範檢核表的查核及計畫內容的審查，包括：基地適宜性分析、土地使用計畫及用地編定、整地計畫、建築及景觀計畫、使用管理及財務計畫等；(2)區域計畫委員會的審議。

(一) 相關審議系統的分工

開發許可制係由申請人依據發展需求，擬定整體開發計畫，向主管機關申請開發，並透過先審後開發方式，達到土地合法使用及維護生態環境的目標。現行開發許可制的運作涉及：目的事業、土地使用、環境保護及水土保持等四大審議系統。從縱向的行政層級來看，開發許可審議制度又包括中央、直轄市及縣(市)政府等層級，而四大審議機制及中央與地方層級之分工間形成複雜的組織體系(面積規模在三十公頃以下，得委託直轄市、縣(市)政府代為許可審議核定)。

有關目的事業主管機關係依土地開發的內容來決定，主要職責屬於對該項開發事業從事輔導、管理及監督，例如依據促進產業升級條例申請之工業區，其目的事業主管機關為經濟部工業局，住宅社區之目的事業主管機關則為內政部營建署。依現行區域計畫法及相關法令規定，區域計畫擬定機關為土地使用的主管機關，內政部區域計畫委員會負責三十公頃以上開發之規劃許可審查事宜，並由內政部營建署擔任行政幕僚作業，對於已核准開發的土地，若需要進行土地使用分區或使用地變更編定者，則委由各縣市政府的地政機關來處理。

對於大面積之非都市土地，尤其是山坡地開發案，通常需要辦理環境影響評估(以下簡稱環評)，而其他案件則就土地開發行為分別依其開發面積、挖填土石方量、引入活動規模及所在區位等因素，來決定是否應該實施環評。環評由目的事業主管機關之同級環保機關負責審查，在中央是由行政院環保署辦理，在地方則為各縣市政府的環保主管機關。此外，非都市土地的山坡地開發案需要進行水土保持(以下簡稱水保)審查，水保審查機關在中央為行政院農委會水土保持局，在各縣市政府由農業局水保單位審查。目前環評及水保的審查操作皆有制式的流程及既定的內容，可維持基本的計畫品質，但在落實生態規劃設計理念方面，也遭遇到一些問題，例如水保的審查，多以集水分區的排水與滯洪需求為基本的考量，缺乏將較新的觀念如海綿城市、就地處理、生態草溝等作法，具體地納入考量；而環評的審查在面臨到由政府主導的政策性重要計畫時，也常會出現經濟發展與環境保護之間的衝突。

就相關審議機制的操作程序而言，非都市土地開發業者需先取得目的事業主管機關對於興辦事業計畫內容表示同意，並在取得環評及水保主管機關審查同意函後，進一步再取得區域計畫擬定機關(亦即內政部區域計畫委員會)的審查同意之後，內政部再據以核發開發許可函。

(二) 取得許可後之後續審查體制及管理

就實際運作層面而言，由於重點是在於開發行為對於整體環境的衝擊，所以開發許可制在取得許可後的後續審查機制與管理，也是需考量的重點。曾有一些獲得開發許可的案例，開發業者並未實際開發，而只是為了土地炒作或是融資的目的，以致影響到整體審議機制的公平性。以山坡地開發為住宅社區的審查為例，一項開發案須經過申請開發許可、雜項執照、土地使用編定變更以及建築執照等繁複的程序，最後才能成為一個新的山坡地住宅社區。申請人提出山坡地開發案申請時，一般先要檢附環境影響說明書及水土保持規劃書備查，其中環境影響說明書由目的事業主管機關之同級環保機關負責，水土保持的審議分為兩階段實施，第一階段在申請山坡地開發許可時，由區域計畫擬定機關之同級水保機關負責審查，第二階段是山坡地開發案核准之後，由目的事業主管機關將水土保持計畫書轉送地方水保機關審議，各縣市政府通常委託民間的專業團體執行辦理，並由農業局水保單位負責山坡地開發案水土保持的施工監督與檢查。其次，當取得山坡地的開發許可時，申請人可以根據水土保持計畫進行整地；但整地若需挖填土石方或其他雜項工程者，應先向地方政府建管機關申請雜項執照，並由該建築主管機關負責雜項執照的施工監督與檢查，等到水土保持計畫及雜項工程完工查驗合格後，申請人始可向縣市政府地政單位辦理用地變更編定為建地等事宜。最後，申請人進一步向各縣市政府請領建築執照，俟各項設施建造完畢後，再向鄉鎮市區公所取得一份公共設施無妨礙證明，才能到縣市政府申請建築物使用執照。在整個過程中，必須掌握開發的時程，並務實的審查，才能發揮審議機制的精神，並維持良好的環境品質。

(三) 中央與地方之權責劃分

現行的非都市土地開發審查制度，嘗試將部分的審議權力下放，賦予地方政府開發許可的審查權限(住宅及其他法令允許之項目，其面積規模在三十公頃以下，得委託直轄市、縣(市)政府代為許可審議核定)，而有關開發許可後續執行之實質計畫，如水土保持計畫、雜項執照及建築執照的核發與監督權，劃歸為地方的縣市政府負責，鄉鎮市區公所僅有出具公共設施無妨礙證明的權力。雖然在形式上不同層級的政府各自有法定的權責分工，但是臺灣地區非都市土地開發與管理運作上，卻常因審議機制間缺乏協調及整合(例如開發許可審議權在中央，而核發許可後的稽查權則在地方政府，兩者未能配套整合；或是中央與地方政府的審

議標準不一)，而易導致計畫管制失靈的狀況。

二、都市計畫與都市設計管控

目前都市計畫體系對於生態方面的考量主要在於如何在策略規劃、綠地計畫、土地使用分區管制及細部計畫階段，導入相關的計畫管控，以及兼顧防災滯洪與生態景觀方面的整體發展。在設計層面，都市設計則有較大的空間，將生態設計方面的理念，納入基地及街廓尺度的規劃設計考量。都市設計為一個涵義廣泛的概念，其範疇包括實質環境美化設計、公共空間形塑與不同空間尺度的空間設計及都市環境管理，也包括法制、規劃設計準則及執行機制等多重面向的考量。此外，都市設計也是一個與民眾日常生活息息相關的生活科學，需注意與空間使用者日常生活需求及「生活經驗」之關聯性。依據營建署對都市設計的定義，「都市設計是一種綜合三度空間的規劃設計技術，就一地區內之活動、土地使用、建築量體組合、交通動線、開放空間、都市景觀等事項，予以整體規劃設計，以塑造都市風格及提升生活品質」。Barnett Jonathan 認為，都市設計是「設計都市而非設計單獨的建築」(Urban design is designing cities without designing building)，這個定義深刻的揭示出都市設計專業與建築專業在處理空間設計上的差異，應強調整體環境及風貌的營造，而非關注於個別的建築物(吳綱立，2006)。近年來，推動都市設計制度的重要性已引起國內城鄉規劃者普遍的重視，然而目前在實際推動都市設計制度於土地開發管理作業時卻仍遭受到不少的限制，例如在現階段城鄉規劃體系中，具法源基礎之都市設計機制的位階是在都市計畫細部計畫的層級，由於計畫層級的位階不高，常無法做全面性、整體性的都市設計管控。再者，目前都市設計的相關管制規範，係分散於土地使用分區管制規定、都市設計準則及建管體系的規範之中，缺乏整體的架構且垂直分工不清，也常造成執行上的問題。

目前辦理都市設計或設計管控的法令依據，主要依都市計畫定期通盤檢討實施辦法第八條規定或各細部計畫土地使用分區管制要點規定辦理，法律位階較低、效力不足，除依都市更新條例第二十一條第十款規定，都市設計或景觀計畫為都市更新事業計畫應表明之事項外，另依據民國106年4月18日修正發佈的「都市計畫定期通盤檢討實施辦法」第九條之規定(原民國 91 年發佈法規之第八條，於原條文中增加了一些關於生態設計、綠色交通、環境保護、綠建築及防災規劃的管控內容)，都市計畫通盤檢討時，下列地區應辦理都市設計，納入細部計畫：

(一) 新市鎮。

(二) 新市區建設地區：都市中心、副都市中心、實施大規模整體開發之新市區。

(三) 舊市區更新地區。

(四) 名勝、古蹟及具有紀念性或藝術價值應予保存建築物之周圍地區。

(五) 位於高速鐵路、高速公路及區域計畫指定景觀道路兩側一公里範圍內之地區。

(六) 其他經主要計畫指定應辦理都市設計之地區。

上述法令並述明，都市設計之內容應視實際需要，表明下列事項：

(一) 公共開放空間系統配置及其綠化、保水事項。

(二) 人行空間、步道或自行車道系統動線配置事項。

(三) 交通運輸系統、汽車、機車與自行車之停車空間及出入動線配置事項。

(四) 建築基地細分規模及地下室開挖之限制事項。

(五) 建築量體配置、高度、造型、色彩、風格、綠建材及水資源回收再利用之事項。

(六) 環境保護設施及資源再利用設施配置事項。

(七) 景觀計畫。

(八) 防災、救災空間及設施配置事項。

(九) 管理維護計畫。

　　以上條款是目前各直轄市、縣(市)政府實施都市設計制度的主要依據，據此明定應辦理都市設計之地區及都市設計應表明之事項。其他法令規範依據則為直轄市或目前六都都市計畫法的相關施行細則，可就人行空間、人行陸橋及地下道、公園開發、停車位設置方式、景觀及開放空間、建築與色彩、交通系統與停車空間、景觀植栽、街道傢俱、廣告招牌及管理維護計畫等進行管控。

　　雖然內政部 97.8.25 台內營字第 0970806262 號令訂定發佈「都市設計審議作業注意事項」，要求各級主管機關積極辦理都市設計審議事項，並於民國 98 年 4 月的全國都計建管都設會議中揭示出全國推動都市設計的重要性，但是在都市計畫主要計畫階段，目前多數縣市政府皆未擬定都市設計計畫，以致無法落實都市整體環境管理的目標(例如未能將整體生態廊道規劃或城市通風廊道規劃的考量納入)。而在都市計畫規劃及擬訂的過程中，由於都市設計的功能與定位並不夠明確，造成各界對都市設計之操作方式尚有一些認知上的差異，致使都市設計管控經常被誤認為就是都市設計審議及都市設計準則，要藉此限制民眾的開發行為及

空間使用行為。其實都市設計管控主要係基於維護公共利益及整體環境的和諧性來對公領域的空間使用行為作出原則性的管控或引導，並非要限制私人的空間使用權利及空間營造創意。然而由於開發業者及民眾對於都市設計的誤解，造成此制度推行上的困難，無法充分發揮其空間治理之積極功能，也限制了將具體的生態規劃設計考量內容納入都市設計管控的範疇與機會。由於缺乏明確的空間計畫及法源授權，使得生態方面的都市設計管控，零星散佈在相關規範及建築管理法規中，但零星的條文及對執行認知的不同，實無法發揮整體的環境維護之功效。

三、國土計畫法及國土計畫的機會與挑戰

2015 年 12 月 18 日立法通過的國土計畫法提供了一些國土改造及土地開發管理的新契機與願景，但實際執行上仍有一些待克服的挑戰。國土計畫法以功能分區的方式取代了傳統以來使用二分法的土地使用分類與管理方式(分為都市土地及非都市土地)，解決了以往都市土地與非都市土地因管控制度不同所造成的一些問題(例如因管控標準不同所造成的地價差異及公平性問題)，而目前非都市土地以區域計畫來指導土地開發管控，因缺乏實質空間計畫來指認發展區位或引導整體發展所造成的破碎化國土空間發展等問題，也可透過國土計畫予以適當的矯正。

配合國土計畫法的頒訂及各級國土計畫的研擬與公告實施，國土空間發展將依據國土計畫所劃設的國土功能分區來作為計畫指導與土地開發管控的基礎。依據國土法所劃設的功能分區分為：國土保育地區、海洋資源地區、農業發展地區、城鄉發展地區等四大功能分區(見圖 3-2，國土法計畫架構與現行計畫架構的比較)，其中將國土保育地區列為四大功能分區之首，具有明顯的宣示作用，強調在制度面已開始重視國土保育及生態復育的重要性。依據國土法研擬的構想，配合各功能分區的定位與功能，可有較佳的土地使用管制措施，並有較佳的機會來推動生態保育與復育。

國土法經十多年的立法與研擬過程，最後才獲得通過，所以傳統土地使用分區及用地編定到新功能分區的轉換，已有一些配套措施來作為執行時的依據。綜合而言，國土計畫法的主要特點包括：(1)導入了海域及海岸國土空間管理的概念與機制，以凸顯臺灣的地理環境特性；(2)將城鄉土地依使用功能及保育的程度作整體性的規劃考量，以便俾利於建構出城鄉互賴的關係，並有助於推動生態復育及生態區域經營管理的理念；(3)賦予某些重要的空間計畫(全國國土計畫、特定區域計畫、都會區域計畫、直轄市與縣市國土計畫)適當的計畫位階與法源基礎，便

於擬定執行計畫及進行所需的土地使用管控；(4)於開發面的土地使用管理中，強調國土保育與保安以及維護重要農業生產環境的重要性；(5)在國土計畫中導入景觀計畫、防災規劃及氣候變遷因應措施的具體考量；(6)建立以國土計畫來協調或指導部門計畫與空間計畫的機制；(7)在發展韌性城鄉的全球趨勢下，透過各功能分區劃設與調整的機會，可導入風險導向及重視風險管理的城鄉規劃模式。

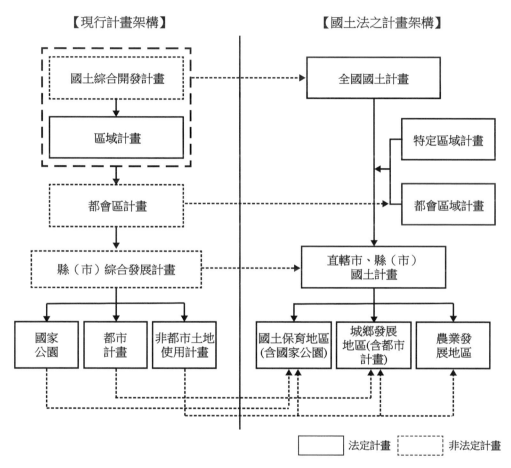

圖 3-2 臺灣新舊制計畫體系架構比較圖
(資料來源：內政部營建署)

　　國土計畫法立法通過後到全面性的國土計畫實施與落實，還需要一段時間，在此過程中，應多聆聽民眾的聲音與需求，同時應積極地思考，如何將生態城鄉及生態區域的理念導入規劃體系及土地開發管理的運作。整體而言，依據作者參與相關審議及國土計畫執行輔導的經驗，國土法由中央到地方的全面性正式推動，目前似乎還有以下的挑戰或待加強的地方：

(一) 環境地理調查資料的不完備或有些較精確環境風險資料因某些特殊原因而無法公開，以致影響到限制發展區或是需保育地區劃設的精確性與公平性。

(二) 近海海域及海岸管理與陸域國土管理的配套整合，還需一段時間來發展出適合臺灣競爭力及民情需求的國土使用管理機制(如近海水域休憩活動的開放與管理)。

(三) 臺灣土地違規使用情況明顯(如未登記工廠及違章建築等)，此乃諸多因素所造成的共犯結構現象，國土計畫法及各級國土計畫推動後，各功能分區中違規使用的處理，不論是要積極地輔導合法化或是加強取締，都應有通案性、公平性的原則及適當且可執行的罰則。

(四) 國土計畫法賦予地方當局擬定特定區域計畫以及地方層級國土計畫的法源基礎及權力，此立意頗佳，但需要防止因過度考量地方經濟利益而造成劃設過多的高強度開發用地，或是因重大建設分配不公而影響到區域之間的競合關係。在高齡少子化的趨勢下，目前臺灣許多區域的人口已不再自然成長，而人口變動多係透過區域的競合關係，讓人口在各區域間流動，此時重大公共投資及大型開發用地的劃設應該更加審慎的處理，以免造成區域發展的不均衡及資源分配的不公，明顯地違反了永續生態城鄉發展所強調的「跨區域公平」的理念。

(五) 在少子化的趨勢下，臺灣不少縣市在未來將處於人口持續減少的狀況，此類城市(城鎮)或區域的土地開發管理與都市規劃設計，實不宜繼續採用成長型都市的發展預測模式，一味地擴大需求，以致劃設過多的建設用地。人口持續減少的縣市之未來發展可能是民眾與產業「用腳來投票」，故需透過良好的環境品質及投資環境來吸引人口及產業願意繼續留下來，同時要在區域競合的趨勢下，吸引認同本地環境的人口之進駐。此類縣市的規劃模式應該與成長型的都市(例如目前的桃園市)或快速擴張的區域有所不同，積極地創造出宜居、生態、健康的集居環境，無疑是留住或吸引人口的最佳方法。

(六) 全球氣候變遷的衝擊之因應考量與積極作為，應及時地納入國土計畫及相關的策略規劃與行動計畫，例如城市通風廊道的劃設應納入直轄市、縣市層級的國土計畫；加強區域水資源保育與利用的整體流域管理，應納入特定區域計畫或都會區域計畫；水與綠生態廊道的整體空間規劃應納入區域及地方政府的國土計畫，這些需要通盤性規劃考量的生態基盤建設計畫，

都應該在較高的位階就先揭示出其對於氣候變遷因應的意義及功能，以便引導後續的土地開發，能朝更環境友善的方式發展。

(七) 目前臺灣各縣市皆在積極地研擬縣市國土計畫，以便適時地公告實施，許多縣市的國土計畫中皆有探討氣候變遷因應措施的章節，這些計畫中對極端降雨、洪氾管理、地層下陷、海平面上升、乾旱、災害風險等問題的因應，皆有一些基本的討論，唯對於全球暖化及熱島效應日益嚴重的情況下，都市化地區的退燒解熱措施，較缺乏具體的論述。此部分建議可探討如何利用城市風廊道規劃及相關的多元綠化、水域開放空間規劃以及土地使用和城市設計管控措施，來發揮都市化地區的導風減熱效果。

(八) 國土計畫的推動應以跨局處及跨領域合作的角度來加強部門間的協調配合及資源共享，例如大眾運輸導向發展(TOD)的推動涉及到交通、地政及都市發展(或城鄉發展)等多重局室的業務，而目前政府積極推動的前瞻計劃軌道建設係非常昂貴的投資，應以成本效益的角度，來決定適當的軌道建設運具形式，並加強運輸規劃與土地使用的整合，以發揮最大的綜效。

(九) 工農大縣多希望能利用地方產業特色來發展觀光，但觀光發展與國土保育間的衝突要如何妥善處理，需要有一些基本的原則，以生態規劃設計的角度來看，國土計畫應先依據地區生態環境的敏感性、脆弱度及災害風險，系統性地界定出需要保育的地點，並訂出保育的等級，然後才考慮可推動何種型態的觀光與相關的土地開發。

(十) 國土復育、生態修復及讓土地休息生養的觀念與作法，應利用國土計畫研擬及執行的機會，適時地導入目前的城鄉規劃及土地開發管理，並教育及告知民眾重要的災害風險觀念以及民眾對於國土保育與生態復育的責任。

(十一) 國土規劃應與公共衛生及風險管理的專業結合，例如利用開放空間規劃設計及城市風廊道規劃等措施來減緩都市化高密度地區疾病傳播的機會。

(十二) 目前中央政府及地方政府皆積極推動設置太陽能光電設施來產生能源的綠能政策，然而推動綠能建設應有綜合性的考量，不能僅考慮單一能源部門的需求而已。發展太陽能光電設施其實不只是種電而已，其在城鄉環境中的大量設置，尚須考慮到太陽能光電設施對生態、景觀及環境的整體衝擊，故需有綜合性的評估架構及跨領域整合的思考模式。建議太陽能光電建築或光電設施的設置，應以生態城市的綜合性考量來思考其所產生的成本與

效益,以及應該如何與城鄉環境相融合。例如以生態城市觀點,發展綜合性的評估架構(如圖 3-3),並嘗試在規劃實踐上予以落實。

圖 3-3 生態城市導向的太陽能光電建築與設施綜合性評估體系架構圖
(資料來源:修改自吳綱立等,2013)

第二節　大陸城鄉規劃及土地開發管理機制

一、大陸現行的城鄉規劃體系(註 2)

　　大陸的城鄉規劃經過了不同發展階段，逐步形成了目前的分層規劃體系，對城市規劃區的建設與土地開發發揮了規劃指導、控制與管理的作用。2008 年施行的《城鄉規劃法》明確化中國的規劃體系，包括：城鎮體系規劃、城市規劃、鎮規劃、鄉規劃和村莊規劃。其中城市規劃、鎮規劃分為總體規劃和詳細規劃，詳細規劃則又分為控制性詳細規劃和修建性詳細規劃，詳見圖 3-4。大陸新頒佈的《城鄉規劃法》從城鄉統籌發展的角度，企圖將城鄉規劃落實於大陸廣大的城鄉地區，追求城鄉空間佈局的均衡發展，並健全行政權力的監督機制與民眾參與機制。

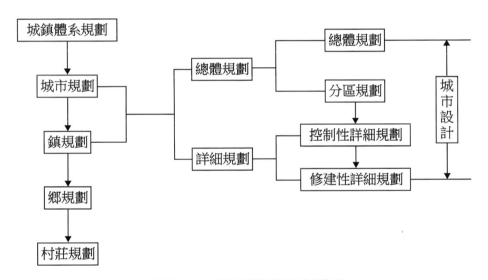

圖 3-4 大陸城鄉規劃編制體系

二、改革開放(1978 年)以來中國城市規劃體系發展的特點

(一) 中國規劃體系形成的理論基礎

　　1950 和 1960 年代，中國城市規劃係以蘇聯模式為指導。1970 年代後期改革開放以後，歐美的城市規劃理論開始被引入中國，並逐漸被接受。隨著社會主義市場經濟體制的建立，後工業化社會的逐漸到來，可持續發展及民族文化發展的要求也日益受到重視。由於歐美國家的城市規劃理論與實踐，多係建構在工業化

背景和西方文化的基礎上，缺乏對東方文化復興的適應性與相容性，以致在西化模式指導下的城市建設難免出現千篇一律的城市景觀，缺乏地域性特色，所以也引起規劃界的省思與檢討。於是在 1986 年第一波城市規劃編制高潮之後，中國規劃界開始進行反思與相關探討，以對「城市特色」研究、中國古代城市規劃研究、東方傳統文化思想探源、經濟全球化和資訊化與城市發展的新趨向研究等為基礎，在 1980 年代末至 1990 年代初期，進行了一系列的規劃探索與實踐，逐漸確定出中國城市規劃應該深深地扎根於中國自身的歷史、文化與地理背景之上，並反映中國所處的特殊時代背景——社會主義初級階段及工業化與後工業化並存的歷史進程之中。於是兼顧「本土」與「當代」，強調中國城市的「底氣」成為一系列規劃論述的重點，也為中國特色城市規劃體系的構建指出了一個方向及認識論與方法論的原則。

(二) 理論探索上的努力

近二十多年來，在城市研究方面，中國一方面嘗試吸收國外的經驗，另一方面也強調自我創造，透過大量實證研究與比較分析，界定出社會主義初級階段的城市發展規律，包括城市經濟、社會文化、歷史脈絡、空間結構特徵等。從城市規劃與地理學的角度而言，在城市研究領域係以城鎮化研究為起點、以城市空間組織結構與演變研究為主軸，吸收並綜合其他學科的成果，包括城市地理學及建築學。值得一提的是，錢學森先生為中國城市研究構築了一個宏觀的架構，指出發展的方向，而南京大學、北京大學、中山大學、華東師範大學等高校的學者，則藉由城市地理學的研究與專著論述，把城鄉規劃學科推向高潮。在城市規劃理論研究方面，大陸基本上也經歷了一個由微觀到宏觀、由實質空間規劃研究到實質、涵構、生態並重的歷程。從城市與區域分析、城市性質與規模探討到城市空間佈局、基礎設施建設等，逐漸形成了一套比較規範性的應用理論體系，涵括總體規劃、分區規劃、詳細規劃、城市設計等各個層次的理論與規劃實踐。在此期間的代表性著作有《城市規劃原理》(同濟大學主編，從 1961 年起至今，多次修訂)、《中國城鎮體系—歷史、現狀、展望》(顧朝林，商務印書館，1992 年 5 月第 1 版) 等。進入 1990 年代以後，針對城市規劃的廣泛性與多樣化趨勢，城市規劃理論開始向哲學科學等延伸發展，並按照新的情況對理論層次進行新的組合。吳良鏞的《論城市規劃的哲學》(1990)、《展望中國城市規劃體系的構成》(1991)對此進行了前瞻性的論述。這段歷程清楚地呈現出中國城鄉規劃專業所堅持的「實踐—理論—實踐」的方法論及專業實踐方向，讓城市規劃工作者在以寬廣的視野

來關注國外城市發展的同時，也留意到中國的社會現實，於是在每一次政策性變革與觀念性更新所引發的城市建設規劃高潮之後，都會有針對熱點問題的討論、論辯與總結，強調「實踐」是中國城鄉規劃的特點，也是動力源泉。

(三) 中國特色的城市規劃法規體系之建立

早在 1980 年 10 月，中國國家建委在召開的全國城市規劃工作會議上就指出要盡快建立中國城市規劃法規。同年 12 月，中國國家建委頒發《城市規劃編制審批暫行辦法》和《城市規劃定額指標暫行規定》，開啟了中國城市規劃法規建設的序幕。1983 年 8 月，中國國務院在批覆《北京城市建設總體規劃方案》文件中指出：「要抓緊制定城市規劃、城市建設和管理的各項法規，建立法規體系，做到各項工作有法可依」，從更高層次發出了建立城市規劃法規體系的指令。隨之於 1984 年 1 月 5 日，《城市規劃條例》頒佈，通過對 1986 年及以前城市規劃工作的總結，於 1989 年頒佈的《中華人民共和國城市規劃法》，則實現了中國城市規劃的歷史性突破，對城市發展方針、城市規劃的制定(編制、審批)、新區開發與舊區改建、規劃的實施、法律責任等方面作出了明確的規定，中國城市規劃法規建設於是進入一個新時期。此後，各省、直轄市、自治區以此為基礎，制訂了與之配套的地方性法規。國家組織接著對城市規劃的相關規範、標準加以研究與制訂，並與土地法、文物法等法規條例相結合，一個系統化的中國城市規劃法規體系於是初具規模，為城市規劃專業發展提供了有力的法源基礎與規範性的運作規則。

(四) 城市規劃實踐不斷累積經驗與豐富內容

近四十多年來，大陸經歷了數次大規模的城市規劃高潮，第一次是 20 世紀的 1980 年代中期，與當時改革開放的形勢相結合，全國近 400 個城市基本上全部編制完成了總體規劃，並開展了一些詳細規劃。1992 年起，為了與建設社會主義市場經濟體制相配合，全國掀起另一波新的修編城市總體規劃的高潮，並由城到鄉、由點到面，村鎮規劃、區域城鎮體系規劃、城鄉一體化規劃、高新產業技術區(或知識園區)規劃也全面展開。城市分區規劃、專項規劃、控制性詳細規劃、城市設計亦成為這一波城市規劃高潮中的新重點。2005 年以來，城市規劃經歷了改革開放以來第三次大規模的實踐高潮，其中新農村規劃(村莊規劃)成為新熱點。雖然不少「依法執行」的規劃尚未落實，但「依法編制」的規劃基本上已經普遍地推動，城市規劃作為城市政府當局實施宏觀調控的重要手段之作用已被普遍地認知到，相關的管理與決策機構也逐漸設立，於是所有省會城市和設市城市都成立了城市

規劃局(處)，許多地方還成立了由主要領導牽頭、多方參與組成的城市規劃委員會。

三、大陸推動永續生態城鄉發展之路 (註 3)

　　大陸永續(可持續)生態城鄉發展工作的推動明顯地受到政府政策(尤其是國家政策)、領導者的企圖心、地方政府的執行重點及國企等大財團的支持的影響。雖然具體落實的仍然有限，但二十多年來，中國城市一系列可持續政策的推動，讓我們可以看到相關政府單位的努力及企圖心。1994 年，中國國務院發佈《中國 21 世紀議程－中國 21 世紀人口、環境與發展白皮書》，標誌著中國正式走上可持續發展的道路。1998 年中國政府簽署《氣候變化公約》議定書，此政策對中國化石能源的大量使用造成一些調整的壓力。在「十一五」 (2006-2011)期間，中國政府已較明顯地由強調經濟成長導向型的國家發展，調整為納入可持續發展理念的均衡性發展，2006 年 3 月，中國政府在《中華人民共和國國民經濟和社會發展第十一個五年規劃綱要》中首次提出「節能減排」。2006 年 6 月，建設部、國家發展和改革委員會發佈修訂版的《節水型城市申報與考核辦法》和《節水型城市考核標準》，要求各城市具體實行節水獎懲制度、節水專項財政投入制度，以及有具體規範的節水統計制度等，並要求要達到考核標準。同年 8 月，國務院批准了《十一五期全國主要污染物排放總量控制計畫》，明列出至 2010 年為止，全國主要污染物排放總量要比 2005 年減少 10% 的政策目標。2007 年 4 月，建設部發佈《城市生活垃圾管理辦法》，企圖提高城市生活垃圾之無害化處理水準，以此作為建設資源節約型城市和環境友好型社會的重要措施；2007 年 6 月，國務院發佈「十一五」期間《節能減排綜合性工作方案》。此外，2007 年 10 月則頒佈《城鄉規劃法》，為消除城鄉二極化，實現城鄉之間的協調規劃提供了一些法源基礎的支撐。2011 年 9 月，國務院辦公廳發佈《「十二五」期間節能減排綜合性工作方案》；2012 年 3 月，中華人民共和國環境保護部鑒於空氣品質的逐漸惡化，發佈了《環境空氣品質標準》；2012 年 6 月，聯合國可持續發展大會將在巴西里約熱內盧召開，中國政府提供了《中華人民共和國可持續發展國家報告》重點性地總結了 2001 年以來中國實施可持續發展戰略付出的努力和取得的進展，並分析存在的差距和面臨的挑戰。由上述這些連續性的政策及方案可看出中國政府在由上而下、國家政策引導上所做的持續努力，但落實到實際城市建設與城市管理時，各地方的執行績效則不一。其中中央行政支持的程度、是否有穩定的財務支撐機制、地方決策者的個人升遷考慮等因素，常會影響相關政策方案的實際執行績效。對一個人口占世界

人口 1/4 強，近十餘年來一直面臨著快速城鎮化、城市擴張及持續經濟成長的大國而言，中國的城市可持續發展可能比世界其他開發中國家面臨著更多嚴峻的挑戰。然而，隨著內需的持續增長(中國已從世界最大的工廠轉型為世界最大的市場)、民間環保意識的逐漸提升，以及國家領導班子的強烈企圖心，中國的城市可持續發展之路，充滿了機會及改善的契機，有待持續地觀察與努力。

就各部門的表現而言，大陸的永續生態城鄉發展，已有以下的成果：

(一) 城市綠化是大陸積極推動的生態建設項目，透過舊城改造增綠、庭院拆牆透綠、中心城區添綠、新區規劃建綠、城郊造林擴綠等多種形式，近十餘年來中國城市綠化的進展快速。2011 年時全國城市建成區綠化覆蓋面積已有 161.2 萬公頃，比前一年增加 11.8 萬公頃；城市人均公園綠地面積達 11.18 平方公尺，也比上一年增加 0.52 平方公尺。全國有 183 個城市被命名為國家園林城市，31 個城市被命名為國家森林城市。近年來，城市綠化工作的普及率更逐年提升。

(二) 河川污染控制及親水空間營造也是影響中國城市可持續發展的關鍵議題，配合世界潮流，中國城市近年來積極推動城市河川的污染治理及水岸城市的營造，有些城市如南寧市、上海市及天津市已展現出不錯的成效，但也有城市仍遭遇一些困難。整體而言，隨著城市規模的擴大及城市供水結構不斷調整，中國城市正朝向兼顧民生與產業用水、雨污水分流、河川污染整治、水務管理一體化、鼓勵節約用水等工作持續推進，也透過營造河岸親水空間來提升房地產的價值與都市生活品質，這些努力如何持續下去，並推廣到較偏遠的鄉鎮或農村，是一大挑戰。

(三) 由於長期的資源過度開發與巨大的人口壓力，大陸生態系統破壞的情況一度十分嚴重。進入 21 世紀之後，中國政府十分重視生態保護、生態復育與生態建設，實施了一系列生態保護政策與措施，以期能遏制生態環境的持續退化，相關政策諸如退耕還林、保護天然林、三江源生態建設、生態功能保護區管理、自然保護區劃設、水土流失治理等，已逐漸發揮具體的成效。

(四) 為了有效保護城市生態資源及生態景觀格局，防止城市建設的無序蔓延，從生態優先的角度對非建設用地進行管控的概念，已在大陸逐漸受到重視。就城市規劃實踐而言，城市綠線及基本生態控制線規劃已被一些城市

管理當局及規劃師採用，作為控制城市擴張及維護城市生態資源的工具。2002 年 9 月 9 日中國建設部常務會議審議通過了《城市綠線管理辦法》，此辦法對城市中公共綠地、公園、單位綠地和環城綠地等的範圍控制及建設管理提供了較明確的執行依據。同時，類似西方劃設成長邊緣(growth boundaries)或都市周邊綠手指(green fingers)概念的生態控制線劃設措施也在部分地區實施。基本上，生態控制線是指為保障城市基本生態安全、維護生態系統的健全性、防止城市建設無序蔓延，而在尊重城市自然生態系統和合理環境承載力的前提下，根據相關法律與法規，並配合城市實際情況而劃定出的生態保護範圍界線。目前已編制的市級基本生態控制線規劃的城市有深圳市、無錫市、東莞市、廣州市、長沙市等。但是也有一些城市邊緣地區，由於面臨的產業發展及土地開發的壓力，正在檢討部分劃設生態基準線的地區，是否可以解編，允許某種程度的低衝擊發展。

(五) 隨著景觀生態學及景觀安全格局理念的推廣，中國城市地區生態廊道規劃及實際建設也在陸續進行之中，實際操作包括北京地區的環城與西部生態帶規劃、南京城市森林帶規劃、重慶四山兩江規劃、杭州生態廊道規劃、深圳市的綠道網絡規劃等。

四、大陸城鄉規劃體系的實踐成果與問題

面對快速城鎮化、全球化及國家經濟、政治體制改革的複雜發展形勢，大陸正不斷地在推動規劃實踐的路途上，找尋其城鄉永續發展的本土方向。回顧近十餘年來中國城鄉規劃體系的發展與實踐，雖然已有相當大的進展(尤其是經濟發展及大城市的建設)，但就生態規劃設計及永續生態城鄉發展而言，似乎仍存在以下的問題或隱憂：

(一) 規劃編制上較忽視城市與生態環境的協調發展，也缺乏生態基礎設施與土地使用總體規劃的良好銜接。

(二) 2006 年以來進行的新農村規劃(村莊規劃)對於促進城鄉統籌發展、土地集約利用、規劃主體參與等方面提供了技術支撐和制度保障，但在規劃實施層面進展緩慢、規劃基礎資料缺乏、技術標準不統一，也缺乏在生態基礎建設及地方風貌營造方面的全面性推動。

(三) 受政府及行政干預影響大，導致土地性質改變的隨意性大，城市擴張蔓延迅速，生態環境及土地資源易遭受破壞。

(四) 強調大而美、宏大的土地開發模式及景觀營造，強調人為技術的大尺度開發建設，雖然創造出城市建設的宏大氣勢，有助於招商及引入資本，但由於缺乏小尺度生態系統的營造，以及親自然、在地循環生態基礎設施的建構，也影響到整體生態系統及區域生態的健全性。

(五) 規劃仲裁作用及管理支配機制不夠健全，規劃許可採用中央與地方相結合的兩級立法體制，缺少政務公開與公眾參與，使得規劃實施的有效性受到影響。

(六) 雖有中央宏觀計畫經濟(行政干預)與市場經濟(市場機制)共同作用，城市規劃決策受宏觀政策及土地利用政策的影響較大。

(七) 快速城鎮化、鄉村貧困化及人口老化是中國城市推動可持續發展的隱憂。2011 年，中國城鎮人口達到 6.91 億，城鎮常住人口首次超過了農村常住人口，城鎮化率已達 51.27 %，顯示中國已經結束了以鄉村型社會為主體的時代，開始進入到以城市型社會為主體的新城市時代。根據國家統計局資料，至 2018 年年末，中國城鎮常住人口更成長到 8.31 億，城鎮人口占總人口的比重成長到 59.58 %。伴隨著快速城鎮化的發展趨勢，中國城市目前呈現的普遍現象是鄉村貧窮化、人口老化、鄉村人口外流及鄉村建設的落後。

(八) 目前大陸採城市化與農村城鎮化雙軌發展，缺少城市化發展及農村再生發展的整體配套考量。相較於城鎮化地區，農村建設及生態保育和復育的進度遲緩，此問題的解決需要積極地調整心態，若等到城鎮化建設告一段落，才來建設生態農村，可能已經來不及了。

(九) 大陸為土地國有，近年來土地使用制度和投資體制已產生了變化，行政撥用和土地出讓成為獲得土地使用權的常用方式，但過度的土地釋出，藉以籌措建設財源的結果，也造成對生態環境的衝擊。

(十) 過於以人工化、工程導向的作法來推動生態城鄉建設，例如目前許多城市積極推動的海綿城市建設，仍傾向於以工程的手法來解決滯洪、蓄水及水質淨化的問題，相對地忽略了低衝擊發展及海綿城市理念中所強調的，利用就地處理、生態街道、小尺度生態水循環系統等手法來處理雨洪管理及促進都市水循環設計的真諦。

第三節　臺灣開發許可審議經驗分析 (註4)

本節以非都市土地開發審議的兩種常見類型：住宅社區開發及工業區開發為例，檢討生態規劃設計理念在納入開發許可審議的重要議題及實務考量。所選取的案例皆為作者實際參與審議，並已完成整個審議過程的代表性案例，每個案例皆凸顯出某些值得注意的生態規劃設計議題。以下為案例背景、規劃設計內容及案例審議時討論重點的摘述，本節最後並給予綜合性的評述。

一、龍潭美語村住宅社區開發計畫

(一) 案例背景

本案位於原桃園縣龍潭鄉八德村，為都市計畫外之一般農業區農業用地，基地形狀崎嶇，面積 14.3945 公頃。基地周圍半徑 5 公里範圍內並無水庫及集水區、重要河道及自來水水源水量保護區，基地內也無特殊之地質或地下水文的問題會造成基地開挖時的限制。本案開發目的主要為滿足附近居民住宅需求，同時配合當地美語學校之發展，提供住宿空間。基地區位條件如圖 3-5 所示。

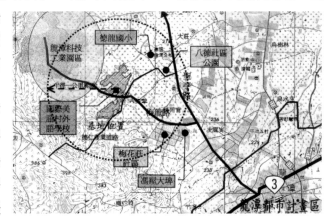

圖 3-5　龍潭美語基地區位圖

(二) 土地使用與用地編定

基地內原土地使用多為荒地(72.7%)與果園(14.3%)，占總面積 87%，另有數個埤塘、部分稻田及其他使用。基地內原土地使用編定主要為農牧用地及水利用地。其中農牧用地所占最多，占總面積 89.43%；水利用地占總面積 9.48%。變更後土地使用編定為鄉村區之乙種建築用地、特定目的事業用地、水利用地、遊憩用地、國土保安用地及交通用地等六種用地(圖 3-6)。

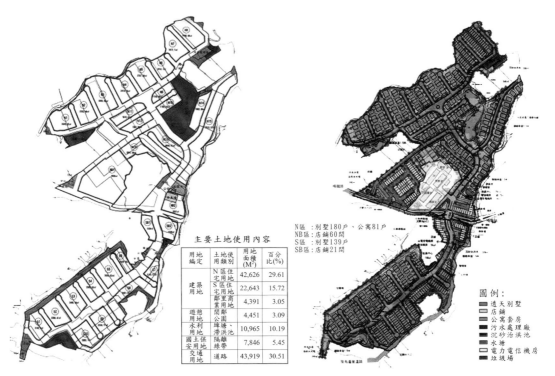

主要土地使用內容

用地編定	土地使用類別	用地面積(M²)	百分比(%)
建築用地	N區住宅用地	42,626	29.61
	S區住宅用地	22,643	15.72
	鄰里商業用地	4,391	3.05
遊憩用地	鄰里公園	4,451	3.09
水利用地	埤塘、滯洪池	10,965	10.19
國土保安用地	隔離綠帶	7,846	5.45
交通用地	道路	43,919	30.51

N區 ：別墅180戶、公寓81戶
NB區：店鋪60間
S區 ：別墅139戶
SB區：店鋪21間

圖例：
透天別墅
店鋪
公寓套房
污水處理廠
沉砂治洪池
水塘
電力電信機房
垃圾場

圖 3-6 龍潭美語村土地使用計畫圖　　圖 3-7 龍潭美語村土地使用及建築配置圖

(三) 實質計畫內容

本案業主為開辦美語學校的企業主，希望透過此案打造一個具特色的優質住宅社區。社區採用簇群住宅形式規劃，以公園綠地作為社區的生活中心，並配置鄰里商業機能。社區以低密度開發方式來減少對環境衝擊。本計畫預期引進人口1,836 人，提供獨棟、雙併及連棟透天住宅共 319 戶、集合大樓套房公寓約 81 戶及店鋪 33 間(圖 3-7)。基地內原有的三處埤塘均予以保留，作為社區景觀滯洪池及公共開放空間，並藉此營造社區景觀特色。

(四) 規劃設計考量

本案嘗試保留原有的地景環境特色，業主及規劃單位所提出的報告書及簡報資料之主要規劃考量如下：

1. 建築型態

住宅社區以簇群住宅形式規劃，共分兩種型態，一種為低層別墅區，主要為獨棟別墅、雙併別墅及連棟透天住宅，樓高為三層至四層，以斜屋頂設計；另一

種為集合大樓形式之公寓住宅，為樓高九層之電梯大樓。商業店鋪方面，以約三至四層樓高之透天店鋪為主。

2. 交通改善計畫

本案交通改善計畫包含聯外道路拓寬及基地內交通路口改善工程。其主要對外聯絡道路路寬為 13 m，而區內則以路寬 5~8 m 之次要道路來聯絡各住宅單元。

3. 人行空間系統

主要道路一側為寬 2.5 m 之自行車道兼人行步道、另一側為寬 1.5 m 之人行步道；次要道路則於雙側設有寬 1.5 m 之人行步道，另外在埤塘沿岸設有環湖步道，以供休憩及賞景。

4. 地方服務機能

本案主要於基地中心位置及主要道路(梅龍路)兩側提供餐飲、娛樂及服務業等商業活動之店鋪。

(五) 生態規劃設計考量

1. 基地保水

幹道兩側設置滲透型卵石水溝或生態草溝，並引中水、雨水至埤塘，經生態淨化後再加以循環利用，一方面增加埤塘之蓄水功能，並利用貯留滲透井之設計，達到基地保水之目的。此外，並將住宅單元之帶狀綠化空間相互連結並延伸至水岸，維持基地群落生態，以方便生物活動與遷移。

2. 埤塘保存與生態景觀營造

本案景觀規劃之特色為維護桃園台地地區特有之埤塘地景元素，保留現有埤塘，並導入親水空間、生態棲地及透水景觀貯流設施，並與鄰里公園結合，以作為社區居民之主要活動場所。

(六) 生態規劃設計導入的關鍵議題

本案業主的配合度很高，也樂於接受區委會委員所提出的修改建議。全案以營造具良好生態環境的優質住宅社區為目標，本案於 2005 年 4 月取得開發許可，然而因受到不動產不景氣之影響，後續開發並不是很順利，最後實際開發完成的情況如圖 3-8 所示，住宅社區開發並沒有完成全部審議時計畫書中的預期規模及

機能設施，也沒有完成當初立意良好的由埤塘與綠帶所構成的生態網絡，以致當時提出的美好願景，僅能呈現在審議計畫書中。本案審查過程的討論重點如下：

圖 3-8 龍潭美語村住宅社區實際開發情況 (以 2018 年 Google 衛星影像繪製，
　　　 紅線為原先開發許可審議時，住宅社區開發案申請的範圍)

1. 坡度處理：基地內坡度不小，審議時委員要求須以坡地住宅方式務實處理排水、道路工程、建築整地等問題，不應以平地建築方式來作大規模的整地處理。

2. 埤塘保存結合景觀營造：如何保存基地內具集水功能及生態文化價值的原有埤塘，以作為社區景觀營造的焦點為本案的設計亮點，並將其營造成生態社區的主要特色之一。

3. 公共空間的公共使用：保留的埤塘公共開放空間及其他綠地開放空間，如何加強公共使用的方便性及可及性，應有一些具體作法的說明。

4. 人文景觀的調查與保存：基地內之人文景觀、原生植被、聚落現況及建築形式應詳加調查與維護。

5. 交通衝突問題：與基地臨接之龍梅路段，需要評估是否可就現有已取得之路權，並經由建築退縮等手法來改善現有路型，以減輕交通衝突。

6. 車行與住戶間之關係：基地規劃應考量車行動線與住戶間之關係，以確保社區安全、隱私及寧靜。

二、桃園縣龍潭鄉企業家村住宅社區開發計畫

(一) 案例背景

　　本案基地位於原桃園縣龍潭鄉的龍潭市區東南側約 1.5 公里處，基地面積 189,501 m²。基地鄰近龍潭與石門都市計畫地區，兩側分別有第二高速公路(龍潭交流道)及臺 3 省道乙線通過，交通尚屬便利(圖 3-9)。近年來桃園市已取代新北市成為遷入人口最多的地區，對於住宅需求日增，加上本基地鄰近龍潭科技園區以及中山科學研究院等設施，預期開發案應有一定的市場，可提供附近就業人口居住使用(圖 3-10)。

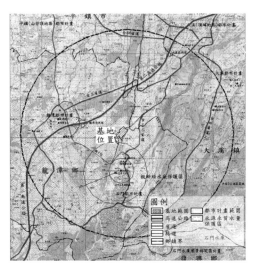 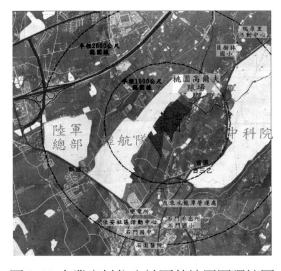

圖 3-9 企業家村住宅社區基地位置圖　　圖 3-10 企業家村住宅社區基地周圍環境圖

(二) 土地使用與用地編定

　　本計畫原土地使用以相思樹林及雜草區為主，占 95％以上，其餘為茶園及產業道路，約占 4％左右，基地地勢平坦，三級坡以上面積不多，適合以平地住宅方式開發。原土地使用分區為「一般農業區」，用地編定主要為農牧用地及林業

用地。土地使用變更編定後主要改為鄉村區，以乙種建築用地為主(45.72 %)，其次為國土保安用地及交通用地，此外尚有部分零星水利用地及特定目的事業用地。

(三) 實質計畫內容

本基地地勢平坦，沒有因地形較陡而需留置的不可開發區，但依據審議規範要求需留設 30 % 基地面積為保育區，以發揮生態保育的功能。開發案預計引入戶數為 400 戶，推估居住人口約有 1,600 人，總樓地板面積約為 84,455 平方公尺。社區依審議規範要求，需留設社區中心及污水處理廠等公共設施，公共設施及公用設備依計畫人口進行檢討。社區建築以獨棟、雙併透天住宅為主，並於基地中心配置少數集合住宅單元。每宗建築基地開發面積維持在 200 平方公尺以上，以避免零碎的土地使用(圖 3-11)。

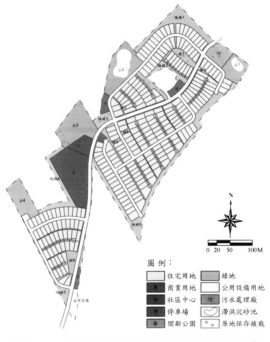

圖 3-11 企業家村住宅社區土地使用計畫

(四) 規劃設計考量

本案配置經多次修改，依據最後規劃設計報告書，規劃構想如下：

1. 建築型態

本案以低密度開發為原則，獨棟、雙併住宅的建蔽率為 50 %、容積率 125 %；集合住宅建蔽率 50 %、容積率則為 200 %，整體高度皆控制於 7 層樓以下。

2. 建築退縮與綠化

每宗建築基地均自道路境界線退縮 4 m 以上，以作為法定空地並予以適當的綠化。此空間不設置花台及妨礙行人通行之定著式設施物，並每隔 5~10 m 種植樹型佳且具遮蔭效果之喬木，以形塑社區街道空間之特色。

3. 建物外觀及風格

住宅簇群皆採斜屋頂形式，建材以自然材料或當地的材料為優先。住宅單元

間以灌木綠籬作為區隔建築空間之手法，建物立面並運用蔓藤性植栽予以綠美化。

4. 道路系統規劃

基地內規劃寬 12 m 之主要道路(雙向)貫通南北，以適度的彎道設計來減緩車速，並避免穿越性交通影響住宅安全。次要道路寬 8 m，圍繞區內之鄰里單元。

5. 人行空間規劃

主要道路兩側各留設寬 2.5 m 帶狀公共開放空間供人行暨自行車道使用；次要道路部分則配合建築基地退縮，另提供單側寬 1.5 m 之人行步道，並串連基地內留設之公園綠地及綠帶，以形塑區內人行空間系統。

(五) 生態規劃設計考量

1. 緩衝設施(隔離綠帶)

為降低下游地區因土地開發而增加的逕流量，於開發基地內西北側設置滯洪池，另於基地周邊留設至少 10 m 之緩衝帶(隔離綠帶)(圖 3-12)，以次生林帶作為隔離設施，唯基地東側緩衝帶寬度較窄，且多以道路替代，影響生態功能。

2. 原生植栽保存

凡有樹徑 30 cm 以上生長良好之樹種，皆視為符合現地保留標準，共有 24 株應作保留。經調查符合移植標準者，往基地四周所規劃之隔離綠帶及公園予以移植復育。

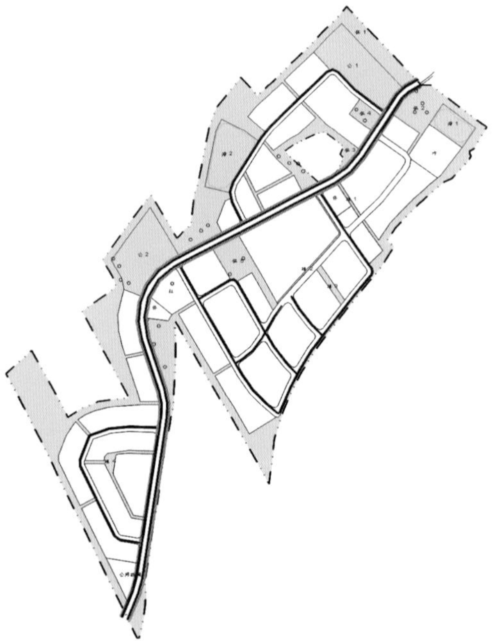

3. 綠覆率

圖 3-12 企業家村住宅社區隔離綠帶位置圖

綠覆率於本案中經計算為 46 %，高於相關規定之 15 %。

4. 生態廊道

加強隔離綠帶與社區綠地的連接及複層式植栽計畫以營造生態廊道。

(六) 生態規劃設計導入的關鍵議題

本案經數次土地使用調整及街廓設計修改，最後完成較佳的方案，審議過程的主要討論問題如下：

1. 基地型態較零碎，如何達到整體開發效果。
2. 現有主要聯外道路路寬未達 8 m，需提出聯外道路拓寬之相關資料與因應措施，以確保通行之便利性。
3. 公園綠地分佈較不平均、隔離綠帶連續性不足，住宅區內綠地面積也有所不足，應予以加強。
4. 開發業者將全部法定空地計算為留設綠地，以致綠覆率偏高，然而實際上，似乎法定空地並非全部皆能以綠化處理。
5. 鄰近軍事設施，規劃上應有所因應。
6. 社區商業用地未來土地要如何使用？若過度引入商業行為是否會影響到社區的寧適性。
7. 部分隔離綠帶以道路取代，應考量是否會影響到隔離綠帶的生態功能。
8. 街廓設計以都市地區的街廓形式處理，未能充份反映鄉村地區的地形及道路景觀特性。

圖 3-13 所示為規劃單位在審議過程中，配合審議委員的意見(作者是委員之一)，進行道路系統、街廓設計及土地細分之調整的部份成果。由左至右為空間計畫發展過程：方案 A 的街廓及道路設計未考慮鄉村地區的環境特性；方案 B 對上述問題有所調整，但道路系統的連通性不夠；方案 C 有較佳的道路連通性，但部分基地周邊的隔離綠帶以道路替代，此作法雖符合規定，但無法形成完整的生態綠網。

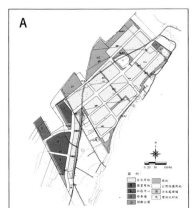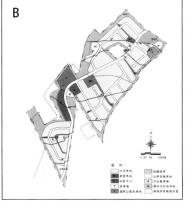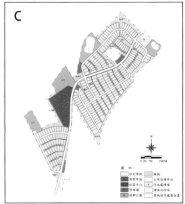

圖 3-13 企業家村住宅社區道路系統、街廓設計及土地細分審議檢討過程比較圖

三、嘉義大埔美智慧型工業園區開發計畫

(一) 案例背景

基地位處嘉義縣大林鎮與梅山鄉交界，面積 298.13 公頃，半徑 10 公里範圍內有 4 處都市計畫地區，國道三號梅山交流道為對外聯絡通道，北界臨 162 號縣道，往西通達中山高大林交流道及嘉義縣民雄鄉中正大學。基地周遭有數處聚落及軍事設施(見圖 3-14)。

圖 3-14 大埔美智慧型工業園區基地區位圖

(二) 土地使用與用地編定

基地土地多為台糖公司所有，占 83.73 %，國有土地占 6.07 %。基地原為台糖所屬之大埔美農場，以甘蔗種植為主，基地內並有約七公頃的畜牧場。原用地編定以農牧用地為主，約占 82.91 %，另有水利用地及交通用地。變更後為主要使用為工業區之生產事業用地、相關產業用地、住宅社區用地，以及公共設施用地，其中以生產事業用地所占面積最大(62.21 %)(圖 3-15)。變更用地編定後，國土保安用地占 10.7 %，丁種建築用地占 66.1 %，特定目的事業用地占 4.5%，交通用地占 10.7 %。

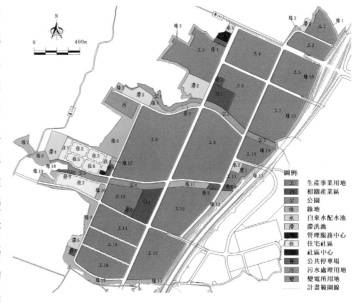

圖 3-15 大埔美智慧型工業園區土地使用計畫圖

(三) 實質計畫內容

本案最早係於民國 89 年提出申請，由嘉義縣政府公告編定為縣政重大產業建設計畫，以農業生技及機械設備為產業雙主軸，訴求最低地價、便捷聯外交通等優越條件。本案經開發許可申請，於取得許可後，又因開發期程及細部計畫內容變更，再度提出申請。本園區第一期開發區係嘉義縣政府向農委會爭取並獲同意設置成香草藥草生物科技園區，民國 93 年取得開發許可，並選定 BOT 開發商，後期 1 區主要為因應機械業者用地需求，擬引進電子、機械設備及金屬製品業，規模約 185.4 公頃，由縣道往南依不同規模街廓佈設生產事業用地。基地分為工業生產區、相關產業區、住宅社區及公共設施用地等四大類，工業生產區主要供工業設廠生產使用；相關產業區主要提供工業生產有關之金融、物流以及商業等支援性服務產業發展用地；住宅區之劃設則在提供區內部分就業員工之居住需求；公共設施用地在因應園區未來營運維護之需要設置。產業用地配置於南北向主要道路兩側，配合軸線道路營造特殊景觀節點，住宅區則配置於基地西側。計畫區內劃設 8 處公共停車場，開放空間以橫貫區內的大埔美溪及後壁坑排水溝渠為主軸(圖 3-16)，嘗試營造為生態綠網。基地分三期開發，第一期直接就業員工約 13,000 人，可容納居住人口約 4,800 人；第二期直接就業員工約 8,500 人，可容納居住人口約 4,700 人；第三期直接就業員工約 10,500 人，可容納居住人口約 3,300 人。

(四) 規劃設計考量

本案為嘉義縣政府積極推動的工業區計畫，主要規劃設計內容如下：

1. 交通運輸系統

區內有縣道通過，主要道路寬度 24 m，次要道路寬度 16 m，服務道路寬度 12 m；對外交通主要經由 162 縣道銜接第二高速公路、中山高速公路、台 3 線、台 1 線及其他聯絡道路。區內劃設有 4.3 公頃的公共停車場用地，並規定廠商依規模設置停車場。

圖 3-16 區內溝渠現況圖

2. 全區空間規劃

運用林蔭大道串連行政、金融及物流等相關產業，形成中軸管理軸，掌控全

區活動。園區內配置模組化之工業用地,以因應市場銷售彈性。西北、西南等住宅核心區,分別結合附近現有聚落,形成發展核心據點。

3. 公共開放空間系統

加強生態規劃設計,以人埔美溪、中林溪天然排水路及兩側法定空地所形成的帶狀空間系統為生態綠廊基本架構,配合道路綠化及建築退縮綠化,形塑生態廊道。此外,集中留設廣場式開放空間,並在道路節點設置公共藝術。

4. 人行空間及步道系統

園區所有道路,均於兩側設置寬 1.5 m 以上人行步道。臨 30 m 道路兩側,設置寬 2.5 m 以上自行車道系統。大埔美溪及中林溪天然排水路綠地設置連續性自行車道系統,其車道淨寬均不小於 2.5 m。

5. 建築配置

臨主要軸帶的廠房基地,均需適當的建築退縮,以形塑園區意象。大埔美溪及中林溪天然排水路兩側建築物正面應以面向天然排水路側為原則,以營造景觀軸帶。依道路寬度指定區內建築退縮,且不設置圍牆。

6. 景觀計畫

以兩條河川及貫穿全區之園道為主要的景觀軸;開放空間以配合季節變化的複層式植生綠美化,也配合夜間燈光景觀規劃。計畫區之門牌或公共藝術、街道家俱,將運用機械零件產品造型藝術化手法,營造本園區之產業特色及趣味空間,並於入口處設置以精密機械為主題的公共藝術品。

(五) 生態規劃設計考量

1. 基地保水

全區透水面積 120.48 公頃,透水率 40.59 %,綠覆面綠覆率 66.14 %。

2. 保育區留設、物種及棲地保存

於基地四周留設寬 10~20 m 之綠帶,並規定各廠房之退縮綠地深度;水利用地臨計畫區邊界處應退縮 20 m,並予密集植栽綠化,以營造隔離效果。保留區內原有由東向西串流的二條自然水路選用原生喬灌木種類,並進行生態復育。

3. 滯洪池設計

園區二條天然排水路及滯洪池之設計,應於排水滯洪機能考量外,以維持原始

地形及風貌之原則，並導入生態工法，提供親水設施。

4. 生態廊道系統

將計畫區內的公共空間與建築基地的綠化空間串成結合綠與水的生態網路，以維護生態環境；原有排水溝渠保留並予以復育形成具自然排水功能的生態水岸。

5. 地形考量

配合現有地形避免整地，整地則配合自然化地形，坡面應處理成緩曲面，以加強保水滲透功能。

6. 綠建築

鼓勵引進綠能科技及綠建築技術，如太陽能設施、綠屋頂、雨水收集、中水系統等。

(六) 審查主要討論問題

本案為嘉義縣政府積極推動的計畫，配合市場需求及招商情況，本案取得許可後又辦理變更，審查過程主要討論問題如下：

1. 申請者需提出大埔美工業區招商情況之說明，以確定確實有開發需求。計畫變更後是否會造成區域公共設施的負擔。

2. 基地被高速公路分割成不同區塊，如何加強各區塊間之聯繫及開發的整體性(如整體園區意象、管線及公共設施規劃、人員聯繫及園區管理)。

3. 基地內有高架電纜，依法規高壓電纜下方不得有建築物，為避免影響廠房配置，高架電纜必須遷移，期程需及早確定，且遷移是否影響細部計畫需有所說明。

4. 基地連接不足 50 公尺處，應提出說明，如何維持整體開發的完整性。

5. 分期開發時程有所調整，是否影響公共設施之服務品質。

6. 基地內住宅區與生產區的關係為何，住宅型態與需求應加以檢討。

7. 基地內溪流應適當保存，並配合生態工法，加強生態復育，以作為景觀及生態網絡的主要元素。

8. 隔離綠帶的寬度及完整性，應有所考量，以發揮生態及景觀上的功能。

作者為本案內政部區委會專案小組的召集人，計畫審議期間，開發單位很在

意隔離綠帶留設的寬度，希望能減至最小，並將周邊道路計入隔離設施(以替代部分基地周邊隔離綠帶留設的要求)，因怕留設隔離綠帶所增加的土地成本會造成平均地價的增加，影響廠商進駐意願，最後達成協議，留設出基本的隔離綠帶，也兼作生態廊道，原有的生態溝渠也予以保留。本案最後順利完成開發，嘉義縣政府招商積極，廠商已全部進駐(圖 3-17)，生態基礎設施大致良好，算是一個不錯的工業區開發案例。

圖 3-17 大埔美工業區開發後狀況
(以 2018 Google 衛星影像為底圖繪製)

四、台中市霧峰工業區開發計畫

(一) 案例背景

本案基地位於原台中縣霧峰鄉南柳村與北柳村交界處，主要出入口為基地北側之四德路，次要出入口在基地西側丁台路，另基地東側之柳豐路則為緊急道路出入口。基地依據「促進產業升級條例」之相關規定申請工業區開發。基地入口東側有一條小溪流，旁邊為一處現有聚落，基地周圍為特定農業區用地(圖 3-18)。

圖 3-18 霧峰工業區基地區位圖

(二) 土地使用與用地編定

基地位於霧峰鄉台糖公司之非都市土地，原土地使用為種植甘蔗、稻米、西瓜等農作物，另有少部分土地為自然溝渠使用。經二次變更後，土地使用編定以丁種建築用地最多，占 56.2 %，作為生產事業用地、員工住宅用地、相關產業用地、服務中心等使用，其餘為交通用地，提供作為道路及停車場使用，占 26.8 %；國土保安用地為綠地使用，約占 12 %；特定目的事業用地供公共設施使用；滯洪設施編定為水利用地(圖 3-19)。

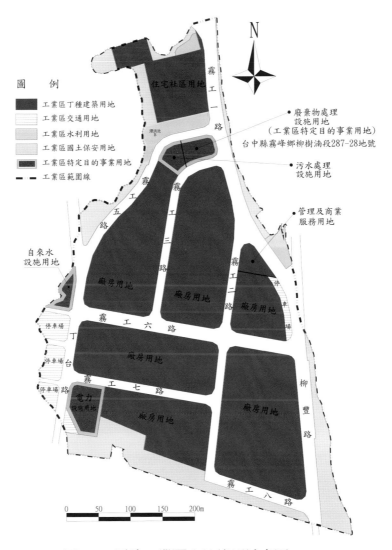

圖 3-19 霧峰工業區土地使用計畫圖

(三) 實質計畫內容

本案為一中小型規模之工業區,區內用地分廠房用地、管理及商業服務用地及公共設施用地。主要建築物為廠房及辦公室,住宅社區則位於入口左側,另有管理及商業服務用地一處及公共設施配置於基地周圍(圖 3-20)。一般廠房約為兩層樓建築,本計畫並於基地周界劃設有隔離綠帶(占全區 12.06 %),但受限於基地形狀及公共設施需求,隔離綠帶的連續性仍有所不足。

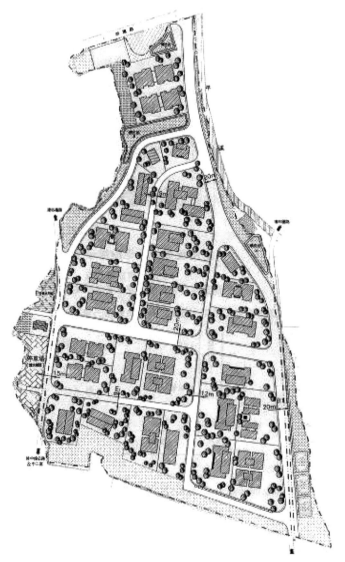

圖 3-20 霧峰工業區建築配置示意圖

(四) 規劃設計考量

依據開發許可申請報告書及簡報資料，本案主要規劃設計考量如下：

1. 道路系統

區內主要出入道路路寬 20m，兩側設有寬度 2m 之人行步道。主要出入道路

於工業區出入口處，銜接兩條主、次要道路，可由縣道與外聯絡。區內次要道路路寬 10~15 m，提供區內交通運輸需求，區內次要道路採平行十字之方格型配置，以形成大街廓，有利後續招商。服務道路路寬 9 m，提供街廓內交通運輸需求。

2. 人行步道系統

主、次要道路兩側均劃設人行步道，寬度為 1.5 至 2 m，並設置明顯指示標誌；人行步道兩旁建築物採退縮建築，退縮後法定空地供庭園植栽或停車使用。

3. 停車場規劃

停車場規劃主要為滿足工業區內之機車、小客車及大客車之停車需求，除了各事業單位自行提供給員工之停車空間外，工業區依就業人口或服務人口使用之車輛預估數之 0.2 倍規劃公共停車場。

4. 景觀計畫

植栽依當地氣候、土壤的特性加以規劃，採用多層次植栽，並選擇具有地區特色之樹種，配置足夠遮蔭植栽以調節微氣候。各使用分區周邊留設綠帶，以繁茂樹叢種植為主。設計時利用地形、植栽等元素作為空間之區隔，並運用地被植物覆蓋裸露面，減少表土沖蝕，同時降低設置水泥鋪面之面積。

5. 建築配置

區內建築物皆留設適當的鄰棟間隔，以加強建築物理環境的適意性。廠房建築配置考量與道路的秩序性，營造工業區整體空間感。

6. 公共開放空間與綠帶

公共開放空間有綠地 25,509 m²，占 12.44%及滯洪池 3,989 m²，占 1.95%，唯受限於基地形狀，公共開放空間的系統性及串連性仍待加強。基地周邊留設之綠帶或隔離設施最長達 30 m，但寬度不均。

(五) 生態規劃設計考量

1. 整地排水計畫

本案排水系統規劃原則為保存既有天然水路，並建立分區規劃排水系統及控制流速與分區分段佈設排水系統出口。步道採 1:50 的排水坡度設計，以利排水。

2. 滯洪池設計

滯洪池設置於各排水分區之末端，收集各區逕流後，排放至區外排水幹線。本基地地勢平坦且高差不大，故滯洪池不宜過深，端視各出水口與區外排水幹線之高程而定。臨時滯洪池於永久滯洪池旁擴大面積設置，在整地工程完成，且基地植生達規定時即可回填。

(六) 審查主要討論問題

本案基地不大，入口處較狹窄，造成一些規劃上的限制，本案審議時主要討論問題如下：

1. 社區管理中心及停車場皆配置於基地周邊之零碎土地，應加強其區位之可及性及使用方便性。
2. 原核定管理及服務中心用地縮減，是否足以提供本工業區所需之服務機能。
3. 基地周邊隔離設施(隔離綠帶)部分以道路替代，應加強綠地之連貫性。
4. 工業區入口處較為狹窄，應提供緩衝空間及加強入口意象營造。
5. 本工業區內之住宅用地的用途及其與工業區間之關係應加以說明。
6. 基地開發是否造成周圍聯外道路之交通衝擊，應提出交通影響評估報告。
7. 基地東側河溝可配合生態工法，發展為結合水與綠意象的景觀生態廊帶。
8. 本案特定農業區，變更後是否影響周圍農業使用及地區集排水功能。

本案為一個特定農業區變更成工業用地的案例。開發單位在計畫審議過程中，願意配合審議委員會的意見調整計畫內容。最後因相關政府單位成員涉及弊案而未能順利地開發。本案一個基本的問題是，在特定農業區中，變更部分土地作為工業區是否適當，如此作法其實是臺灣非都市土地中一個不算少見的情況。由於農地土地變更的成本較低，一些工廠企業主不願意去現有政府已開發的工業區中租用目前閒置的土地，反而改走農地變更的途徑，但是零星的農地變更開發，也造成地景資源的破碎化及生態環境的破壞。

五、開發許可審議經驗的檢討

經由前述案例分析及專業者訪談可發現，透過審議規範及區委會審議機制的運作，目前非都市土地開發許可審議機制具有以下優點：

1. 較能利用市場機制的力量：開發計畫是由開發者主動視基地條件及市場時機而提出，應較能掌握市場趨勢及開發者的需求，並可配合招商計畫，降低開發的風險。

2. 較能維持開發構想的合理性及管控開發計畫書圖的品質：透過審議檢核表及區委會專案小組審議機制的把關，開發單位必須回應審議規範及委員所提的問題，藉此可加強開發構想的合理性，而上述機制也有助於維持開發計畫書圖的品質。

3. 較能掌握效率及時程：目前內政部開發許可審議機制對於審查程序、內容、修正時間、回饋方式等皆已制度化(包括收件後至召開專案小組現勘的時間、修正補件時間等)，在區委會作業單位及委員的積極配合下，目前審議工作的運作效率已明顯提升。

4. 較能將對基地環境的考量納入規劃作業：由於基地環境特性的差異頗大，剛性的土地使用分區管制規定，較難依基地環境特性做特殊的開發管制，相較於此，區委會專案小組審議機制較能針對基地特性及開發需求，提出直接相關的問題，並配合審議規範檢核作業，將反應基地環境的考量納入規劃作業之中。

5. 較能落實使用者付費的理念：透過合理回饋機制及審議委員會的檢核，目前已有制度化的開發衝擊費收取機制(以交通衝擊計算)，可藉此推動衝擊者付費的理念。

但值得說明的是，目前臺灣非都市土地開發許可審議機制的運作，也有以下待改進的問題：

1. 過於被動：通常是規範中有具體要求的部分，開發單位才會較積極的納入考量，規範列出多少就做多少，通常不會將其他生態規劃設計的考量主動地列入。

2. 缺乏程度上的衝擊評估：目前開發許可審議規範雖有列舉允許使用的內容，並對造成環境衝擊的行為有所管控，但並無程度上的考量，故無法明確地評估因不同程度的開發行為所造成之環境衝擊。個案效果不等於整體效果：目前開發許可係採個案審查的作業方式，主要檢討基地內的土地使用，但理想的個案效果並不保證整個地區(或區域)環境的最適化。例如保育區留設的檢討，目前只能考慮到計畫案基地內的情況，並未能將鄰近地區

一併納入考量，所以各個開發案留設的保育區不一定能形成完整的地區性生態網絡，以致未能達到整體的生態保育效果，而目前對隔離綠帶的要求也有此限制。

3. 無法檢討累積性的環境衝擊：相鄰的開發案可能會產生累積性的環境衝擊(例如交通衝擊、水污染或空氣污染以及視覺景觀衝擊等)，有時累積性的效果甚至會產生 1 加 1 大於 2 的環境衝擊，但是目前個案審查性質的開發許可作業方式，無法檢討累積性的環境衝擊。

4. 未能有效地營造基地環境特色及地區意象：僅靠審議規範通論性的條文及制式的管制模式，多未能有效地協助營造基地環境特色及地區意象，故審議委員會及規劃者在此方面應扮演更積極主動的角色。

5. 生物多樣性面向的考量過少：目前審議規範中對一般動植物活動方面之考量著墨較少，也未要求規劃單位做相關的調查。在目前相關二手資料相當缺乏的情況下，生物活動領域及棲地常會受到開發行為的衝擊。

6. 「量」的考慮多於「質」的考量：審議規範中有量化評估指標的項目通常會被較具體的審查，也較容易執行，但過於重視量化數據，有時會忽略了「質」的重要性。例如多數開發計畫案的保育區綠地，雖然在「量」上合乎要求，但形狀多過於零碎且不連續，影響其生態功能。

7. 植栽計畫較缺乏生態面向的考量：植栽計畫多為了視覺景觀上的效果而設計，常未能從生態的角度加以考量。例如許多計畫內容都有設置綠帶作為緩衝隔離之功用，但除了隔離不相容之土地使用外，在生態方面的功能卻常未顯現出來。

8. 景觀衝擊分析缺乏操作型的說明：目前景觀分析多使用制式的通論性文字及電腦模擬圖，未能充分反映基地環境特色，應配合電腦視覺模擬技術及具體的圖例，說明開發案的建築與景觀設計如何與周圍的環境結合，並分析開發後造成的視覺景觀影響，以及模擬不同開發階段的景觀狀況。

9. 土地資源過度商品化，開發未充分考量區位條件及總量限制：土地開發目前多以追求經濟利益最大化為原則，所以區位選址時多以土地成本低廉為主要考慮因素，以致有些開發區位周圍並未發展成熟，因而需大量的公共基盤建設投資。

10. 人為裁量權的管理：開發許可審議的範疇廣泛，因委員的背景及價值觀不

同，對審議的考量重點常有所出入，為避免人為裁量權的過度擴充，應建立對審議項目及原則的共識。

11. 未能具體地納入反映全球氣候變遷之衝擊的議題：目前審議規範中並未具體列出反映全球環境變遷的規劃設計課題及因應措施，通常此類問題要靠委員的主動提出，並成為審查會議中重要的議題後，才會引起廣泛的討論，所以如何讓因應環境變遷的重要環境設計議題能被具體的討論，有賴審議單位與開發業者間的共識。

12. 個案效果不等於整體效果：目前開發許可係採個案審查的作業方式，主要檢討基地內的土地使用，但理想的個案效果並不保證整個地區(或區域)環境的最佳化。例如保育區留設的檢討，目前只能考慮到計畫案基地內的情況，並未能將鄰近地區一併納入考量，所以各個開發案留設的保育區不一定能形成完整的地區性生態網絡，以致未能達到整體的生態保育效果，而目前對隔離綠帶的要求也有此限制。

整體而言，就審議內容中有關生態規劃設計之考量而言，目前審議規範內容已有考慮到一些生態規劃設計的基本項目，包括自然資源維護、集水區及水資源保護、開發坡度、挖填方處理原則、保育區劃定、透水面積或其他水文平衡考量、開放空間規範、建築與環境配合、綠化及植栽計畫、隔離設施要求等，但是規範中對於生物多樣性設計、誘導式設計、氣候變遷的調適措施，以及營造地方風貌及塑造親自然的建築與景觀特色方面的考量則著墨較少。而且目前規範中對開放空間的形式與功能的檢核條文也不夠明確具體，因此未能具體的規範出開放空間的生態功能及使用限制。此外，目前開發許可審議機制也未要求開發單位需提供配合開發時程的階段性空間計畫內容與景觀管理計畫(由於一個開發案往往需時多年才能完成，而在區委會審議時的書圖文件往往是最後完成後的土地使用計畫及建築配置計畫，實無法看出開發過程中對環境的階段性衝擊以及對於景觀環境的經營管理方式)，而實際審議機制運作時，除非有委員特別要求，一般而言，開發單位也不會主動提供階段性的建築配置計畫及景觀計畫。再者，基於經濟收益最大化的考量，開發單位往往會利用法規的模糊地帶，以彈性的作法來取代原本立意良好的生態設計要求(例如當開發基地與周邊土地不相容時，業主常以具隔離功能的道路來取代原本需退縮留設出的隔離綠帶)。另外，開發許可取得後之實際開發內容與環境管理狀況的稽查，也應予以落實，以免開發許可制度淪為協助土地炒作的工具，或因業主未依審議通過的計畫內容進行開發，而造成環境的衝擊。

【註釋】

註 1. 立法院於民國 104 年 12 月 18 日完成國土計畫法(簡稱國土法)三讀程序,總統於民國 105 年 1 月 6 日公布,行政院於同年 5 月 1 日施行。依據國土法第 45 條規定,中央主管機關應於國土法施行後兩年內,公告實施全國國土計畫。直轄市、縣(市)主管機關則應於全國國土計畫公告實施後三年內,依中央主管機關指定之日期,公告實施直轄市、縣(市)的國土計畫,並於直轄市、縣(市)國土計畫公告實施後四年之內,依中央主管機關指定之日期,公告國土功能分區圖。目前各縣(市)政府正積極地研擬國土計畫及進行國土功能分區的劃定,中央政府也成立了縣市擬定國土計畫的輔導顧問團,以提供相關的諮詢服務(作者為該輔導顧問團成員之一)。依據國土法的規定,直轄市、縣(市)政府機關依上述程序公告國土功能分區之日起,區域計畫法即不再適用。區域計畫法及相關的土地開發管理機制為臺灣最高層級的空間計畫指導機制,作者曾擔任內政部區域計畫委員多年,深感區域計畫法及相應的土地開發管控機制,雖然發揮了一些功能,但受限於某些因素,造成對區域土地資源管理及生態保育的績效不彰(例如未能將生態區域的概念具體的納入、部分農地作為工廠或其他不當使用、保育區劃設的不足、對於違規使用處罰的無力或缺乏一致的標準等),也一直受到各界的批評。在各縣市國土計畫及國土功能分區劃設完成後,國土計畫體系將取代區域計畫法體系的運作,所以各界對國土計畫及相關的土地開發管理機制之設計與運作,有很高的期望。如何有效地納入生態區域及生態保育與復育的概念與作法,著實考驗著決策者的智慧與相關單位的執行力。

註 2. 本段內容主要係依據文獻回顧及訪談結果而撰寫,作者要特別感謝哈爾濱工業大學城市規劃系陸明教授協助整理中國大陸城鄉規劃體系的文獻,並提供寶貴的資料。

註 3. 此段部分內容係依據作者於 2014 年發表於英文專書 *Sustainable Urban Development Reader* (第三版,Routledge 出版)中介紹中國城市永續發展進程的英文文章"Sustainable Urban Development in China"而繼續發展,作者感謝該英文專書的編輯 Stephen Wheeler 教授協助校稿,並提供寶貴的意見。

註 4. 本節部分內容是以 2010 年營建署委託作者主持的研究計畫為基礎而繼續發展,計畫名稱:非都市土地開發許可實質計畫及設計管控審議機制調整之研究,作者感謝營建署同仁的協助及提供資料。

第四章 生態保育與經濟發展的衝突

　　生態環境維護與經濟發展的衝突，自 1970 年代以來就一直是全球工業化國家所常面臨的艱巨挑戰。歐洲景觀公約曾提出以「避免、減緩與補償」的環境規劃原則來減少開發對環境的衝擊，其明確地指出，開發行為應首先避免在生態敏感的地區進行，不得已時應減少開發的強度，最後若開發行為會造成生態與環境的衝擊時，應採取適當的生態補償措施，此信念促成生態補償原則的廣泛使用，以作為對土地開發衝擊的一種回饋。然而臺灣在實務執行上，卻常發生對生態補償理念精神的曲解，其實該理念的基本精神是對於生態敏感的地區，能不開發就不要開發，但是對於地狹人稠的臺灣而言，由於可供開發使用的土地資源有限，在拚經濟的壓力下，中央及地方當局有時不得不在開發與保育之間尋求一個最大的公約數，於是生態維護與經濟建設之間發生衝突的情況也就陸續出現。本章以近二十年來在臺灣城鄉規劃史上最具爭議性的兩個大型經濟建設案——國光石化案與濱南工業區案為例，進行生態規劃與經濟發展如何取捨的探討。這兩個大型開發案除了在生態環境面向的衝擊引起諸多的注意之外，由於涉及議題層面的廣泛，也都引起很大的社會擾動，最後都沒有完成開發。作者曾參與此二開發計畫在中央層級的審議，對整個過程中各方參與者所經歷的挫折及各種抗爭所造成的社會成本感到相當無奈，或許這就是臺灣在環境保育決策民主化過程中必須付出的代價，雖然此二計畫的最終放棄開發會造成地方經濟上的損失，但對於環境的維護，以及在公共政策論辯過程中所喚起的民眾對於生態環境維護之認知與覺醒，卻是相當寶貴的資產，值得規劃專業者加以省思。

第一節　國光石化開發計畫經驗分析

一、 計畫內容與發展背景

　　國光石化案是由具有官股身分之國光石化科技股份有限公司與經濟部工業局共同推動的大型工業區及工業港開發計畫(圖 4-1)。開發基地位於彰化縣大城鄉與芳苑鄉西南隅的外海及海埔新生地，開發內容包括：(1)工業廠區：預定填海造地面積約 2,773.11 公頃，海域面積 1,433.68 公頃，合計 4,206.79 公頃。(2)工業港：預定填海造地面積約 141.27 公頃、海域港內水域 592.2 公頃、港外水域 3,254.53 公頃，合計總面積 3,988 公頃。開發基地雖未設址在營建署 2007 年經評選所劃定

出的 75 處「國家重要濕地」的範圍內，但由於基地位處生態環境敏感的潮間帶，也包括部分的蚵田及浮覆地，故引起很大的環保抗爭。開發基地主要聯外交通尚屬方便，有彰 158、彰 158-1、彰 143、台 17 等公路，但尚未有主要公路幹線直接連接到海埔新生地，故仍需公共建設的支持。此開發計畫的主要目的為配合政府政策，提供石化業設廠用地，以擴充國內石化產業的產值及乙烯產能，藉此加速國內石化業的升級。本計畫的產業引入內容主要為新一代石化業，包括石油煉製、石化原料、

圖 4-1 國光石化開發計畫位置圖
(資料來源：內政部營建署)

石化下游產業及石化相關高科技產業，以期能達到垂直整合、產能集中及產品高值化的目標，開發單位並宣稱此計畫可直接提升國內石化發展體質及國際競爭力，間接裨益國內整體產業及經濟之發展，並引進大量產業活動及就業機會，帶動中部濱海地區之產業轉型與經濟繁榮。

石化產業需要大量面積的土地，而且是高用水、高耗能的產業，雖能產生很高的經濟產值，但相關的用水排擠效應及環境衝擊也一直受到各界的質疑，因此本計畫一提出後就引起很大的反對聲浪。此計畫起初為經濟部大力支持的計畫，後來因為各界的反對聲浪日增，政府的立場轉而趨向中立。此計畫在內政部區域計畫委員會的開發審議過程如下：2008 年 11 月 13 日行政院依據促進產業升級條例第 23 條函覆經濟部同意將「彰化縣西南角(大城)海埔地工業區計畫」(即國光石化計畫)列為國家重大計畫，原則同意本案可依相關規定進行海埔地開發審議之申請。2000 年 3 月 24 日經濟部工業局以工地字第 09900229930 號函轉本開發案到內政部。2000 年 4 月 6 日行政院環境保護署召開環境影響評估專案小組初審會議，

為加速審查效率，採內政部區域計畫委員會與環境影響評估委員會併行審查的方式，接著內政部區域計畫委員會專案小組於 2000 年 3 月 8 日召開行政程序審查會議，之後區域計畫委員會共召開 11 次專案小組會議，就本案之事業計畫內容、產業計畫、用地編定、環境衝擊、用水計畫以及對地方產業與地方社區之衝擊等內容進行審議。由於此案涉及許多相關的專業技術，審議過程中也邀請海洋工程、河川工程及環境工程等領域的專家學者與會，以便就技術層面做深入的探討。隨著輿論壓力越來越大，再加上當時選舉將近，民眾與環保團體的抗爭及政治力的介入使得本案的發展更趨複雜，政府最後於 2010 年底，宣佈不支持此案，隨後開發單位也正式宣佈放棄本案的申請，並表示臺灣的投資環境不佳，無法根留臺灣。

二、 審查過程的關鍵意見

本案及其引起的紛爭雖然已落幕，但審議過程中所出現的問題，卻有不少值得後續相關開發計畫予以省思的地方。此計畫涉及政治、技術及公共決策模式等多方面的議題，茲就審議過程中與生態規劃及土地開發有關者，整理如下：

(一) 生態的衝擊

1. 本計畫北海堤、東河堤與芳苑海岸間形成三角形，對於向南之優勢漂沙會造成攔阻作用。此案未來開發後可能出現隔離水道北側淤積，北海堤與永興海埔地之間平緩海灘將可能出現大面積堆積現象。

2. 整個計畫直接影響的海域面積達 8,195 公頃，伸入水深 30m、離岸 17km，挖方高達 1.98 億 m^3，會對臺灣珍貴的潮間帶泥灘地及海岸生態保護區產生衝擊，需有相關的因應措施。

3. 本案規劃擬以施作大度攔河堰及簡易攔河堰(自強橋附近)取水，仕感潮段恐影響河口及海水鹽分，對大肚溪兩岸高灘地、河口及潮間帶之生態產生影響。

4. 於潮間帶填土造地會破壞海岸生態，隔離水道(抽砂水道)面積達 825 公頃，占工業區 2,273 公頃之 1/3，也可能嚴重破壞潮間帶的生態。

5. 基地附近海域是保育類的白海豚之活動地點，開發行為會影響白海豚活動的海水生態。

6. 本案土石挖填量頗大，未明確說明挖方與填方區位及如何達到挖填平衡(含廠區及港區)。

7. 此案可能造成大範圍、大規模的環境生態擾動，但對於環境補償(mitigation)計畫卻缺乏具體的說明。

(二) 用水及地下水管理

1. 芳苑區域地層下陷嚴重，除非將鄰近海岸下陷地區列入未來整治範圍，否則開發後排水問題可能會明顯受到地層下陷的影響。

2. 水源供應對周遭農業(如養殖業、潮間帶的蚵農)會產生排擠作用，開發基地過大，有可能影響地下水資源循環。

3. 在長期供水而言，大度攔河堤之水源係引自烏溪，在工業區內需有淨水機制以達石化業用水要求，而輸水管線甚長，需考量維護管理的成本及安全性。

(三) 公共政策決策

1. 本案屬重大公共政策決策，卻未作成本效益分析。

2. 公部門的公信力受到質疑：例如彰化農田水利會承諾可以將農業用水移撥工業區使用，但該水利會先前在中科計畫案中也做出同樣的承諾，由於水資源短期內不會增加，勢必會產生排擠作用，因此令委員及民眾質疑其承諾的可信度。

3. 開發案利用潮間帶的必要性仍有疑問：有專家建議將計畫區位外移，成為外海人工島，填土區移至水深 3m 以外，也許開發經費會略為增加，但以石化營收一年即可彌補。

4. 工程導向的滯洪解決方法：滯洪池的設計目的是要暫時儲留洪水，避免下游流量過大導致淹水，本案只要下游的水道斷面夠大，即可以直接將洪水排入海裡，其實上游不需要做滯洪池，但開發計畫僅嘗試以工程手段的廣大滯洪池來解決洪泛問題。

三、 計畫審議過程的省思

國光石化案環評與開發許可審議同時進行，歷經內政部區委會開發許可審議十一次的專案小組會議(破記錄的次數)，最後政府及開發團隊在社會大眾的壓力下，宣佈放棄開發。整體而言，此計畫的決策與開發審議過程，反應出一些在區域尺度生態規劃上應注意的問題。

(一) 區域環境地理資訊的不完整及對限制開發區的管控不足

目前環境敏感地的劃設面積過小，亦無緩衝區的指認，造成限制開發區的界定不夠明確，且缺乏績效標準的作法，以便對衝擊較高的產業，限制其在某些特定地點的開發(如復育的海岸線)。

(二) 特有生物的價值未能具體的衡量，並反映到規劃決策中

保育生物與經濟發展的價值何者為重，一直是不同專業界各自表述，缺乏符合國際慣例的評估原則。

(三) 政府的漠視造成民眾共犯結構的盛行

政府長期漠視抽取地下水的問題，造成民眾的共犯結構，直到問題嚴重到需要管制時，才採取較積極的措施，因會造成很大的社會擾動，使得政策難以落實。

(四) 重大政府政策的生態衝擊，缺乏有效的成本效益的評估機制

以國光石化如此大規模的公共政策決策方案，美國等先進國家通常會要求作詳盡的成本效益的分析，並要求盡可能列出所有重要的成本與效益(包括環境與社會面向的)，以供公共瞭解與辯論。

(五) 技術層面資訊的不透明及民眾的缺乏信心

本計畫涉及政治與技術層面兩方面的議題，就專業的開發許可開發審議而言，應讓政治歸政治、技術歸技術。但技術層面的審議又常受到政治因素的牽扯，例如開發單位原先或許因為有中央及地方政府的大力支持，因此在科學性分析資料的提供與說明上不夠具體與積極，直到民眾及專業者質疑其數據的正確性後，才努力補充資料，雖然積極的彌補，但民眾及專業者對其提供之科學性資料的公信力已感到懷疑。

第二節　濱南工業區開發案經驗分析

　　濱南工業區開發案是臺灣另一個大型沿海工業區開發與環境保育產生衝突的知名案例，此案由東帝士集團與燁隆集團共同開發，自 1993 年起開始開發計畫的申請，歷時將近十年，最後因審議未獲共識及雲嘉南國家風景區的設置而放棄開發。

一、基地環境與發展背景

　　濱南工業區計畫的開發基地位於原台南縣將軍鄉青鯤鯓以南，七股鄉西寮村、龍山村以西的七股潟湖、沙洲、台鹽鹽田與近海海域。本基地聯外交通方便，東與西濱快速道路相鄰，距台 17 線省道約 5 公里。擬開發基地的陸域土地原為台鹽公司七股鹽場第一生產區、第三生產區、第四生產區及部分國有未登錄地，基地的水域範圍包括潟湖濕地，為國際保育類動物黑面琵鷺來臺過冬時的重要棲地之一(圖 4-2)。

　　此案開發明顯的受到產業景氣循環的影響。在 1990 年代初期，鋼鐵與石化產業正處於該產業發展周期的興盛期，開發團隊因考量到當時鋼鐵業與石化工業上下游生產的密切關係，以及全球廣大的

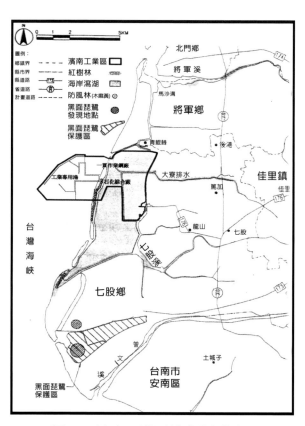

圖 4-2　濱南工業區計畫位置圖
（資料來源：內政部營建署）

市場需求，於是決定提出結合工業區與工業港的大型開發計畫，以期將上下游相關工廠集中臨港設置、統一管理，以提升臺灣的鋼鐵與石化工業的國際競爭力。基於前述目的，開發業者選定台南縣七股鹽場及毗鄰海域的地區，擬依據促參法以興辦工業人名義報編開發濱南工業區一貫作業鋼廠與石化綜合廠。開發計畫內

容主要包括三部分：(1)一貫作業鋼廠計畫：計畫投資興建年產約 578 萬公噸鋼液產能的大煉鋼廠，面積約為 572.52 公頃，位於開發基地北側。(2)石化綜合廠計畫：總面積為 605.75 公頃，總投資額高達 1,951 億元，年產值 1,893 億元，預計共建造 16 座工廠，生產石化基本原料及中間原料，供產製下游塑膠、橡膠及纖維各種製品之用。(3)工業專用港計畫：以滿足濱南工業區一貫作業鋼廠及石化綜合廠營運後；原物料及產品之進出口的龐大海運需求，估計每年海運量高達 2,853 萬公噸，港區面積為 553.78 公頃。由於興建工業專用港可大幅減少工業運輸成本，增加產業競爭力，故開發團隊擬依據「促進產業升級條例」，向經濟部工業局另案報編工業港。

此案的開發審議歷時十年(包括環評審議及內政部區委會審議)，經過兩任不同的總統及兩任不同的台南縣縣長，由於涉及國際保育類動物黑面琵鷺的重要活動棲地─潟湖，也引起國際保育組織的熱切關注。此案開發過程的大事記如下：1993年 6 月，東帝士集團旗下的大東亞石油化學公司正式向經濟部工業局呈報石化綜合廠投資計畫書，並宣佈著手七輕建廠計畫。同年 10 月 29 日，經濟部邀集相關單位會商後確定，將此案列為當時重大投資計畫之一，同意予以支持。同一時間燁隆集團的聯鼎鋼鐵公司在鄰近地區也積極規劃被視為國家重要經濟計畫的一貫作業鋼廠投資案，經政府協調後兩案合併，共同申請報編濱南工業區。兩企業以共同興辦工業人名義，聯合提出「台南縣濱南工業區開發計畫」，並另案報編工業專用港。1994 年 12 月，東帝士集團及燁隆集團將「濱南工業區開發計畫可行性規劃報告」及「環境說明書」正式送交台南縣政府審查。1996 年 5 月，環保署環境影響評估審查委員會第 26 次會議決議要求潟湖使用面積不得超過 30%。經三年的審議，1999 年 12 月環保署環境影響評估審查委員會第 66 次會議決議有條件通過此計畫，但要求潟湖使用面積降為 5% 以下，並要求將潟湖使用位置及相關排放處理及生態衝擊的因應，具體地納入環評定稿本中。其中對於潟湖使用面積最多為 5%的要求，明顯地影響到本開發案的規模。2000 年 11 月定稿本審查，環評委員以潟湖北湖口的定位與使用目的不合等兩項理由，未同意確認定稿本，並要求補充資料後重審。2001 年 1 月環保署環境影響評估審查委員會召開第 66 次會議八項應補充修正意見之第二次審查會，要求開發單位依 66 次會議決議，儘快提出具體的因應說明，並納入環評報告定稿本中。2002 年 2 月 11 日，內政部區域計畫委員會前往七股濱南案的預定地現勘，正式開始開發許可審議程序，地方民意代表及媒體皆對此案相當關注，鄉長及地方民意代表表示，如果本案能做好環境保育

與漁民補償措施，地方民眾希望本案能順利通過，藉以帶動地方發展。2002 年 2 月 24 日，區域計畫委員召開專案小組會議審查本案，本書作者為該專案小組的召集人，當時鄉長及地方人士，在開發單位已做出環保及漁民補償之承諾的情況下，表示支持此案，但台南縣政府則列出十大理由來反對此案，蘇煥智縣長並提出發展國家風景區的替選方案。鑑於開發單位遲未能完成環評定稿本，敘明使用濕地潟湖的位置與範圍，而且本案的產業發展計畫及財務計畫在景氣變動下出現疑慮，再加上開發預定地恰屬正在籌設之雲嘉南風景區的範圍，故專案小組要求中央與地方政府的相關部門(包括營建署與觀光局)進行協商，以決定此地區的發展定位，並請開發單位補充具體資料後再進行審議，而後同年年底雲嘉南風景區的申請獲通過，並正式報院核定，由於同一基地不能有兩種不同的用地使用，本案等同宣告終止，而開發單位東帝士集團也因破產倒閉而終止此案的申請。

二、審查過程的關鍵意見

本案的開發審議歷經十年，在此過程中支持與反對兩派的立場鮮明，審議過程中的重要意見與問題整理如下：

(一) 地方民眾及意見領袖對推動地方經濟發展的渴望：地方意見領袖，包括鄉長、地方選出的縣議員等皆表示，如果不發展高污染的石化產業，只發展新一代的大煉鋼廠，並能做好環境保護及相關的漁民補償措施，鄉民對此案樂觀其成，並希望能藉由產業引進所帶來的建設，帶動地方發展，由此可見臺灣鄉村在農漁業產業不振下，對引入經濟活水的強烈需求。

(二) 產業前景不明確及相關政策的搖擺：由於產業前景不明，規劃單位所提出的鋼鐵及石化產業分析內容不足，造成審議上的困難。此外，政府立場也有所改變，在 1990 年代初期，政府支持鋼鐵及石化業產業的發展，但在 2000 年代初期，在全球產業環境改變的情況下，經濟部又表明不再支持新申請的煉鋼廠之籌設。

(三) 部門計畫的排擠作用：行政院國家科學委員會表示濱南工業區開發案與台南園區位於同一空污總量管制區，濱南工業區案設立勢必會增加台南地區之空氣污染總量，進而產生空污總量排擠效應。而縣政府也表示，鋼鐵業製鋼過程下所造成的酸雨及懸浮微粒可能影響南科十二吋晶圓廠與 LED 廠的製成品之良率。

(四) 經濟部水利署認為該段海岸地區仍以維持現況為宜，並建議基於永續海岸管理的概念做更適切之利用。

(五) 環境影響評估審查決議，本案地區僅可使用面積為全區的百分之五，但因開發單位一直未能將環評定稿本送交環保署核定，以致無法確定潟湖使用範圍，造成土地使用計畫內容不確定。

(六) 工業用水排放及沿海開發將可能造成沙洲流失，並影響黑面琵鷺活動水域的生態環境。

(七) 台南縣蘇煥智縣長明確表達反對在台南縣七股鄉設置「濱南工業區」的立場，縣府並提出設置「嘉南濱海風景區」的計畫，正由交通部觀光局進行相關作業中。如果地方主管單位已明確地不支持，此計畫的後續執行恐會有極大的困難。

三、計畫審議過程的省思

濱南案凸顯出經濟發展與環境保育衝突中的兩難。就產業發展與土地開發而言，臺灣地狹人稠，可開發的大面積土地有限，再加上大型工業又要俱備臨近港口、公路運輸方便、地價便宜、土地權屬單純等區位條件，所以臨海岸線的海埔新生地或沿海之農漁業用地或台糖土地就成為大型工業(如石化業及煉鋼業)的首選開發用地。再者，隨著產業結構的改變，臺灣一些傳統農漁村也面臨到青壯人口外移、產業不振、生活機能不足等問題，所以重大工業建設的引入對許多地方政府而言，算是一個促進地方產業結構再造及帶動地方發展的重大機會。所以在此現實環境的壓力下，許多地方當局仍支持引入大型工業投資，以促進地區經濟發展，台塑六輕即為一例，台南縣前縣長陳唐山就是基於此理由而大力支持濱南開發案。然而，大型石化業及煉鋼業無法避免的會造成一些環境上的衝擊，只是相關的環境保育問題，以往常被視為是可透過工程手段或是補償機制而加以解決的，但隨著民意的高漲及環境意識的覺醒，此種作法已漸不被接受。

另外，另一個核心的問題是臺灣到底需不需要一些污染性較高或環境擾動較大的高經濟效益工業，如果答案是肯定的，那麼這些已被視為是鄰避效應的工業該設在哪裡，而生態補償原則及對地方的回饋是否又真正能彌補對生態環境的衝擊？臺灣西部的自然海岸線正在逐漸消失中(雖然內政部近年已提出自然海岸線零損失方案)，尤其是具有珍貴生態價值的濕地或特殊生物活動潮間帶，濱南工業

區案所在的海域正是如此，它是黑面琵鷺在國際遷移過程中的重要棲地，雖然該計畫只使有 5 %的潟湖水域，但由於海流循環及空氣排放，實際影響區域可能遠大於此範圍。濱南案在雲嘉南風景區報部核定設置後已劃下了句點，但其引發的爭議，卻值得吾人省思。此案撤案至今已近二十年，七股濕地的自然環境在某種程度上已被保護，而以生態觀光為主軸的雲嘉南風景區建設也有所成果，但七股地區的地方發展及人民生活的品質卻沒有明顯的改善，以致不少地方民眾仍懷疑當時否定濱南案的決策是否正確，有部分民眾甚至認為當時濱南案如果開發至少會引入產業人口，帶動地方的經濟發展及地價上升，並有回饋金可拿。這種既要經濟也要環境的兩難，反映出目前公共政策在利用地方資源特色，發展生態文化觀光或生態教育方面的努力仍有所不足，且對於珍貴的保育型自然資源區(如濕地、潟湖)的劃設與監控也缺乏明確的計畫管控，甚至連相關的基礎資料仍不完整，如果這種環境監測機制能早日確定並落實於開發審議決策之中，並且相關之促進地方發展的配套方案能有效的推動，或許將能減少類似濱南案的情況再發生及其所造成的社會成本。

第三節　深圳國際低碳城規劃經驗分析

一、發展背景

　　目前，中國大型城市對資源的需求和生態足跡的擴張遠超出其所能承載的界限，因而影響其繼續發展的潛力。中國第一個示範性經濟特區——深圳，在城鄉規劃領域一直居領先地位，其在經歷快速城鎮化及經濟發展之後，配合現行的中國低碳生態化及可持續城鎮化發展的國家政策，嘗試打造一個具示範性意義的生態低碳城規劃與實踐經驗。自 2009 年以來，深圳市提出多項進行區域合作的規劃構想，引起了國內外專家學者的關注，從坪清新示範區到中荷生態知識城、中歐低碳城，最終在 2011 年底被國家發展和改革委員會(簡稱發改委)選定為國際低碳城的示範案例(圖 4-3)。2012 年 5 月，中國李克強副總理在布魯塞爾出席中歐城鎮化夥伴關係高層會議時，將深圳國際低碳城列為中歐可持續城鎮化合作旗艦項目，並展開後續的規劃工作。深圳國際低碳城計畫總規劃面積約 53 平方公里，是以高橋園區及周邊共 5 平方公里範圍為拓展區，其中以核心區域約 1 平方公里範圍為啟動區(如圖 4-4)，建築面積約 180 萬平方公尺，建設週期為 8 年。此計畫嘗試通過引入指狀綠廊聯繫南北生態基底，構建城市碳匯邊界。同時建設產城一體化的城鎮單元組合，構建緊湊集約的城市形態及佈局完善的綠色交通體系，並以新型產業創智園區為依託，企圖打造產城融合的國家低碳發展的綜合實驗區。深圳國際低碳城將探索低碳城鎮發展模式，以及可複製推廣的營城模式，希望能帶動區域發展，作為中國其他地區的示範。

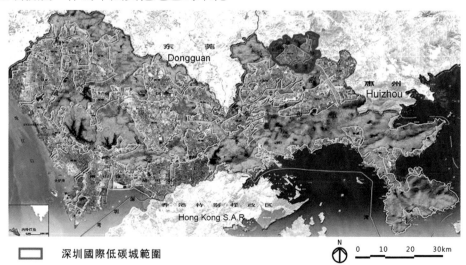

圖 4-3　深圳國際低碳城位置圖

圖 4-4　深圳國際低碳城啟動區及拓展區範圍圖
(資料來源：深圳市規劃設計研究院)

二、環境分析

　　深圳國際低碳城位於深圳市龍崗坪地地區，位處深圳、東莞、惠州三市交界處，距深圳主城區約 40 公里，距離龍崗中心城約 6 公里，處於深圳向東或向北拓展的戰略通道上，惠鹽高速公路、外環高速公路、深惠公路及地鐵三號線共同通過和交匯於此地，具有明確的區位優勢。此外，該區域與周邊已經完成規劃佈局的新能源產業基地、國家生物產業基地、新興產業基地可透過快速道路連接，形成坪地—坪山—大鵬低碳經濟發展走廊，具巨大發展潛力。其總體規劃面積 53.4 平方公里，下轄 9 個社區，總規劃人口約 17 萬人。深圳市為打工城市，流動人口總量大，城市及區域成長受經濟影響頗大。國際低碳城所在的坪地地區勞動力受教育水準低，現狀產業以傳統產業為主，中小企業數量多、佈局散亂、能源消耗大，屬於深圳的後發展地區，具有較大的低碳化產業轉型發展空間，但是產業轉型時，現有產業鏈的關係要如何處理？相關的衝擊人口要如何安置？則為另一個需考量的問題。另外，此地區土地資源相對較為豐富，還保留了相對充足的增量用地，以及更新潛力較大的存量用地，土地開發的整備成本相對較低。深圳低碳城內的生態環境條件也相當優越，三面環山，龍崗河、丁山河、黃沙河穿境而過，但城鎮風貌並不突出，缺乏地區特色，與周邊優越的生態環境品質顯得不太協調。另外，在低碳城規劃區域內，歷史建築遺存較多，如具有珍貴歷史文化價值的客家圍屋多處(圖 4-5)，而圍屋保存維護與發展間之衝突的問題則相當嚴峻。

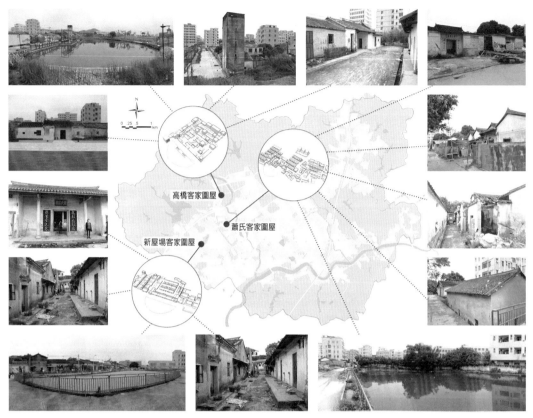

圖 4-5 深圳國際低碳城內代表性客家圍屋位置及環境狀況
(資料來源：作者依據田野調查資料繪製)

三、規劃目標與策略

深圳低碳城的規劃案由深圳市規劃設計研究院(以下簡稱深規院)負責，本書作者是該院聘請的國際顧問之一，對此計畫提出諮詢建議。以下為此案規劃構想及發展策略的簡述：

(一) 深圳國際低碳城發展定位

根據整體空間發展構想，國家政策及該區域的現狀環境，深圳國際低碳城定位為氣候友好城市先行區、新型低碳產業集聚區、低碳生活方式引領區及低碳國際合作示範區。目標到 2020 年，低碳城的 GDP 總量達到 245 億元人民幣，人均碳排放強度低於 5 噸/人，每萬元 GDP 之碳排放量小於 0.32 噸，可達到歐盟國家當年年平均水準。同時希望能夠在城市建成區，探索出一條透過更新改造和產業轉型升級，來實現高品質快速增長和碳排放強度逐步下降的新型城鎮化發展道路。

(二) 深圳國際低碳城規劃核心元素

依據深圳市城市規劃設計研究院的整體規劃構想，此計畫係以由五個核心元素組成之 SMART 的生態智慧化發展發展模式(圖 4-6)為基本架構，包括：構建碳匯網路(Sequestration)、優化微氣候(Micro-climate)、綠色建築應用(Architecture)、高效利用資源能源(Recycle)、引導綠色交通出行(Traffic)。

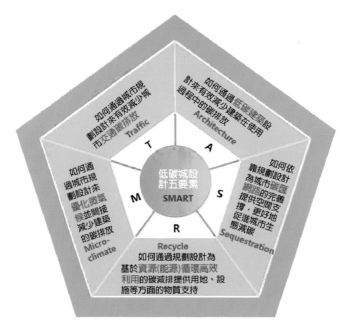

圖 4-6 深圳國際低碳城五大設計要素的 SMART 規劃模式
(資料來源：深圳市規劃設計研究院)

1. 構建碳匯網絡 (Sequestration)

規劃透過打通多條生態廊道，將內部的丁山河濱水生態廊道與周邊山體空間連接起來，實現啟動區與周邊生態基底的相互融合。同時，對河岸綠地進行植被提升，構建出生態綠廊，藉以連接核心生態斑塊，以確保廊道的連通性，此外，並修復河川濕地生態系統，提高河道的淨化能力，透過綜合性的生態維護、通風散熱、防洪防澇等要求，形成健康開放的生態系統，建構碳匯網絡，並營造水岸城市意象(圖 4-7)。

2. 優化微氣候 (Micro-climate)

運用傳統客家圍屋中調節微氣候的建築佈局方式「梳式佈局」和調整傳統建築之間距來營造具較佳自然通風散熱效果的「冷巷」及「天井式」建築形式，以增加自然通風及城市退燒減熱的功能，維持生活環境的舒適性。

3. 綠色建築應用 (Architecture)

推廣應用綠色建材，低碳技術和產品，提倡綠建築外殼設計、生物通道的設計，結合屋頂綠化、平臺花園、牆面綠化等多種方式實現建築的立體綠化，新建建築 100% 達到綠色建築標準，既有建築進行低碳綠色改造，營造建築的綠色生態環境(圖4-8)。

4. 高效循環利用資源與能源 (Recycle)

實施分散式能源、可再生能源等之利用，推動污水處理、中水回用、共同管溝和透水路面等低衝擊開發，以及智慧電網、碳排放管理等智慧化市政設施為低碳城建設提供有效率的技術支援。

5. 引導綠色交通出行 (Traffic)

推動以地鐵為交通骨幹的大眾運輸導向發展(TOD)模式，建構

圖 4-7 深圳國際低碳城水岸城市意象
(資料來源：深圳市規劃設計研究院)

圖 4-8 深圳國際低碳城綠城市發展願景
(資料來源：深圳市規劃設計研究院)

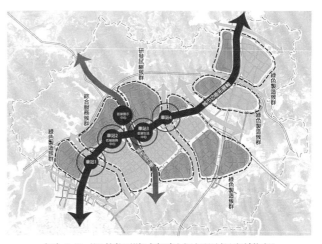

圖 4-9 深圳國際低碳城空間規劃構想
(資料來源：深圳市規劃設計研究院)

內環公共交通優先，幹次道有序，慢行功能完善的交通系統。配合軌道大眾運輸建設，將開發簇群單元(又稱組團，clusters)、街區、車站地區開發、自行車系統、步行系統，作整體性的規劃設計(圖 4-9)。落實短距離城市的理念，以「複合緊湊的鄰里中心」的設計模式，來提高社區中心地段的路網密度，將居住、零售、辦公及公共空間合理地安排在步行可達的範圍之內，同時也加強街區尺度的功能混合，形成具有活力的複合式、低碳且宜居的生態社區。

四、規劃實踐的建議與省思

　　本書作者實際參與此項目，擔任顧問之一，也目睹了深圳國際低碳城建設初期階段的開發歷程，這是作者第一次親身體會到所謂的「時間就是金錢，效率就是生命」的「深圳速度」及高效率。深規院與深圳特區發展委員會以高度的熱忱及效率進行此計畫，低碳城啟動區在一年多的時間完成主要的建設，此規劃案也獲得國際的獎項。拓展區目前正在進行複雜的居民拆遷協商及舊區更新再發展事宜，此部分通常需要較多的協商與民眾參與，不宜以急就章的方式推動。整體而言，此計畫有機會成為深圳另創一波城市規劃設計高潮的亮點計畫，但是其規劃內容與專業實踐，仍有一些值得檢討與省思的地方，就生態規劃設計面向而言，作者提出以下的建議：

(一) 計畫的綜合性檢討與建議

1. 此計畫以集聚技術、示範區操作、輸出規劃模式為目標，展現出開發單位與規劃單位強烈的企圖心，也可藉此試驗新的技術與規劃理念，立意頗佳；唯實際操作時應避免因拼湊過多規劃構想或技術而造成規劃主軸不夠凸顯，並模糊了低碳生態城發展應強調親自然簡樸生活的核心價值。

2. 計畫考慮的面向廣泛，除了基礎設施、土地開發、產業、交通、能源、資源管理、生態建築等實質建設內容之外，也應考慮到使用者感受、幸福感、人力資源管理及城市治理等屬於「軟實力」方面的議題，這些與民眾生活模式、民眾素質及價值觀有關的規劃內涵，正是中國推動低碳生態城建設需加強的地方。一個成功的國際低碳城真正吸引人的地方，除了匯聚與展示新技術之外，更重要的是環境品質及人的素質之提升，這是吸引企業進駐、人才長留此地及建立認同的關鍵。

3. 本計畫以「啟動區—拓展區—整個低碳城」等三個部分進行規劃，探討低碳城的實踐方法。由於這是三個不同層級及空間尺度的規劃操作，應考慮

關鍵規劃元素(例如水與綠系統、交通系統)應用在三個尺度時的層級性及關聯性。有些具系統性考慮的內容(例如交通與綠色出行、河川水岸管理、生態復育)，應先建立系統性的架構，並掌握整體的發展輪廓。規劃操作時，應同時考慮大尺度生態系統與小尺度生態系統的內容與搭配，建立系統組成元素間(次系統)的關聯性及相互支援性。

(二) 個別規劃面向的檢討與建議

A. 生態區域規劃理念的導入

1. 一個孤立的低碳生態城是無法可持續發展的，低碳城需有周圍的生態區域(ecological region)作為支撐，藉此減少低碳城開發的生態足跡。所以低碳城周邊的綠手指(山系)、藍帶(水系)以及農業資源(農地)皆應妥善的維護，不宜隨便變更做其他使用。

2. 應運用多重尺度的概念，檢討關鍵規劃元素操作時應考慮的空間範圍，依據關鍵規劃元素(如交通、水資源管理、綠資源管理、防災)的特性，各自選取適當的空間範圍，進行系統性、整體性的分析，藉此讓低碳城與周圍地區形成一個互利共生的生態區域，營造一個置身於生態區域內的低碳生態城。

3. 應鼓勵以就地循環及就地處理的方式來進行資源的再利用(如雨水排水)與垃圾處理，減少因過度依賴人工化、設備化的市政設施所造成的系統風險。

4. 低碳生態城建設應考慮區域空間涵構(大陸稱文本)，融入區域自然與文化地景的特徵，讓過去、現在、未來能有機會做一個有效的連結，營造一個具時空延續性及集體生活記憶的低碳生態城地景環境(圖 4-10)。

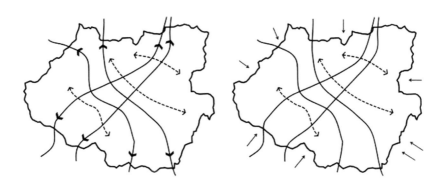

圖 4-10 營造具時空延續性，並持續與周圍環境互動的低碳生態城與生態區域示意圖 (資料來源：本研究繪製)

B. 加強城市退燒減熱

1. 深圳夏季炎熱，如何減緩城市熱島效應的衝擊實為重要的規劃議題。城市退燒減熱措施除了綠化及利用水體降溫之外，亦應考慮建築物及建築設備的熱排放。目前低碳城計畫似乎側重於使用設備及科技技術來達到環境的舒適性，但過度依賴設備及科技技術除了成本較高之外，還有一定程度的系統失靈風險，故應考慮從規劃設計端的方法來解決部分問題，例如使用親自然設計、被動式設計(passive design)的手法，檢討建築的開口、遮陽、外牆結構及建築量體組合對提升舒適度的影響。

2. 目前深圳地區使用大量帷幕牆的建築形式(圖4-11)，這種作法其實很耗能，也不符合深圳炎熱日照強烈的地域環境(例如會造成城市炫光)，應鼓勵具有遮陽及豐富陰影變化、多孔隙，以及利於自然通風散熱的建築形式(圖4-12)。

3. 加強通風、遮陽、遮雨等反映地域環境的考慮，將其納入建築計畫與地區建築規範之中，人行環境及戶外空間設計應創造有遮陽及陰影效果的環境(如建築遮陽設施、植栽樹冠大小、孔隙率)，以增進戶外空間的舒適度。

圖4-11 目前流行的帷幕牆建築形式　　圖 4-12 多孔隙自然通風散熱的建築形式
(資料來源：深圳市規劃設計研究院)　　　　(資料來源：作者攝於沖繩，2017)

C. 推動節能與循環再生

1. 加強城市空間規劃設計與節能減碳政策的結合，就城市空間結構、城市型態、土地使用、活動區位、街廓規劃、綠地留設、建築配置等考慮城市規劃設計與省能的關係；建構城市空間結構、建築型態與使用以及土地使用與城市耗能的預測模型。

2. 鼓勵減少化石燃料之使用，並加強潔淨能源(clean energy)與再生能源技術應用，例如風力及太陽能的應用、建築與光電設施一體化(BIPV)與低碳城建設的配合。

3. 鼓勵節能設計及太陽能設施利用，太陽能集光板可配合斜屋頂造型，或設置於周圍開放空間，並注意其與社區整體景觀的和諧感。

4. 利用可循環使用的營建材料及生命週期管理概念，充分發揮建築物生命週期內各階段的建築功能；加強外牆的隔熱功能；鼓勵適用建築設備明管設計。

D. 加強水資源管理與水岸城市營造

1. 以丁山河為規劃元素，發展親水水岸城市空間結構與水岸城市意象。水岸城市的營造應將整體流域管理的概念導入，先考慮系統性的集水區管理及水循環。

2. 雨污水分離處理，雨污水運用植栽過濾，貯存作為澆灌使用。雨水收集系統設計時，要注意暴雨時水要排往何處、如何滯洪。

3. 地區中水再利用，水質的淨化是一個關鍵問題，水中氮磷物質的處理，可與地區農業結合。

4. 可配合空間與景觀的營造，於活動廣場及建築基地臨道路退縮之街角空間等處，設置雨水花園植栽槽，以貯存地表排水路導入之雨水。

5. 街廓開發應配合地區集水分區及水循環系統於街廓內留設雨水調節池或滯洪池設施，公共建築與學校建築的屋頂及筏式基礎可考慮設置雨水儲存設施。另外，可考慮使用生態透水道路技術，並檢討透水道路的固碳功能。

E. 推動多元綠化與生態復育

1. 生態綠網需考慮實際的生態功能，如重要踏腳石(stepping stones)的地點及生態功能的維護、生態廊帶最小寬度的界定與多層次植栽的形式，以及重要生態核心區與生態多樣性熱點的維護。這些需配合生物調查及植被調查，瞭解地區的生態環境特徵及生物活動習性，不只是圖面上的表現法而已。

2. 綠屋頂需考慮屋頂層防水及使用容易維護且具固碳效果的植栽。

3. 建立建築屋頂層管制原則：計畫區內面臨指定城市活動軸兩側之街廓，其建築屋頂層需綠美化做綠屋頂使用，其綠化量不得小於屋頂面積之 40%，並以

容積獎勵方式鼓勵 15 層以上之高層建築將屋頂層開放做城市觀景台，供城市居民使用。

4. 建築基地綠化應適地適種，並以盡量種植喬木為原則，其次為灌木，單位面積上盡量進行多層次綠化，並減少使用人工草坪。

5. 低碳城內及周邊林相良好的地區，應盡量保持原貌，維持原生植被地景的生態。

F. 維護文化景觀及加強環境意象營造

1. 低碳城內現有客家建築聚落為重要的文化地景資源，應予以保存維護及活化再利用。客家聚落的建築形式應以「修舊如舊」方式進行整修，並引入適當的機能與文化創意活動；客家建築及周邊建築的景觀設計，應以客家建築語彙及埤塘文化元素為設計基調，讓客家圍屋聚落融入周圍的環境及大地景觀(圖 4-13 和圖 4-14)，並復現客家文化中強調勤儉樸實、族群認同及善用自然資源的精神層面特色。

圖 4-13 低碳城蕭式圍屋活化再生願景圖
(資料來源：2014 年哈工大開放設計課程作品
學生：單雲龍、金松霖、陳哲、于海嬰、
楊凌藝；指導老師：吳綱立、邱志勇)

圖 4-14 低碳城高橋圍屋活化再生願景圖
(資料來源：2014 年哈工大設計課程作品，
學生：何倩倩、柯夏萱、王澤中、陳雨舟；
指導老師：吳綱立、邱志勇)

2. 利用客家建築的地景元素及建築特色，打造低碳科技城內的客家文化館，以「把文化館搬到街道」的構想，為周邊廣場空間及街道傢俱、景觀設施進行整體的規劃設計。引入結合文化觀光、特色藝文展示及特色餐飲的文化休閒觀光活動，行銷地方文化特色。

3. 配合土地使用及活動規劃，指定主要城市活動軸帶、視覺廊道及景觀道路，上述廊帶或景觀道路兩側之街廓，須配合退縮建築及留設街角廣場。軸帶兩

側的建築之正立面應面向主要城市活動軸或景觀軸，並鼓勵以多元綠化形式提升軸帶綠化量，打造綠城的意象。

4. 創造適應季節變化的自然環境及日夜皆宜的城市戶外空間。

5. 因應開放空間的不同功能，塑造層次豐富的城市景觀；規劃完備的戶外設施，提供人們一系列生活化的戶外空間。

6. 建築色彩應儘量配合地區整體景觀原色基調，以融入周圍地景為原則。

(三) 計畫的省思

此計畫結合新發展區、舊區更新及文化地景資源的保存維護與再發展，以深圳的經濟實力與市政建設的執行力，應成果可期。唯欲打造一個有特色且符合地方需求的國際低碳城，除了目前豐富的規劃內容之外，還應思考以下基本問題：

1. 深圳到底需要什麼樣的低碳城，與其他低碳城有何不同？此低碳城需要什麼樣的品質、技術、與生活方式？此低碳城如何引領未來 20 年的城市發展，甚至成為城市規劃典範？

2. 如何重建城市意象，從瞬間城市(Instant City)轉型為宜居長住型城市(livable and long-stay cities)(註 1)。深圳近 30 年來人口成長超過 400 倍，GNP 成長超過 2,000 倍，由於流星般速度的發展，深圳一直給人一種「瞬間城市」的印象(圖 4-15)，「什麼都快，但似乎什麼也都不長久」，這樣的城市不易累積社會資本(social capital)及地方集體生活記憶，且有可能於全球化的浪潮中，隨著全球經濟資本的轉移而逐漸喪失其競爭力。真正的城市競爭力來自環境特質、民眾的情感與認同，故應透過此次國際低碳城營造的機會，打造一個「宜居長住型城市」的意象。

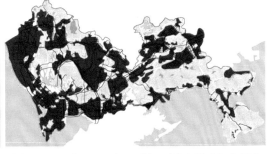

圖 4-15 深圳瞬間城市(Instant City)的發展，從 1980 到 2015 年，從一個小漁村成長為一個人口超過 1,300 萬的超大城市 (資料來源：深圳市規劃設計研究院)

3. 規劃單位以「為人營城」為主要的目標，既然是「為人營城」、要建構「以人為本」的城市，如何進行場所營造(place making)；如何打破社會階層的隔閡，營造具特色且可供公眾溝通交誼的公共空間；如何創造具認同感的場所與地景；如何考慮微氣候特性，營造地域建築特色？如何建立小尺度親切且在地循環的生態系統？這些皆是規劃及城市治理單位應該持續思考的課題。

【註釋】

註 1. 關於本觀點更詳細的論述內容請參見 2013 年 6 月 17 日深圳商報所刊登的深圳國際低碳城特別報導中作者所發表的文章：「讓瞬間城市變宜居型城市」(吳綱立，2013)。

第五章　新市鎮開發與舊聚落再發展

　　本章以三個都市計畫案例，探討生態規劃設計及生態城市理念在納入都市計畫體系運作中時的重要考量內容，此三個計畫皆為代表性的案例，可反映出生態規劃設計與生態城市理念在不同類型及尺度之土地開發管理應用時的重要議題。第一個案例嘗試探討，如何在開發導向的新鎮建設中，利用區域發展趨勢而導入生態城市的理念。第二個案例是探討在舊聚落再發展的過程中，如何配合相關的重大公共建設投資的機會，來強化地方原有的生態人文特色，並改善生活環境品質。第三個案例則探討特色舊城區的再發展，在當前中央與地方的政治角力及商業利益導向的都市計畫運作模式之下，所面臨到的一些問題。

第一節　淡海新市鎮生態城市的營造

一、　計畫內容與發展背景

　　淡海新市鎮是臺灣營建署近三十年來積極推動的兩個大型新市鎮建設的其中之一(另一個為高雄新市鎮)，係由中央政府積極支持開發的新市鎮。1988 年為配合行政院核定之「興建中低收入住宅方案」，營建署開始規劃淡海新市鎮，並負責此計畫的執行。淡海新市鎮特定區計畫於 1991 年發佈實施，以特定區計畫、分期分區發展的方式進行開發，預計引入 30 萬人口，以紓解台北都會區過度發展之壓力，並解決部分中低收入民眾的居住問題。淡海新市鎮最初擬定時的發展目標為利用淡水河的河岸與海岸景觀資源，建設兼具居住與休憩功能之衛星新市鎮(換言之，即台北的住宅城)，但隨著時間的進展，其後來的規劃目標也包括引入低衝擊的產業，來帶動地方的經濟發展，並創造工作與居住均衡的新市鎮(job-housing balance new town)。淡海新市鎮特定區計畫總面積約有 1,756.31 公頃，分三期 7 區進行開發，第一期發展區第 1、2 開發區以區段徵收方式開發完成，面積約 452.91 公頃，占計畫總面積的 25.79 %。此計畫執行初期因適逢房地產市場不景氣，再加上大眾運輸系統建設尚未完備等因素的影響，導致發展不如預期，整體開發速度遲緩、人口未能如期的引入。當時由於公共基盤設施已先完成，土地卻遲遲未能順利標售的結果，造成很大的融資利息成本，也遭致一些對開發區位選址及執行績效的批評。近幾年來受惠於大台北地區的房價飆漲，再加上台北捷運系統的完整路網陸續完成，淡海新市鎮第一期發展區的土地已順利標售，並開始獲利。

　　淡海新市鎮特定區計畫頒佈實施之後，於 2000 年辦理第 1 次通盤檢討並發佈實施，接著於 2005 年起辦理第 2 次通盤檢討。由於淡海新市鎮特定區計畫自 1991 年實行至今已近 30 年，相關的人口與產業之發展趨勢、基盤建設及自然環境皆有所改變，營建署於是研擬後期發展區計畫，以便能配合區域環境的變化，並將淡海新市鎮捷運路網的興闢與國際上發展生態城市的潮流結合，引入生態規劃設計及大眾運輸導向發展(TOD)的理念，發展結合產業、居住、觀光休憩、環境保育及文化創意等多元功能的示範性生態城市。

二、 生態城市理念的導入

　　淡海新市鎮是公部門政策導向型計畫，早期的規劃構想主要是以住宅城的建設及環境營造為主，包括：以藍綠帶及人行步道系統來串連活動與開發單元；利用軸線與透視感手法，形塑都市空間；加強鄰里單元的機能性與寧適性；加強植生綠化及水岸生態保育。但隨著台北區域的快速發展及台北都會區空間結構的調整，新的整體規劃構想則是強調打造結合綠能與文創產業、居住與觀光休憩功能的新鎮，同樣重要的是，其也嘗試導入生態城市及 TOD 的理念，以建立示範性的綠色大眾運輸導向發展(Green TOD)新鎮。茲將相關的生態規劃構想與議題分析如下：

(一) 依據生態規劃理念進行土地適宜性分析(圖 5-1)

　　淡海新市鎮同時擁有山、河、海等豐富景觀資源的地區，為確保環境保育，後期發展計畫依據生態規劃理念就進行土地適宜性分析，以瞭解土地資源的容受力，並檢討土地使用活動之需求：

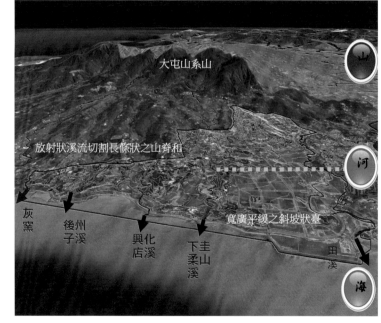

圖 5-1　生態區域涵構中的淡海新市鎮規劃
(資料來源：中央營建技術顧問社)

1. 地景廊道及生態區塊指認

運用景觀生態學理論指認重要的廊道、生態區塊，於東西向溪流與原生林相鄰兩側各留設寬約 20~40m 之生態核心及緩衝空間。四級坡以上地區亦配合原生林保育留設作為保育型開放空間，並保留重要生態棲地。

2. 環境敏感地劃設

依據北部區域計畫的環境地理圖資進行 GIS 套疊分析，綜合考量交通、坡度、地質、水文、綠資源、生物棲地等因素而劃設出限制發展區、條件發展區、可利用發展區等三種等級的開發管控分類。限制發展區以保育為目標，條件發展區則考量生態緩衝及文化地景保存等功能，限制土地開發的強度與開發內容。

(二) 引入低環境衝擊的新興文創產業園區

配合文創產業政策，以「綠色、創意、創新、生活」為地區產業發展的願景，形塑創意淡海新市鎮，培植新興產業(如綠能、文創、觀光、及休閒等相關產業)，以提供在地就業機會，減少通勤旅次需求，建構低污染、低碳的新鎮產業基礎。

(三) 綠色大眾運輸導向發展 (Green TOD)

將大眾運輸(捷運、輕軌、公車)導向發展與生態社區營造相結合，發展低碳綠色交通，建構安全、連續、舒適的人行步道系統及自行車使用環境，並將保水、綠化、省能及循環再利用的概念，導入各鄰里單元。配合輕軌與公車路線規劃，落實短距離城市的理念，以大眾運輸車站周邊街廓為地區機能中心，讓日常生活所需的基本服務，能在 15~20 分鐘步行距離內獲得滿足。此外，並透過大眾運輸服務、自行車道系統與人行環境的改善，來鼓勵使用綠色運輸，營造節能減碳之生活方式。

(四) 生態土地使用規劃

配合地形和高程變化、現有排水水路、重要綠資源分佈及地區微氣候，調整街廓型式及鄰里道路系統，以達最小挖填方、建構完整生態廊道網絡等目的。此作法雖會減少部分可開發土地的面積及造成少數街廓出現有機形狀的邊緣，但卻大幅減少對地區水文及生態環境的衝擊(圖 5-2 至圖 5-3)，而有機形狀的街廓也可透過適當的坡地建築設計及景觀營造，創造出配合微氣候環境且有自明性的地景風貌，所以有高程變化的坡地實不需像平坦的都市化地區一樣，將所有街廓皆劃

設為制式的矩形形狀。適當的街廓型態變化，較能避免對生態環境的擾動，此作法雖可能會造成開發用地的減少，但可藉由景觀與環境上所創造出的效益來彌補。

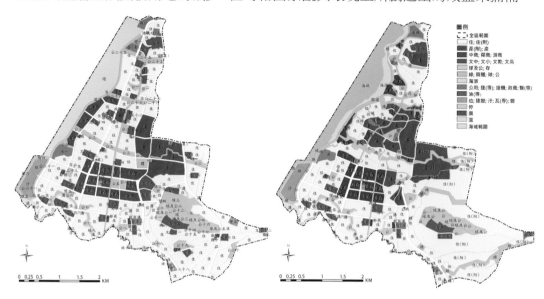

圖 5-2 淡海新市鎮原主要計畫土地使用圖
(資料來源：中央營建技術顧問社)

圖 5-3 淡海新市鎮生態城市土地使用圖
(資料來源：中央營建技術顧問社)

(五) 保水及水資源循環利用

　　順應地形保留天然排水水路，加強河岸兩側的植栽綠化，並於水道兩側劃設緩衝綠帶。以最大的遲滯與最小逕流原則運用於高地排水及低地延遲排水。都市低窪地區、山坡地邊緣或淹水潛勢區周邊，分別進行公共空間與私人建物保水貯留之設計。因應都市排水需要，建立滲流工法、集水系統、透水性鋪面與生態滯洪池等規範，增加地區的保水性。

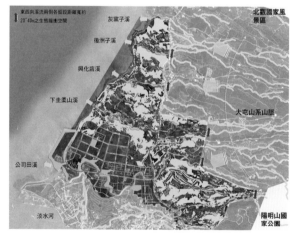

圖 5-4 水與綠網絡示意圖
(資料來源: 中央營建技術顧問社)

(六) 水與綠網絡建構 (圖 5-4)

　　利用公共開放空間整體規劃設計，強化生態綠網系統與重要棲地及地景嵌塊體間的串連；於溪流兩側各留寬約 20~40 m 緩衝空間，並進行多層次

綠化；在 20 m 以上寬度的道路推動複層式植栽綠化；並加強建築法定空地的綠化及建築的立體綠化，以建構串連的水與綠網絡系統(圖 5-4)。

三、 計畫的省思

淡海新市鎮規劃以營造示範性生態新市鎮為目標，嘗試推動一些創新的新鎮規劃措施。其以文創產業(琉璃工藝產業)及綠色產業為發展基礎的產業引進策略，可減少產業發展對地區環境的衝擊，但產業的環境衝擊應以產業從生產到使用與回收的整個生命週期來看，例如太陽能光電產業就不太適合一個以生態與休憩為發展定位的新市鎮，因為其生產製造過程會產生明顯的污染。淡海新市鎮的後期發展區嘗試推動綠色大眾運輸導向發展(Green TOD)的概念，也可謂是臺灣新鎮規劃的創新之處，若能將生態社區之生態、節能、循環利用、減廢等概念與大眾運輸導向發展的綠色運輸概念相結合，將有可能營造出生態減碳化的生活模式。作者當時為本計畫的生態城市規劃顧問之一，非常支持 Green TOD 理念在淡海新市鎮地區的落實，唯 Green TOD 概念在落實到鄰里尺度時，需進行土地使用管制(土管)與都市設計(都設)規定的調整，此部分應首先確認出支持 TOD 的土地使用活動內容及混合使用條件，據以檢討土管與都設的內容，而民眾與開發商的支持度也是影響成敗的關鍵因素。如前所述，淡海新市鎮採用順應坡向與排水方向的街廓形式及土地使用調整之後，大量減少了挖填土方的面積，而推動 TOD 及多元的複層式綠化也將增加了減碳的效益，這些新作法的可能成效，應透過適當的行銷與溝通管道，讓地主及民眾可以充分瞭解，以免增加執行時的阻力。淡海新市鎮特定區曾閒置十餘年，未能順利地進行土地開發，近年來隨著台北都會區的日趨趨飽和及台北房價的狂飆，提供了此地區一個順利開發、引入人口的契機，故應善用此機會順勢導入生態規劃設計概念。加強生態基盤建設及土地使用規劃與地區自然紋理及水文的配合，並控制開發強度，應有機會成為本土化示範性生態城市的範例。

第二節　文化地景維護與聚落再發展：北門都市計畫的經驗

一、發展背景

　　北門鄉(現改為台南市北門區)是原臺南縣最西北的沿海鄉鎮，早期以漁撈、曬鹽為主要的產業活動，然而受到漁鹽業沒落的影響，產業活動只侷限於少數農作物種植以及沿海養蚵與漁塭的海水養殖。該地區的經濟發展遲緩、人口外移情況嚴重，但這種缺乏土地開發動力的情況，卻反而為北門保留下來原有的漁村聚落風貌，使其成為臺灣少數具曬鹽文化特色的舊聚落(圖5-5)。然而舊聚落內公共設施不足，又因建築用地產權複雜，造成舊屋的增改建困難，以致形成建築老舊、公共設施不足且生活機能不佳的狀況。近年來附近陸續推動的重大建設，如西濱快速公路、台17線省道(濱海公路)及雲嘉南濱海國家風景特定區計畫則為北門鄉提供了發展觀光旅遊的機會，但老舊殘損的聚落建築與環境，雖維持了曬鹽文化的歷史記憶，卻與周遭新興的風景區發展顯得有些格格不入。

　　原為北門鄉鄉公所所在地的北門村及北鄰永隆村是台南縣綜合發展計畫西濱遊憩系統規劃中的區域度假基地，但可建築用地所能提供的住商服務機能及公共設施的質與量均有所不足，故鄉公所乃依據都市計畫法「鄉公所所在地應擬定鄉街計畫」之規定，擬提出新定都市計畫的申請，以進行較完善的土地使用規劃及公共設施建設，藉此改善居民的生活環境品質，並配合未來區域觀光旅遊的發展。新訂都市計畫於2004年3月23日經內政部同意後實施。

　　新訂都市計畫研擬的同時，2003年11月21日行政院公告核定雲嘉南濱海國家風景特定區範圍，同年12月24日於北門村設立管理處，推動該地區的觀光遊憩發展，由於最初都市計畫研擬時未充分預期到雲嘉南濱海國家風景區的發展，造成資源共享上的考量有所不足，故又再提出「修正都市計畫範圍」的申請，以因應新的環境變化。在此十年的計畫發展過程中，北門

圖5-5　北門舊聚落空照圖

都市計畫的研擬遇到幾個關鍵的問題，諸如：逐漸凋零的舊聚落該保存什麼？具歷史記憶的產業環境意象要如何維護(圖5-6)？魚塭鹽田的生態保育與滯洪該如何進行？如何利用雲嘉南風景區建設的機會與資源來帶動北門舊聚落的更新？以及如何與雲嘉南風景區共享資源與地區發展？

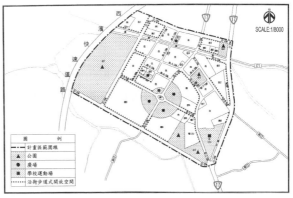

圖 5-6 北門鹽田產業環境意象

二、生態文化觀光的導入

北門新訂都市計畫反映出臺灣的鄉村舊聚落在人口外移、環境逐漸衰敗的情況下，舊空間紋理在保存維護上的困難。北門傳統聚落空間最有價值的地方應是其代表集體生活記憶及臺灣曬鹽產業發展興衰的文化地景，包括聚落空間形式，以及聚落建築與鹽田產業地景間的關係。這種特色讓許多城鄉規劃專業者及觀光客都感到特殊且印象深刻。作者是本計畫在地方層級都市計畫委員會及內政部區域計畫委員會審查時的召集人，仍記得當專案小組至北門現勘時，所有專家學者委員皆對於上述文化地景的維護，有著相當高的期望。

然而，在曬鹽產業沒落、地方生活機能不足的情況下，不難理解地方民眾期望的是，能夠導入都市化發展的土地開發，以帶來商業活動及土地的增值。2003 年規劃單位為配合地方的需求，提出如圖 5-7

圖 5-7 北門初期新訂都市計畫構想

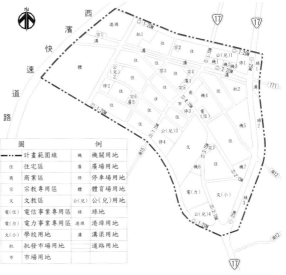

圖 5-8 北門新訂都市計畫土地使用計畫
(資料來源：九宜工程顧問公司)

所示的都市計畫構想，有一個大型的圓形廣場及都市地區常見的街廓劃設形式，這種有些類似城市美化運動風格的街廓劃設與開放空間規劃模式，其實是不少臺灣傳統鄉鎮在都市化發展中民眾希望看到的改變，因為有助於大型開發活動的引入及土地的增值，但是原有的特色聚落空間紋理可能就不復存在了。在都市計畫審議過程中，經審議委員與規劃團隊地方民眾的多次溝通，嘗試讓地方民眾及意見領袖去思考文化地景的價值所在及生態文化環境之時空延續性的意義，鄉公所及規劃團隊從善如流，後來放棄大型圓形廣場的方案，改以加強公共基盤建設為主軸，並配合傳統街巷紋理，調整街廓劃設方式，藉此希望發展出一個具地方特色的觀光小鎮，最後定案的土地使用計畫圖如圖 5-8 所示，計畫區範圍的右側並劃設出 30 米的綠帶緩衝區。

2004 年雲嘉南國家風景區設立，將管理中心設在計畫區範圍內，並積極推動相關的生態文化觀光及生態保育措施。為了與風景區建設配合，並考量北門舊聚落由於產權複雜等因素難以推動更新，鄉公所於是決定在計畫區北側再增加新建住宅區，接著又再度提出調整都市計畫範圍的申請(圖 5-9)，計畫主要內容為增加北側住宅區範圍，此外，也擴大南側範圍，以便與雲嘉南風景區共享某些生態觀光資源，但由於計畫的財務成本及土地權屬，又不能將南側大部分的生態滯洪用地與雲嘉南風景區管理區附近

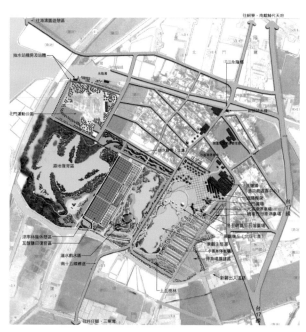

圖 5-9 雲嘉南風景區管理處與北門都市計畫共享生態滯洪設施等生態規劃資源
(資料來源：九宜工程顧問公司)

的土地全部納入都市計畫區，以致造成零碎的計畫邊界。此調整範圍的計畫在內政部區委會審議時，再度受到委員們的質疑，認為計畫邊界過於零碎，且只考量到向外的擴張，而忽略原先擬定都市計畫的主要目的是要推動舊聚落建成區的環境改善及公共基盤建設。在規劃單位的配合下，調整後的計畫提出了聚落環境改善的構想，讓舊聚落環境改造與北側新住宅區的住宅建設能同時進行，並納入了

生態規劃設計的考量，考慮地區的滯洪需求、指認生態棲地及劃設生態廊道，以及調整土地使用的內容與開發強度，以發展低密度且與環境相融的生態觀光為主軸。最後整個計畫獲得通過，也順利地執行。

三、計畫的省思

北門計畫案是一個與淡海新市鎮案明顯不同的計畫類型，但同樣地凸顯出生態規劃的重要性及其與地區發展的關係。此處的生態規劃不僅是環境保育及生物多樣性的議題，更將生態規劃的範疇擴展到文化地景的維護及生態文化觀光。當臺灣許多地方鄉鎮都在企圖能快速都市化發展以便獲得更多、更高層級的建設補助之際，如何維持文化小鎮的地景特色，並同時改善生活機能及引入經濟性活動，顯得益為重要。北門案的經驗顯示，地方民眾是可以被教育的，但同時也要給他們希望與願景。如同地方民意領袖在計畫審議過程中所言：「我們希望能夠發展，能有適當的土地開發，大型廣場能帶來人潮及活動，所以才會如此規劃」。經過十多年，在本書出版前，作者再度訪談了本案的計畫主持人張登欽總經理，他是一位從業 30 多年、深具理想的規劃師，他表達了以下的感想：「從生態城鄉發展的觀點，新訂北門都市計畫除配合雲嘉南濱海國家風景區生態文化觀光及生態保育措施之規劃，提供配套式服務性設施外，更結合了永隆溝(感潮溝，早期為水運碼頭)的復育，維護了原有聚落的特色空間紋理，在拼經濟的壓力下，能維持部分地景生態特色，算是不錯的成果了，但礙於地方財政困窘及追求發展的企圖，犧牲了永隆溝北側西段的部分濕地，而且保育範圍也未能涵蓋更廣闊的鹽田濕地景觀……」。張總經理也表示：「此案操作過程中最明顯的困擾是，民眾似乎只關切自身利益，例如：要求協助解決產權問題、劃設大面積商業區以增加居民收入；而地方意見領袖，則多想如何大量攫取公有地……」，其實這是普遍的現象，北門案所呈現的現象與問題只是臺灣舊聚落再發展時所面臨共同問題的一個縮影而已。所以，在保持地方特色空間紋理的同時，規劃專業者應思考能為地方帶來什麼。發展生態文化觀光是一種方案選項，但如何深化到能帶動地方發展，讓地方政府及在地民眾皆能獲利，值得規劃專業者深思。此外，如何教育民眾，讓其瞭解關懷地方珍貴的生態與文化資源的重要性，進而協助專業者發展出具社會接受度及可執行性的執行方案，也是當務之急。而大型公共建設，如國家風景區建設，在吸引遊客的同時，也亟需思考如何同時活化舊聚落社區，讓彼此間能共生共榮。

第三節　生態城市理念的舊城區再生：黎明新村經驗的省思

一、案例背景 (註 1)

都市更新的理念已從推土機式的掃除式重建，發展到重視地方空間紋理、集體生活記憶及城市經營管理的舊城區活化再生。隨著生態城市及永續都市理念的推廣，推動生態城市理念的舊城區再生及相關的綠城市建設已成為國際的趨勢，也是臺灣各級政府積極推動的政策。在全球強調省能減碳及生態環保的環境覺醒下，生態城市理念所強調的維護環境品質、經濟效率、社會公平及生態節能等多元目標之原則，已成為 21 世紀城市建設與都市更新的重要指導方針。然而，在舊城區再生的實務操作時，經濟效率、生態保育及社會公平的目標能否同時達成？生態減碳化的目標要如何具體的納入目前市場導向的都市更新操作之中？而更新計畫又應該如何研擬，以取得利益關係人及主要決策群體的支持，進而創造出能讓更新推動單位、投資者、空間使用者及在地社區居民多贏的結果，卻仍是理論與實務上爭議的焦點。有鑑於此，本研究以台中市擬推動舊城區再生的黎明新村更新計畫為例，針對上述議題，提供一個系統性的探討，以找出可供省思之處。

黎明新村的都市更新是屬於舊城區的更新再發展，但並非都市窳陋地區的更新。舊城區更新是任何一個具有歷史之城市都會碰到的問題，只是問題的形式與處理手法因地而異。這也是一個不斷面臨著新挑戰的規劃議題，從二十世紀初期開始，為促進城市舊城區的更新，許多規劃工具及政策也就因應而生。從二十世紀早期西方以都市貧民窟清除為理由的舊街區清除運動 (slum clearance)，到 1960~1970 年代的推土機式社區更新重建，以及同時期英美地區開始流行的社區民眾參與及自力造屋 (self-building) 運動，發展到近二十年來強調維護都市集體生活記憶及活化地方產業的都市活化再生，乃至於最近流行的以生態減碳城市規劃典範為基礎的舊城區活化再生與綠城市建設，都市更新的目的與作法一直隨著都市環境、社會需求，甚至是公共政策決策環境的改變，而不斷的進行調整與修正。生態城市理念的都市更新摒棄了掃除式、推土機式的拆除重建，其鼓勵參與式規劃設計及地方產業的活化再生，並在後二者之上，納入了節能及生態減碳化的理念。所以，如何因應時代的新趨勢，並配合都市發展的生命週期，發展出適當的舊市區更新策略與方案，已成為生態城市建設中的重要課題。有鑑於此，本文以生態城市的觀點切入，以台中市黎明新村的都市更新決策過程為例，探討如何將生態城市建設的基本考量內容與思維，導入都市更新的理論與實務操作之中。

黎明新村是臺灣早期依據西方鄰里單元理念而規劃的辦公及住宅區，在臺灣近代的都市發展史上具有特殊的意義。然而，隨著都市空間結構及機能的改變，再加上精省之後政府行政組織的調整，黎明新村已面臨到需要思考如何進行更新再發展的挑戰。然而，此深具特色的舊城區應如何再發展？該保存及引入什麼？如何界定主要的利益關係人及計畫衝擊人口，卻是多方爭議的焦點，也引起各界的熱烈討論。在此首先由中央政府主導開發，而後地方政府及民間積極介入的複雜更新過程中，不同主管單位及利益團體之介入，再加上媒體與地方的各種發聲，凸顯出許多臺灣舊城區更新再發展時須面臨的衝突與議題，這些具代表性的衝突與議題，也提供了一個絕佳的機會，可藉以檢視生態城市規劃理念應如何導入特色舊城區之更新再發展的操作，並回饋檢討相關的規劃理論。

基於前述背景與動機，本節以台中市黎明新村都市更新決策與方案研擬的過程為例，藉由內容分析、利益關係人分析、深度訪談、問卷調查以及更新方案的比較分析等研究方法的綜合運用，嘗試探討下列問題：

1. 在黎明新村特殊的空間涵構與規劃機制之下，生態城市觀點的都市更新，應優先考慮哪些基本元素及議題。
2. 黎明新村的更新決策過程中，凸顯出哪些臺灣在推動生態城市理念之都市更新時所需面臨到的關鍵問題？而這些問題又應如何在地化的回應。
3. 如何探討主要利益關係人及決策群體對此更新事件的需求與反應，以協助發展具共識基礎的方案，並作為其他相關案例的借鏡。

二、理論與文獻評述

(一) 生態城市意涵的再定位

生態城市理念所指的不只是都市綠化、保水及增加生物多樣性而已，其也是一種新生活態度與價值觀的建立。隨著相關思潮的發展與擴充，生態城市的理念精神已與永續都市理念相近，由強調生態系統的健全性及生物多樣性，拓展到提升社會多元性及社會包容，也包括全面性的生態減碳化、節能減廢、循環經濟、綠色交通與綠色出行、地球環保與民眾參與(Engwicht, 1992; Moughtin, 1996; Beatley, 2001; White, 2002; Wheller, 2004)。除此之外，生態城市觀的都市建設也重視民眾培力(empowerment)及城市治理，並嘗試建立一種新的生活模式與生活態度(Rigister, 1987; Roseland, 1998; 吳綱立，2009)。基本上、永續生態城市思潮是對於當前全球各大城市之過度擁擠、環境污染、生態破壞、資源消耗及社會不正義

等問題的一種回應(Hall, 2002)，但與西方二十世紀為因應都市舊城區環境衰敗問題，而出現的郊區化發展趨勢不同的是，生態城市理念並不主張以郊區化發展來放棄舊市中心區，也不主張以推土機式的更新來進行掃除式的社區重建。其認為舊城區再生應與郊區新城鎮(或新社區)的開發配套整合，舊市區雖然因為一些問題而呈現衰頹或過度擁擠，但其也是當代城市推動生態低碳化生活革命的機會所在，因其也是人類科學、文化、經濟及集體記憶的主要呈現場所(Leitmann, 1999)。

自從 1970 年代，美國加州柏克萊市的都市生態組織(Urban Ecology, Berkeley)正式提出生態城市一詞，並展開一系列活動以來(Register, 1987)，相關思潮與運動已在全球各地陸續發展，如今生態城市思潮的範疇已拓展至建築、土地使用規劃、社區規劃設計、都市與地方治理以及區域計畫等領域。就如同永續發展理念一樣，生態城市已成為一個多重尺度及多重面向之綜合考量的規劃典範，其深具包容性的內涵，有助於緩和一些難解的爭議(如開發與保存的爭議)，然而因操作面向龐大，也容易造成執行上的多頭馬車、協調不易。就理念發展脈絡而言，生態城市的理念精神融入了：(1)生態規劃設計理念在城市與社區設計之應用，例如將都市視為是一個具有自我調適能力的複合式有機體，在侵入、集中、延續、擴散等都市化發展的過程中，強調維護生物多樣性、連續性、自我調節性、就地循環性等特質(Mumford, 1961; Hough, 1995; Van der Ryn and Cowan, 1996)；(2)多重面向的考量，對土地使用、綠色交通、社會住宅、社會正義及族群機會、永續地方農業、資源循環利用、環保科技、企業合作、簡樸生活、環境教育，以及民眾參與等面向的綜合考慮(Register, 1987; Urban Ecology, 1990)；(3)永續都市思潮中的三生(生產、生活、生態)平衡與體制設計(機制設計)以及 3E(環境健全 Environment、社會公平 Equity 及經濟效率 Efficiency)的概念(Barton, 2000;李永展，2006)；(4)綠建築、生態社區及相關評估指標之應用，如臺灣的 EEWH 體系(生態 Ecology、省能 Energy、減廢 Waste、健康 Health)，美國的 LEED 系統，日本的 CASBEE 系統(林憲德，2006，2011；內政部建築研究所，2010，2012)；(5)減碳城市理念中所強調的透過環境設計、空間計畫及生活模式的調整，來達到減少碳排放及省能的目的，例如從都市空間結構與佈局、土地使用(區位、使用內容、強度、密度等)、街廓設計與建築計畫(如街廓形式、建築配置、建築物理環境等)、營建方式(健康建材、構造方式等)及旅運行為的調整來達到減碳的目的(徐義中，2010；周潮等，2010)。

生態城市理念廣泛的理論基礎及多元的規劃目標，提供了都市更新一個綜合性的思考架構。綜合相關文獻，本研究整理出以下生態城市理念之舊城區更新的

基本架構與主要考量內容，包括生態與環境、社會公平、經濟效率及機制設計等四個基本面向(構面)。在生態與環境面向的主要考量內容包括：維護健全的生態系統、多元綠化及開放空間設計、最短距離的日常生活圈規劃(鼓勵透過混合土地使用、步行及綠色運具來獲得日常生活所需的服務)、居住與工作的均衡(在區域內提供適當數量及品質的住宅與工作機會，讓想要在地就業及定居的民眾能有此機會)、都市保水及水資源循環利用、地方空間特色的維護。在社會公平面向包括：營造安全舒適的生活環境、營造市民性的公共空間、加強更新資源分配的合理性、更新利益適當地回饋地方社區、加強族群融合等。經濟效率面向包括：引入能帶動發展的都市機能及都市活動、加強更新的財務自償率、加強土地利用效率、提升房地產的價值及引入具競爭力的產業。至於機制面向則包括：鼓勵民眾參與更新、建立適當的公私合夥關係、發展中央與地方協力關係，以及提供適當的更新獎勵誘因。這些複雜多元的規劃目標或考慮內容，實很難在單一計畫中予以完全落實，所以規劃者與決策者應因時因地制宜，評選出需優先推動的目標及內容。

(二) 都市更新及舊城區再生理念的發展

舊城區再生一直是都市更新理論與實務上一個重要的議題。都市由於產業與人口的引入，帶來了集中化發展，並形成殖民區，但這種集中化發展也導致了擁擠與外部性，最後需透過都市更新來促進衰退地區的活化再生。針對上述問題，二十世紀的規劃思潮，在不同時期有著不同的主流作法。早期歐美的都市更新主要是以貧民窟清除為主要目的，社會公平的考量較少納入。例如早期西方的街區清除運動，以提升環境品質與掃除窳陋地區為由，遷移了大量的貧民窟居民，而推土機式的更新，更隨著美國模範城市計畫的推動，大量運用在許多大城市(Hall, 2002)。其後在 1960~1970 年，逐漸發展出強調環境活化及自力建屋的概念，因而有了所謂的保存型、手術刀式的更新作法。1970 年代起，都市更新也漸與社區設計及民眾參與思潮相結合，例如 Alexander 主張要找尋每個地方的無名特質及建立集體空間營造的模式語言(Alexander, 1977)，而 Turner 則主張透過民眾自力造屋來推動環境改造，因為地方民眾最清楚自己要什麼(Turner, 1976)。到 1980 年代，隨著都市再生、活化再利用等思潮的導入，更將都市更新的議題拓展到產業、社會、文化、地方治理等面向，而更新的用詞也納入了再生(regeneration)及活化再發展(revetalization)。1980 年代後期的企業型政府思潮，則導入了利用市場機制、地方行銷及公私合夥 (郭幸萍、吳綱立，2013)等概念，1990 年代的生態思潮又加入生

態復育及循環型城市的觀念，鼓勵生態環保、減廢及循環再利用；而邁進 21 世紀之後，全球興起的低碳化及韌性城鄉思潮，則又給都市更新帶來一些新的挑戰。

回顧臺灣舊城區再生理論與實務的發展，都市更新法制化後雖然提供了政策執行的工具，例如更新單元劃設、用地取得、推動主體，以及相關的規劃原則與獎勵規定(吳彩珠，2002)，但是舊城區都市更新問題的本質(例如為何要更新? 該保存維護什麼? 如何公平合理的分配利益與成本?)，卻仍缺乏有系統的深入探討，以致實際的更新運作常落入制式且僵化的框架中，而政府的執行力薄弱及民眾對政府的不信任感，也造成更新執行上的問題，例如邊泰明(2010)指出，當前都市更新的困境主要在於：少數堅持者行為、策略性要價行為、搭便車行為、資訊不對稱現象及尋租行為。所以在有限理性及法令與道德的規範下，建立民眾及更新參與者對政府及制度的信任感，實為當務之急。2009 年臺灣社會研究季刊也以專刊來特別論述都市更新下的社會及空間正義問題。這些發聲及多元的意見顯示出，臺灣都市更新與舊城區再生的理論論述，已邁進環境、社會、文化等多重層面的考量，唯理論與實踐間的落差仍很大，而目前生態設計方面的論述，也仍然較少。

三、研究設計與案例特性

(一) 研究方法

本案例分析綜合運用數種研究方法，包括內容分析、深度訪談、問卷調查及方案評估，藉以系統性的探討黎明新村更新計畫發展過程中不同利益關係人及決策群體的需求以及重要規劃議題的發展，進而提出適當的規劃建議與方案。內容分析包括對黎明新村更新計畫研擬過程之公共政策、工作會議、審查會議、工作坊以及媒體相關報導內容之分析，以便瞭解重要議題及決策的形成與發展，以及更新方案產生的背景。深度訪談嘗試探討更新計畫之重要利益關係人及決策群體的需求與意見，以瞭解主要參與者關心的重點。訪談調查的抽樣設計係結合立意抽樣及滾雪球法，先從更新計畫公私部門之主要參與人員及相關利益關係人中，找出適當的調查對象，進行第一階段的調查，再透過調查參與者的介紹，尋求其他適當的調查人選，調查對象的選取主要考量樣本的代表性及操作的方便性。深度訪談採半結構式，先列出問題的架構，再請受訪者就其瞭解或關切的部分表達意見，訪談結果整理時，依據筆記及錄音，篩選出代表性的意見。問卷調查的目的是希望瞭解規劃專業者與地方居民(含商家)對更新主要目標及操作內容是否有明顯的認知差異。問卷係以模糊語意問卷設計，以三角函數為隸屬函數，再以重

力法解模擬化,部分問卷調查係配合訪談進行。方案評估主要評估實際參與此更新計畫兩個團隊的方案內容,以便瞭解生態城市理念應用於舊城區再生時的限制。

(二) 案例背景與發展歷程

黎明新村的發展歷程具有特別的時代意義。國民政府遷臺後,基於分散行政功能及帶動地方發展等考量,於 1956 年將臺灣省政府由台北市遷至南投中興新村辦公,並參考當時西方流行的花園城市理念進行相關的規劃,同時也將另一批臺灣省政府所屬的單位(包括水利局、地政局、合管處、工檢會、土資會、訴願會、文獻會、地質所等),從台北市遷至台中市辦公。為了安置這些省府員工及眷屬,臺灣省政府在台中市南屯區黎明路二段西側土地(黎明新村現址),以整體開發的方式,規劃興建住宅社區。興建工程於 1975 年 5 月完工,命名為黎明新村。之後學校及辦公設施陸續增建,1976 年在原黎明國中旁,增設黎明國小,並於 1980 年完成至善樓、莊敬樓、自強樓及體能活動中心等公共建築,1981 年起又陸續完成勤政樓、中山堂及地政資訊大樓等機關建築(圖 5-10),使得黎明新村辦公區的功能逐漸完備,成為行政院的中部行政辦公中心。在 2011 年更新計畫進行時,黎明新村有行政院秘書處、內政部兒童局、經濟部水利署、行政院勞工委員會中部辦公室、行政院衛生署國民健康局等單位在此辦公。從 1950 年代發展至今,黎明新村已從一個安置省府員工所設置的住宅區,發展為一個結合工作及居住機能的城中城。

黎明新村在規劃興建之初即引進當時西方先進的規劃概念與工程技術。整區規劃採當時西方流行的培雷(Perry)式鄰里單元及雷特朋(Raeburn)新鎮規劃的配置概念,並設置有完整的雨污水下水道系統,區內有多種類型的公園綠地及公共休

圖 5-10 黎明新村政府辦公設施　　圖 5-11 黎明新村鄰里外部空間
(資料來源:作者 2011 年攝)　　　(資料來源:作者 2011 年攝)

憩設施(圖 5-11)，在現今繁華及快速發展的台中市，仍維持著恬靜安詳的空間氛圍及居住環境。但隨著部份原先省府員工的退休，原以省府員工及眷屬為主的住宅區，現已有不少住宅轉售給其他社經族群，形成較多元的社區人口組成，而新遷入的住戶中，有部分是偏好黎明新村良好環境的銀髮族。

整體而言，黎明新村的交通便利、教育環境優良，使其本身擁有良好的居住條件與生活機能，而原本強調居住與工作結合的城市發展模式，也減少了不少長距離的通勤旅次，隨著台中市的都市化發展，黎明新村已成為現代大都會中一處慢活且環境宜人的特色舊城區(圖 5-12 及圖 5-13)。但是，在臺灣省精省之後，省政府原本中部地區的行政與辦公功能已明顯的縮減，因而造成中興新村的沒落與設施閒置，也影響到黎明新村的行政辦公功能。為促進地方發展及解決政府的財務問

圖 5-12 大都市中的特色舊城區(作者 2018 年空拍)

圖 5-13 黎明新村綠化良好的行政辦公區
(作者 2018 年空拍)

題，2010 年行政院核定將中興新村轉型為高等研究園區，並擬於中興新村研究園區的南部地區興建中部行政中心，然後將原先於中興新村及黎明新村工作的中央部會員工，遷至此處辦公。行政院並決議由內政部邀集相關機關來研擬計畫，也評估由都市更新基金、國有財產局或成立新基金來支應中興新村研究園區開發的龐大經費，並以黎明新村機關遷移後騰空基地的標售收益來支持該案。政府計畫遷移中央部會的中部辦公室至中興新村，使得黎明新村原先行政與居住相結合的機能明顯地受到影響。配合周邊重大建設的發展，如台中市七期重劃區、台中大

都會歌劇院、交六轉運站等，中央政府擬將此區的原機關用地變更為商業用地，並以附帶條件式開發來進行招標，以期能引入民間資金，帶動地方發展。黎明新村位置及擬變更之機關用地範圍如圖 5-14 所示，整區土地使用強度參見圖 5-15。

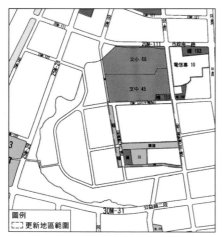 

圖 5-14 黎明新村位置及更新計畫範圍　圖 5-15 黎明新村土地利用強度 3D 分析圖

2010 年在行政院的政策指示下，營建署開始積極地推動黎明新村的都市更新，並將重點放在黎明新村東側的機關用地，擬將其變更為商業區，透過標售土地來引入開發活動，再以所獲得的利潤來挹注南投中興新村的再發展。當時進行的都市計畫通盤檢討，將整個黎明新村劃分為兩部分，一為行政區(機關用地)，擬變更為商業區，另一為舊住宅區的再發展(擬以維護整建方式進行)。然而，如此切割之後，此兩區間的新關係要如何建立，卻成為爭議的焦點。原先住宅區與行政區是相互依存的關係，並形成符合居住與就業均衡(Job-housing Balance，或稱職住均衡)理念的發展模式，但在這種關係可能被切斷的情況下，住宅區的居民與商家對機關用地變更後的未來發展有著高度的疑惑，他們擔心引入高強度的商業活動之後，雖然會帶來房地價的上漲，但也可能造成噪音及治安上的問題，而現代化新商圈發展，也與黎明新村寧靜祥和的舊城區環境顯得格格不入。儘管如此，中央政府主管單位仍持樂觀的看法，認為在引入商辦活動及高級住宅大樓之後，將帶動原本低樓層住宅區的自發性更新，進而逐漸達成全區的更新及房地價的提升。

四、結果與討論

(一) 案例發展呈現出的規劃議題與爭議

黎明新村的特色主要來自其獨特的空間氛圍、工作與居住之關係，以及特殊

時空背景下所累積的集體生活記憶。這個兼具居住與辦公功能的城中城，頗符合晚近規劃理論所強調的住宅與產業均衡理念：早期黎明新村的住宅社區是以服務在黎明新村辦公區工作的人員為主，他們走路就可以回到家，居住及工作融入在綠化良好的環境中。由於工作與居住的緊密結合以及相近的居民屬性，也形成強烈的鄰里意識及特殊的社會網絡關係。黎明新村低強度的住宅開發，層級清楚的道路，再加上不同尺度的綠地開放空間融入社區之中，這種獨特的開發型態及空間氛圍，在快速發展的台中市已不多見。走在此舊城區中，你會感受到寧靜的空間氛圍，並可看見早期臺灣版花園城市風格的住宅配置及親切的鄰里關係。停車是利用住宅周遭的公共空間，有時甚至可在社區綠地上，看到居民在曬被單，而小朋友則是在社區街道上玩耍。但是變更為商業區之後，除了保存幾棟建築做為文史館，大部分基地將由財團以整體開發方式興建複合式商場及住商混合之高樓建築。新的商業開發以服務大台中地區為主，整體開發需具財務上的自償率，但其與周圍的住宅區，甚至住宅區的民眾之關係將會如何，以及土地使用變更後的開放空間要如何共享(或是居民能否使用?)，皆未有明確答案，因而造成一些爭議。

1. 中央主導的連鎖開發

自從 1998 年臺灣精省之後，原先省政府員工主要辦公地點的中部辦公區(台中的黎明新村及南投的中興新村)在中央政府組織中的行政機能角色已明顯地減弱，所以黎明新村與中興新村一樣，必須重新賦予機能，並配合周遭環境的改變進行活化再發展，以避免建築與土地資源的低度利用。於是中央政府擬將中興新村再發展成一處研究園區，而黎明新村原有的行政區則將變更為其他更具經濟價值的土地使用(即商業區)，並將該處的員工遷至中興新村的新研究園區。為加速建設，此計畫委由中央政府的營建署來負責規劃及主導開發。

此兩個行政區的更新計畫原來分屬兩地，雖然皆為中央政府舊行政區再發展政策中的重點計畫，但在區域空間規劃上並沒有直接的關連性。但是，在中央及地方政府財務困難，以及中央政府區域行政機能調整的策略下，它們以「連鎖開發」的方式被綁在一起了。由於中興新村科技園區的開發及舊行政區再發展需要龐大的經費，在考慮政府財政困難的情況下，中央政府擬將黎明新村的行政區變更為商業區，經標售與權利變換，取得部分土地做公共設施，並將其他土地標售給民間開發公司或財團，再將收益用來支持中興新村科技園區的開發。這種連鎖政策及交叉補助的開發方式，在國外已有一些成功的案例，所以中央相關單位認為其也適用於臺灣。但是連鎖開發成功的前提是需同時獲得中央與地方政府的支

持，且必須在兩地皆有足夠的社會接受度。在這些支持條件皆尚不成熟的情況下，中央政府大膽的決策不令人意外地似乎踢到了鐵板，讓黎明新村的更新過程產生了不少衝突，並對舊城區更新發展方向產生了戲劇性的影響。

2. 地方發聲與地方政府介入

自 2010 年行政院指示進行黎明新村更新計畫後，營建署即積極地研擬方案，嘗試將黎明新村現有的辦公廳舍遷往南投中興新村，並將現址透過都市計畫變更為其他高經濟效益的土地使用。但漸漸地，地方(包括地方政府及民間)對此中央政府主導的開發方案有了不同的聲音。2011 年 6 月 6 日，台中市副市長表示，黎明新村是台中市民的共同記憶，也是該市的特色風貌地區，應優先考慮維持地區特色。而此時一些在黎明新村工作的員工也表示不想遷至中興新村，其理由不難想像，台中市的生活機能較佳，而黎明新村清幽的工作環境也令人不願放棄。地方民眾及媒體開始發聲，台中市長胡志強在地方及媒體的壓力下也表示，黎明新村的更新再發展，應尊重地方的意見。他並說「台中市不是要分營建署的一杯羹，而是要反映地方的聲音」，他批評中央單位不要「滿腦子想賣地籌錢」，應考慮為台中市保留一些綠地，他以其慣用的幽默口吻，半開玩笑的說，「我正在減肥，不會要分一杯羹，我正在致力推行蔬食，需要青草與綠葉(意指需要更多的綠地)」。台中市政府並表示，在低碳生態化發展的趨勢下，不希望台中市都變成鋼骨水泥森林，都變成商業區。這些不同的聲音經媒體大幅報導，吸引了社會大眾的注意。

3. 選舉的糾葛及中央政府都市治理政策的搖擺不定

在各界的壓力下，行政院長吳敦義表示黎明新村的開發方式及計畫內容，會尊重地方的意見及需求，將以創造雙贏、多贏的結果為原則，因為還要經仔細的評估，所以在總統大選前不會做出最後的決定。當時由於選舉將近，為避免影響選情，行政院決定黎明新村的行政機關不遷移了，暫時維持現狀。選後由於其他更具媒體效應的新聞陸續出現，黎明新村更新的議題，中央與地方政府就暫且不提了。有趣的是，這種維持現狀(擱置處理)的規劃決策模式與結果，並非經詳細評估所做出的決定，而是在選舉考量及媒體輿論壓力下所形成的結果。此類規劃決策模式在後續的政府施政中，層出不窮，凸顯出城市治理及公共政策決策的粗糙。

4. 更新價值的省思及生態城市觀點的導入

這場中央政府與地方政府的政治角力，因媒體、地方政府與民眾的介入發聲，以及選舉的利益糾葛而更加複雜化，雖暫時不了了之，但全部戲碼一直沒有演完。

2012 年總統選舉期間，因此計畫涉及中央與地方的意見衝突，為避免影響選舉的結果而被擱置，選舉結束之後，由於陸續有其他重要的建設議題產生，此計畫的熱度就逐漸地消退了，也就不再被媒體主動提及。後續主辦單位依照台中市二通(第二次通盤檢討)的內容去進行，擬在土地使用管制計畫內考量劃設風貌保存區的可行性，並設定相關的都市設計要點，以保存地區特色及引導土地開發。在此整個計畫推動的過程中，付出了很大的社會成本，但不可忽視的是，此過程中也凸顯出一些涉及規劃價值觀的問題，值得深思：(1)在更新過程中的協力夥伴關係要如何建立(包括中央與地方政府間的協力關係及公私部門間的協力關係)；(2)都市更新主要是要服務誰(誰是最需要被照顧的人)？而這些又應該由誰來決定？如同Peter Hall 教授在其經典著作《明日城市》(*Cities of Tomorrow*) (2002 年三版)一書中，以西方大城市的更新經驗為例，所提出的深刻省思：都市更新除了改善窳陋地區的環境品質及創造經濟利益之外，規劃專業者需思考的核心問題應該是：「原來的那些人有沒有變得較好」、「周邊地區有沒有變得較好」以及「都市整體環境有沒有變得較好」。都市更新，尤其是舊城區更新，需要一些價值觀與規劃典範的引導，才能確保其方向不致太偏頗於某特定面向。基於此，本文以強調生態、環保、效率、公平的生態城市思潮為思考架構，繼續進行下面的分析與論述。

(二) 利益關係人及相關決策群體意見分析

　　透過深度訪談及問卷調查，本研究嘗試瞭解黎明新村計畫的利益關係人及相關決策群體對於更新目標、內容及操作方式的看法，訪談及調查結果整理於表 5-1。

表 5-1　利益關係人及相關決策群體意見整理表

分析項目	代表性意見
更新目標	「我們希望此案能順利開發，招商成效及經濟效益是主要考慮，但我們也希望導入減碳與生態化的思維，來創造出生態與永續的環境。」 (中央政府規劃單位) 「創造高經濟效益的都市更新與生態減碳化的更新，在目標上是相衝突的，如果要生態減碳化，應是留出更多可供民眾共用的公園綠地或綠帶，並減少土地開發的強度。」 (學校規劃團隊) 「我們希望此更新案能具有競爭力，並能帶動地方發展，我們希望收益能主要回饋到市府的地方建設。」 (地方政府主管單位)

更新 計畫 內容	● **地方特色維護：** 「這是一個很有特色的都市聚落，在現今繁雜的大都會中，似乎很難找到這樣恬靜的環境，居然還會有人把被子及衣服曬在社區公共綠地上。」 <div align="right">（社區規劃師）</div> 「在這裡工作真不錯，中午還可以回家吃午飯……」 <div align="right">（在地工作者）</div> 「黎明新村的建築形式其實並沒有太大的特殊性，歷史意義好像大於建築形式上的意義；此地的空間氛圍倒是很有特色。」 <div align="right">（在地建築師）</div> 「黎明新村緩慢步調的生活環境與周圍快速變遷的都市環境似乎無法配合。」 <div align="right">（專業規劃與開發團隊；在地居民）</div> 「計畫區內雖有不少綠地或都市計畫要求留設的公園及兒童遊戲場等開放空間，但綠地開放空間缺乏串連性，且多被占用或呈閒置的狀況。」 <div align="right">（專業規劃與開發團隊；地方政府）</div> ● **活動引入：** 「省府及中央辦公機構搬遷騰空之後，會對都市機能及地方發展帶來立即的影響，應導入適當的活化機制，而這也是帶動地方發展的契機……」 <div align="right">（中央政府主管單位；專業規劃與開發團隊）</div> 「我們希望引入能創造高經濟利益的新商業機能與都市活動，例如複合式商辦開發及高價位住宅，如此我們可以創造足夠的收益來支援本案與中興新村的發展……」 <div align="right">（中央政府主管單位；規劃與開發團隊初期的想法）</div> 「附近七期重劃區的不動產價格已屢創新高，此都市計畫變更地區作為複合式商辦及高價位住宅應有市場需求，賺個幾十億似乎不成問題……」 <div align="right">（土地開發業者）</div> 「是否有可能引入代表新綠生活的更新開發內容，以兼顧經濟效益及環保教育之目地，例如具有足夠收益的綠事業……」 <div align="right">（學校規劃團隊）</div> 「我們要綠地，也希望引進一些能帶動房價上漲的生活機能設施。」 <div align="right">（在地居民）</div> ● **法令及市場需求：** 「我們必須考慮到容積要能用完，而且要維持以後的開發彈性，這樣才有利於土地標售。」 <div align="right">（中央更新主管單位）</div>

更新協力關係	● 中央與地方政府之角色： 「這是一個具代表性的案子，我們希望能做為以後類似都市更新的範例，為加速更新計畫工作的推動，中央將主導更新計畫的內容，以便透過行政協助、加速辦理。」 （中央政府推動單位） 「我們要綠地及保留黎明新村的特色，我們要有決定權，中央在擬定計畫時，應考慮到地方的需求。」 （地方政府主管單位） ● 社區居民及地方社區： 「黎明新村的命運，應由黎明新村居民自己來決定。」 （周遭居民） 「我們覺得有時政府人員及規劃單位說太多專有名詞了，我們聽不太懂，我們需要告訴我們，能實際獲得什麼、需要付出什麼？」 （社區居民、地方社造推動者） ● 規劃與開發業者： 「希望政府主管單位能明確的告訴我們本更新計畫的目標及預期達到的成果，此計畫進行期間，政策與目標一直在變動，讓我們很難做。」 （專業規劃與開發團隊及學校規劃團隊）
更新獎勵措施	● 獎勵誘因： 「公部門應提供必要的公共設施來支持更新工作的推動。」 （社區及專業規劃與開發團隊） 「以提高容積做為獎勵誘因，在房地產景氣好時才較有用。」 （土地開發業者） 「容積獎勵及容積移轉是一把雙刃刀，其對社會公平正義的衝擊很大。」 （學者專家） 「我們應思考一些創新的更新獎勵機制，來鼓勵生態設計技術的應用，目前多採用容積獎勵，但給更多的容積，其實代表著更多的碳排放。」 （具生態觀的規劃設計師） ● 社區需求： 「在政府投入大量經費進行機關用地的拆除重建及周邊道路改造時，應撥一點點錢，讓周圍的社區能同時做環境改善，例如社區綠美化及社區營造工作。」 （社區規劃師；地方居民）
生態減碳作法	● 綠地與開放空間： 「專業規劃與開發公司的作法是較傳統的方式，造成中庭開放空間過於封閉，可考慮類似日本六本木的作法，將建築集中，綠地留置在外側，創造與民眾共享的生態綠地空間。」 （學校規劃團隊） 「應在鄰近住宅區及學校側，留置一些綠地讓民眾使用。」 （地方居民）

「綠地開放空間的留設及規劃設計方式應與要營造的都市意象有關,並需考慮到維護管理的方便性。」 (專業規劃與開發團隊) 「太過於正式的大片修剪後的草皮及水景,維護成本很高,且較不能吸引生物。」 (具生態觀的規劃設計師) ● **生態基盤設施:** 「現在黎明新村邊界處水泥化的黎明溝,應可用生態工法進行改造,作為縫合社區與周邊地區景觀環境及提升地區生物多樣性的生態廊道。」 (規劃設計師) 「礫間淨化是可採用的雨水循環再利用手法,目前新北市已有一些成功案例。」 (中央政府推動單位的規劃顧問)

備註:上述內容為較具代表性之訪談結果及調查意見的摘述。

(三) 黎明新村更新目標分析

都市更新的內容與作法會因更新的目標而異,黎明新村的更新屬於舊城區再生,為了瞭解規劃專業者及地方民眾(含商家)對於黎明新村更新的目標是否有認知上的差異,本研究進行了一項問卷調查,問卷的基本構面是依永續都市的 3E 架構(環境、經濟、社會)再加上機制面向而設計,更新目標係依據文獻、政策及訪談結果而整理出此計畫主要欲達成者,問卷以模糊語意設計,分析結果整理於表 5-2。

表 5-2 黎明新村更新欲達成的目標分析:不同決策群體意見比較

	更新目標	規劃設計 專業者 (N=16)	地方居民 與商家 (N=36)
環境	1. 維護(或營造)健全的生態環境	0.81	0.79
	2. 提供適當的都市開放空間與綠地	0.76	0.78
	3. 加強地區保水及水資源循環利用	0.71	0.67
經濟	4. 創造最大的土地開發效益	0.78	0.71
	5. 引入具競爭力的商業機能及都市活動	0.76	0.72
	6. 提升開發基地與周邊地區的房地產價值	0.71	0.79
社會	7. 提供公益性設施,讓更新收益回饋社區居民	0.72	0.78
	8. 營造安全、舒適的社區生活環境	0.80	0.82
	9. 加強黎明新村地區的鄰里意識	0.70	0.74
機制	10. 鼓勵民間主動參與舊城區更新再發展	0.71	0.73
	11. 提供適當的更新獎勵誘因	0.75	0.77
	12. 以此更新收益,資助其他更新計畫	0.48	0.40

註:數值為模糊化後之非模糊值,介於 0~1,愈接近 1,代表受訪者認為其重要性愈高。

　　如表 5-2 所示，規劃設計專業者及地方民眾對更新欲達成的目標存在一些認知上的差異(表中 N 值為兩個決策群體的有效問卷數目)，不令人意外地，抽樣調查的地方居民與商家認為更新應主要改善與其切身有關的環境問題，並重視一些有關更新回饋及利益分享的計畫目標。而規劃設計專業者則較重視一般更新運作及技術層面較容易達成的目標。兩個受測群組都認為「維護(或營造)健全的生態環境」及「營造安全舒適的生活環境」應是重要的更新目標，也皆不太贊成交叉補貼，以黎明新村的更新收益，去資助其他更新計畫或建設(例如中興新村的再發展)。

(四) 更新過程中呈現的規劃議題

　　黎明新村舊城區再生所經歷的問題在全球近百年來的舊城區更新經驗中，並非唯一，但主要的不同是，黎明新村並不是一個頹敗的都市貧民窟或都市窳陋地區，其反而是一個在現今商業化的大都市中，難得一見具有自明性及慢活特質的特色舊城區，以上分析結果呈現出幾個以生態城市觀點來看此舊城區更新操作時，應該深思的議題：

1. 如何營造具自明性，但避免仕紳化的生態慢活社區

　　具自明性的舊城區在現今的大都會中要如何維護？地方政府主張讓黎明新村成為一個優質的工作居住區，或公務人員的退休社區，但其周圍已快速都市化發展，且地價高漲，如何避免假藉保存維護之名，而進行炒作之實，或造成排他性封閉社區(gated communities)的形成，值得規劃單位及決策者深思。例如荷蘭知名的羊角村在保存原建築風貌與空間氛圍之後，反而成為一個仕紳化、排他性的高級社區，讓居住在該處成為一種社會地位象徵。

2. 如何創造符合市民社會理念、全民共享的綠地公共空間

　　台中市政府特別強調要保留黎明新村的綠地資源，但保留這些綠地的最主要目的是什麼？是為了要營造出能凸顯市府政績的都市意象，或是要提升房地產的價值，抑或是要改善環境品質，讓市民都能享受得到？加強綠地的維護管理、設計尺度的親切性及生態性，以及使用的方便性，可能比口號式的保留綠地更加重要。

3. 如何加強更新計畫過程中的溝通協調與協力關係

　　在黎明新村更新計畫的操作過程中出現許多衝突與對立，這是民主國家都市規劃過程中的常態。中央政府想推動黎明新村與中興新村的建設，以創造經

濟上的效益，從都市更新實務角度來看，經濟效益及財務自償率確實是更新計畫成敗的關鍵考量之一，但他們忽略了地方政府及地方民意在追尋經濟效益最大化過程中的角色，以及應該在什麼時機與他們溝通。台中市政府配合地方社會的政治氛圍，表達了在地的聲音，並提出舊城區更新必須要能加惠地方的正確觀念，但他們忽略了在更新計畫研擬之初期，就應主動提出此觀點的時效性，其實他們可以主動提案，在營建署計畫進行之前就向其建議，地方真正需要什麼。黎明新村更新案之多方碰撞過程所累積的經驗，讓我們學習到「掌握時機 (timing)」、「主動協調溝通」、「建立協力關係」的重要性。

(五) 更新方案比較分析：傳統手法 vs. 生態減碳化手法

除了訪談及問卷調查之外，本研究也嘗試藉由更新方案的比較分析來探討導入生態城市理念對更新計畫方案發展的影響。在此需特別說明的是，內政部營建署城鄉分署在進行黎明新村都市更新計畫研擬時，採取了一個創新的作法，其一方面透過公開招標與評選，選定一個專業規劃與開發團隊，來進行法定都市更新計畫的研擬，另一方面也透過公開招標與評選，選定一個學術性背景的規劃團隊(由成大規劃團隊獲選，作者為此計畫的共同主持人)來以生態減碳化的觀點，發展另一套強調生態低碳化的規劃設計方案與設計準則。兩者因此有了相互比較與學習的機會，以供最後決策之參考。

圖 5-16 所示為執行法定更新計畫的專業規劃與開發團隊，經綜合各方意見及更新政策要求之後，所提出方案(更新方案 A)的配置圖，圖 5-17 為此方案的建築與開放空間模擬的透視圖。另一個方案(更新方案 B)則是由營建署城鄉分署委託的學術性研究團隊(成大規劃團隊)所提出，強調生態化與減碳化的規劃理念，圖 5-18 為此方案的配置圖。方案 A (專業規劃與開發團隊所提出者)強調整體開發的招商可行性、經濟收益最大化及容積的充分利用，而方案 B (學術團隊所提出者)則強調生態減碳化概念的導入、綠生活的營造，以及公共開放空間的共享。為了便於方案構想的比較，本案例探討也分析了日本六本木更新計畫中強調綠資源共享的綠地計畫(見圖 5-19)，其綠地規劃構想與方案 B (成大團隊所提出者)的綠地計畫構想有些類似，皆強調綠地開放空間資源的共享。以下就生態城市設計的觀點切入，進行兩方案的比較，結果摘述於表 5-3，並就基本面向加以說明。

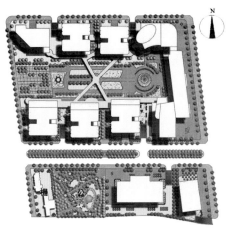

圖 5-16 商 2 更新方案 A 配置圖
(資料來源：營建署城鄉分署)

圖 5-17 商 2 更新方案 A 透視圖
(資料來源：營建署城鄉分署)

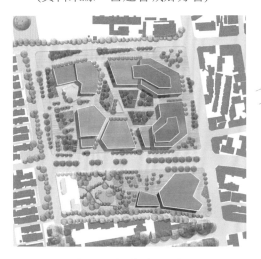

圖 5-18 商 2 更新方案 B 配置圖
(資料來源：成大規劃團隊)

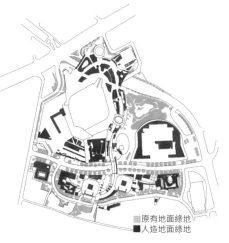

■原有地面綠地
■人造地面綠地

圖 5-19 日本六本木更新案綠地計畫
(資料來源：2004 年 5 月 景觀設計)

表 5-3 更新方案比較分析表

考慮面向	更新方案評估項目	更新方案 A (專業規劃團隊依照實際政策要求及市場需求所研擬的方案)	更新方案 B (學術性團隊以生態城市理念及多元規劃目標所研擬的方案)
經濟與財務面向效益	淨現值 (NPV)	約 1.5~1.8 億元（>0）	約 0.9~1.4 億元(>0) (視親自然生態環境的價值如何回饋到不動產價值)
	內部投資報酬率 (IRR)	17.1% (以財務面向來看，具有相當不錯的投資報酬率)	10.2% (可以接受的報酬率)

(續前表)

	回收期 (Payback Year)	六年後現金流量為正值	八年後現金流量為正值
生態與環境面向效益	整體景觀營造及生態設計	形式化的都市景觀營造，以大型廣場及人造水景為主，空間大器、氣勢佳，但誘鳥誘蝶及提升生物多樣性的功能較差。	配合生態公園及三度空間綠化，提供誘鳥誘蝶設施及多孔隙生物棲息地環境，吸引生物的功能佳，強調親自然、有機風格。
	雨水處理	配合綠建築獎勵規定，建築設置雨水收集設備，社區雨污水則以都市下水道系統處理。	配合景觀造景及建築退縮留設植栽帶，採用礫間淨化及生態草溝、以就地處理方式來進行雨水的收集與淨化，淨化後做澆灌等中水系統使用。
	植栽計畫固碳效果	若以每株大喬木每年可吸收 12 公斤二氧化碳計算，整個開發計畫約可吸收二氧化碳 1.4~1.5 公噸 (植栽計畫以正式的綠地草坪，搭配固定間距的大喬木為主)。	以每株大喬木每年可吸收 12 公斤二氧化碳計算，整個開發計畫約可吸收二氧化碳 6.0~7.0 公噸 (植栽計畫包括採用複層式綠化的生態公園及綠帶，以及建築物的立體綠化，如綠屋頂、平台與陽台綠化等)。
社會面向效率	開放空間留設與使用	開放空間以服務新開發單元為主，大型廣場及綠地較封閉，使用起來的開放性與親切感較差。	以鄰近住宅區側的基地綠化及生態公園做為回饋社區的方式之一。生態開放空間留在外側，提供共享的都市開放空間。
	活動引入對原有社區的影響	引入的商業活動層級較高，可提供地方高層級的商業消費，高級住宅的開發將可提升地區房價，引入中高收入人口族群的進住。	強調多元社經背景融合的人口組成。更新計畫以綠生活為主題，引入的綠事業，並可與周邊住宅社區的資源回收及鄰近的有機栽培結合，創造經濟收益，並回饋到地方社區。

備註：1.兩計畫方案評估的主要參數說明如下：
　　方案 A 的整體建蔽率為 60%，容積率 500%，此方案有納入都市更新的 30%樓地板面積獎勵。地下層以開挖三層計，開挖率 70%。商辦與住宅大樓更新後價值以每坪 31 萬元計算(參照附近地區的行情)，開發自有資金比例為 30%，自有資金要求報酬率 8%，融資率利率 2.22%，折現率以加權資金成本為計算基礎。
　　方案 B 的整體建蔽率為 55%，容積率 450%(減少了一些開發強度)；地下層以開挖三層計，開挖率 60%(減少地下室開挖面積，以增加基地保水性)。商辦與住宅大樓更新後價值以每坪 26~30 萬元計算；其餘部分的假設與方案 A 相同。
　　2.此計算為依據市場條件及法規要求進行的初估，後續可就假設參數予以調整，進行敏感度分析。

　　方案評估結果顯示兩個方案在財務上皆屬可行，但不同的規劃價值觀及對生態設計理念操作方式的不同，也影響到建築配置、建築量體計畫、開放空間的規劃設計及植栽計畫。方案 A 可獲得較高的財務收益及較短的回收期，但缺乏與周邊社區在環境及鄰里關係上的縫合。方案 B 的財務收益尚可接受(沒有方案 A 那麼高)，但其在生態減碳化及與周邊社區的互動上，卻有更具體的效益。如同最後審議會議時，主管單位主席所言：「這兩種方案都具參考價值，專業規劃與開發團

隊的作法較明確的考慮到經濟上及法規上的限制，並符合目前市場運作的要求，而學術單位團隊的作法則深具創意，讓我們看到引入新的綠生活之可能性」。其實專業規劃與開發團隊的主持建築師也認同學術單位團隊所提出之生態減碳化的作法，在期末成果的簡報發表會之後，其對作者無奈的表示：「我認同你們團隊的創意及生態減碳的計畫內容，例如類似六本木的外部綠地空間配置手法，但在主辦單位要求要透過本案賺 50 億元的前提下，我實在做不出那樣的內容……」。

五、結論與建議

本案例分析從生態城市的觀點切入，以台中市黎明新村為例，探討舊城區再生的關鍵議題及可能的生態低碳化規劃設計手法，經由研究分析提出以下的建議。

(一) 推動在地化的生態城市理念之都市更新策略與相關的技術應用

由於需投入龐大的社會及經濟資源，都市更新不應僅被視為是清除都市窳陋地區(或復甦都市衰敗地區)的政策性工具而已，應將其視為是一個帶動生態城市營造或綠城市建設的契機，藉以循序漸進地，引導城市發展往生態城市的方向邁進。然而，生態城市的考慮面向不少，哪些內容應優先實施？規劃專業者及決策者應因時因地制宜，以環境健全、社會公平、經濟發展三者兼顧的原則，選取社會接受度較高，且能帶來實質環境改善效益的項目，予以優先執行。以黎明新村為例，多元綠化、生態公園、社區雨水收集再利用、減廢及資源回收、生態溝渠、安全街巷等，應是可配合更新計畫立即推動的項目。

(二) 重視舊城區再生的社會融合議題

黎明新村的案例反映出非窳陋地區的都市更新需特別注意的社會融合議題。目前關於建築與空間紋理保存維護上的爭議，需考慮都市發展的時空延續性、居民的需求與感受，以及新引入活動對地區既有生活模式的影響。以生態城市的觀點來看此類型的更新，此地區的社會環境演替就像生態環境演替一樣，一直在持續地發生，大型土地開發與變更所引入的活動及新人口，無可避免的會造成一些衝擊與社會擾動，但應將此種衝擊轉換成一種良性的環境提升力量，避免造成對立或孤島式的開發，並讓新開發所帶來的利益能分享到整個地區及各人口族群。

(三) 藉由多元參與來凝聚共識，建立都市更新的協力夥伴關係

黎明新村都市更新案曲折的過程，反映出臺灣目前推動都市更新在機制設計上的困境。規劃專業人員並沒有錯，作為技術性的幕僚(臺灣規劃師或建築師最常

扮演的角色)，他們積極地依據長官的指示及相關政策來研擬計畫方案，並仔細的評估收入與支出，以及計畫的風險，但他們卻忽略了在分配公平及追尋生態價值上，規劃師及建築師可發揮的功能(或許這種功能在臺灣的規劃環境中根本就不存在)。都市更新需考慮的目標很多，有些甚至相互衝突，所以更新工作對欲營造的願景需有共識，並透過多元參與來建立認同，進而凝聚共識。此過程中難免有挫折與衝突，但值得嘗試。越是複雜的更新計畫，利益關係人及相關決策群體的參與應該越早開始，以便能藉由相互瞭解與溝通，發展出夥伴關係，並一起成長。

(四) 鼓勵多元綠化及創造共享的綠地開放空間

開放空間及綠化是生態城市營造的重要元素，也是都市更新過程中，除了房價以外，民眾最能感受到的實質更新成果。所以生態城市觀點的開放空間營造與綠化應有一些原則與創新的作法，除了以一般常用的人均綠地面積及綠覆率作為指標之外，還應考慮植栽形式與固碳效果的關係(例如喬木及複層式植栽的固碳效果遠大於漂亮的人工化草皮)，以及開放空間與綠地是否能讓民眾共享，以營造出符合市民社會理念的都市空間。

(五) 建立以共同利益為基礎的更新操作模式

本研究分析結果顯示，不同背景的更新參與者各有自己的需求與考量。為避免因價值觀及需求不同所造成的衝突，建議應以一些共同的利益為基礎，發展出大家皆可接受的方案。此共同利益應與切身環境改善有關，並讓多數民眾能夠感受得到，依據更新參與者的調查，找尋共同的利益可從營造健康、安全的環境著手，透過生態減碳化的空間規劃，以及適當的公益性回饋，讓民眾及地方政府能看到中央政府推動之更新計畫的城市發展願景正在逐漸落實之中，而不只是土地標售成功及房價飆漲而已。

(六) 將環境改善的價值導入土地開發的經濟價值之中

經由參與整個計畫過程的經驗，作者建議可在黎明新村及其他需更新再發展的舊城區，倡議營造一種節能減碳、生態環保的「綠生活」模式，以作為一個動員民眾及政府的議題。此處的綠生活意指一種健康、親自然的生活方式及空間營造模式。然而，在市場經濟主導都市規劃及都市更新的時代中，生態與綠生活的價值要能轉換成實際的經濟價值及社會價值，才能予以適當的評估，且廣為民眾所接受。所以當務之急應是，透過行銷推廣及環境教育的宣導，讓民眾能實際感受到綠生活所能帶來的好處，進而產生對生態化舊城區再生方式的認同與支持。

(七) 透過水與綠廊道的生態空間營造來活化地區環境，並帶動民眾參與

　　為促進黎明新村的環境活化再生，必須要找出能鼓勵民眾參與且具有立即環境改善效益的空間營造主題，高度水泥化的黎明溝(圖 5-20)的生態改造即為一個良好的操作主題(目前正在進行)。原本水泥化 V 型溝型式的黎明溝經生態改造之後，可導入更多的親水與近水空間，並提供民眾參與維護管理及活動交流的平台(圖 5-21)，讓生態改造的效益能夠外溢到周邊地區。藉由水與綠廊道之生態空間營造來連結(或縫合)周邊地區的發展，可提升地區的生物多樣性，並藉由鼓勵社區民眾參與水岸生態環境的維護管理，來累積互信、互助的社會資本，俾利於舊社區活化再生工作之推動。

圖 5-20 黎明溝生態改造前狀況　　　　圖 5-21 黎明溝生態改造設計圖
　　(資料來源：作者 2011 年攝)　　　　　　(資料來源：作者 2011 年繪製)

【註釋】

註 1. 本節部分內容是以 2010 年營建署城鄉分署委託成大都市計畫系的研究計畫為參考資料而繼續發展。計畫名稱：臺中市黎明新村生態低碳化都市更新規劃設計工作坊計畫。作者為該計畫的共同主持人，計畫主持人是鄒克萬教授，協同主持人為林峰田教授。此計畫係以工作坊的形式，由作者、謝俊民教授及林峰田教授等三位教授帶領成大學生進行黎明新村低碳生態化更新的規劃設計及並進行相關的工作坊，圖 5-18 為部分操作內容的成果。在此特別感謝鄒克萬教授及林峰田教授的指導，以及營建署城鄉分署同仁與當時成大都市計畫系參與同學在計畫進行過程中的參與及協助。本節部分內容的初稿曾發表於 2013 年都市計畫年會的學術論文研討會。

第六章　生態水岸、生態街道與生態公園

　　生態規劃設計在臺灣應用的另一個趨勢是與社區營造及城鄉風貌營造結合。本節以四個小尺度的案例，探討生態規劃設計在水岸空間改造、生態街道營造、生態公園規劃設計與管理，以及展演設施外部空間生態改造上的應用，這些成功的案例顯示出只要運用正確的規劃設計觀念及持續的在地經營，生態規劃設計理念就可落實於不同類型及尺度的城鄉環境改造，即使是小型的環境改善，也能發揮巨大的觸媒效果。

第一節　馬太鞍濕地復育及生態水岸營造 (註 1)

一、　發展背景與問題

　　馬太鞍濕地位於花蓮縣光復鄉馬錫山下，此處因馬錫山大量的地形雨，使得豐富的地下水於山腳下大量湧出，形成馬太鞍濕地沼澤區。此濕地沼澤區在未開發前是一處生態的寶庫，貫穿全區的芙登溪水清澈甘甜，沼澤區內特有的浮萍、水丁香、節節菜等植物提供了昆蟲與魚蝦豐富的食物來源，也引來了眾多的水鳥等動物，使得整個濕地的生態系統具有豐富的生物多樣性。中央山脈潔淨的水提供了馬太鞍濕地良好的水源，芙登溪蜿蜒貫穿其中，豐富的鳥類資源讓這裡成為東部的賞鳥重鎮，濕地面積廣達 12 公頃，是花蓮縣面積最大的生態濕地。

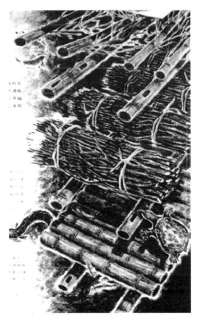

圖 6-1　巴拉告捕魚法示意圖

　　馬太鞍濕地地區也是阿美族人賴以生存的自然資源。長久以來，馬太鞍部落的阿美族人便在此耕種與捕魚，濕地不僅供應了部落的生活所需，也與部落的生活文化息息相關，孕育出強調適當取用自然資源及與自然共生的聚落文化。過去這裡長滿了樹豆，因此阿美族人稱此地為「vataan」(阿美族語樹豆的意思)，這也是「馬太鞍」地名的由來。阿美族人在這片濕地上發展出獨特的「Palakaw」(巴拉告)捕魚法(圖 6-1)：利用中空的大竹子、筆筒樹的樹幹與九芎枝幹等天然材料，製

作出一個有三層的結構物，此結構物放入濕地水塘中，可讓魚蝦在其間棲息繁殖。經過一段時間後，將九芎枝幹提出水面，即可將攀附在樹枝間的小蝦抖入三角魚網中；而藏身在底層大竹筒裡的鱔魚、土虱或鰻魚等底棲性魚類也可輕易捕獲，此獨特的「Palakaw 捕魚文化」，與芙登溪的自然生態環境形成一種相當具地域特色的生態文化體系，提供阿美族人食物及經濟的來源；但是隨著花蓮地區都市化的發展及觀光遊客的增加，原來馬太鞍濕地沼澤區的生態環境也漸漸受到一些影響，而原先自然的芙登溪水岸，也在工程導向的思維下，變成水泥化的河堤(圖 6-2)，在原有生態環境已漸漸遭到破壞的情況下，阿美族人使用同樣的 Palakaw 捕魚法在人工化堤岸的河川中，已捕不到太多的漁獲，而且原先具有鳥類多樣性的生態環境也受到影響，鳥類數目與種類，明顯的漸少。

圖 6-2 水泥河堤隔斷了河川與濕地的聯繫

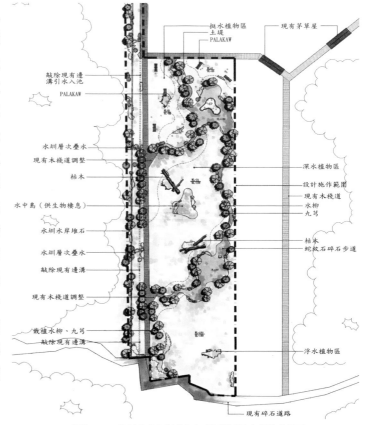

圖 6-3 濕地復育與木棧道規劃構想圖

126

二、 生態規劃設計理念與手法

在營建署城鄉風貌計畫經費的補助下，負責的工程顧問公司提出了濕地復育及生態水岸規劃的構想(圖 6-3)，主要規劃目標為推動濕地的復育與環境教育，希望藉此恢復原住民賴以生存的自然環境，也給大眾一個認識自然的活教室，其規劃設計手法如下：

(一) 生態工法的堤岸改造

由芙登溪引水至現有濕地，並對現有的水泥堤岸予以破堤後，採重力砌石工法施作，增設或保留水中石塊以減緩水流流速，如此除可增進河岸親水性，並可藉此創造出供小生物水中棲息的場所(圖 6-4 至圖 6-6)。

圖 6-4 改善前水泥堤岸狀況

(二) 原生植物栽植

栽種原生樹種，減少濕地之受風程度及提供夏日遮陽之功能。

(三) 創造自然的多樣環境

利用自然環境特色而非人工設施來營造地景的特色，利用河川水位深淺變化、水生植物層次，營造出地形的起伏感及植栽的變化性，藉以提升地景的豐富度。

圖 6-5 破堤施工時狀況

(四) 減少遊憩活動產生的人為生態擾動

發展觀光是地方的需求，雖然生態旅遊可以客流量管控手段來調節遊客數，但一般地方旅遊主管當局多不會限制此類景區的人潮進入，在此情況下，規劃單位透過設計的手法，在環境較敏感的水域，將遊客限制在架高的木棧道上，除了安全性的考量外，也藉此保護濕地生態。

圖 6-6 改善後的生態水岸

(五) 自然生態教室

除了對現有環境的尊重外(植栽、坡面穩定等)，選擇腹地較大之空間，重塑水中底棲生物之棲地環境，並於陸域周邊設置誘鳥、誘蝶、食餌植物，塑造水生動植物生態體系，且設置教育解說系統及步道，達到生態教育之主要功能。

三、 成果與省思

馬太鞍濕地之水泥河堤被破堤之後，以重力砌石的生態工法施作，成功的營造出多孔隙的水岸生態環境，自然石材的礫間淨化作用也使水質維持清淨，吸引豐富的水中生物，而自然化的軟性堤岸邊緣設計也連接到周邊的濕地，形成串連的生態水系，不僅復育了原來生態系統，也在某種程度上復育了已逐漸式微的 Palakaw 生態捕魚文化。今日整個馬太鞍濕地地區已被營造成一個示範性的生態教育園區，以濕地生態體驗為主軸，引入生態文化觀光活動，並讓阿美族人參與整個環境的維護及重新建立對地方文化的驕傲感。

馬太鞍濕地的成功復育及生態水岸營造，主要在於生態規劃設計思維的發揮，以下理念可供景觀規劃設計者共同來省思：

(一) 簡單和諧、減法減量

生態規劃設計的主體是自然。此案例中看不到新穎的科技或是特別的人工化地景型式，只有以尊敬自然的態度和簡單的手法來進行地景營造。景觀規劃設計所做的只是順應著自然環境並加以復原而已，讓自然呈現出原本的面貌，就是最成功的環境營造。

(二) 加強人與自然的良好互動

原住民的 Palakaw 捕魚方式是一種尊重環境的態度和與自然共生的表現，此計畫採用了這樣的精神，藉由自然生態的手法，讓各式各樣的生物在這裡棲息，並讓遊客在不造成明顯的環境擾動的情況下，可以親近、認識多樣的生物。

(三) 保護大自然

藉由堤岸改造與生態濕地的復育，適當的處理了 Palakaw 捕魚文化與當地濕地環境所面臨的問題。進入參觀的遊客動線也用架高的棧道引導、集中，把人對自然的影響降到最低。

第二節　生態街道：板橋公館街 (註 2)

　　新北市板橋的公館街是一個結合雨水花園及生態街道理念的成功案例。自從西雅圖的「SEA 計畫」成功地推動生態街道設計後，生態街道營造已成為一個新興的趨勢。生態街道嘗試結合道路減量，生態設計、複層式植栽、基地保水等理念，強調透過自然生態的街道邊緣設計及多層次的生態景觀營造來增加人行環境的舒適性，並提供人工窪地，來增加地區保水性及滲流的效果。對於高密度開發的都市環境而言，生態街道對於減緩都市熱島效應、增加地區保水性及強化街道的生態功能等方面發揮了示範的作用。

一、發展背景

　　板橋公館街位於板橋高中、板橋國小、板橋第二運動場之間，靠近林家花園，具有作為林家花園門戶路徑的重要性。此生態街道設計範圍為公館街全段，介於民權路與中正路之間的帶狀空間，面積約有 8,647 平方公尺。此段道路空間大部分是公有地、產權單純，但整體環境零亂，過多的圍牆與水泥化設施，加上過窄的人行道及灰暗的夜間照明，使得行人使用常感到不舒適，易形成治安之死角。此外，此地區綠地零碎、綠化不足，人行空間也缺乏整體設計，因而無法連接到主

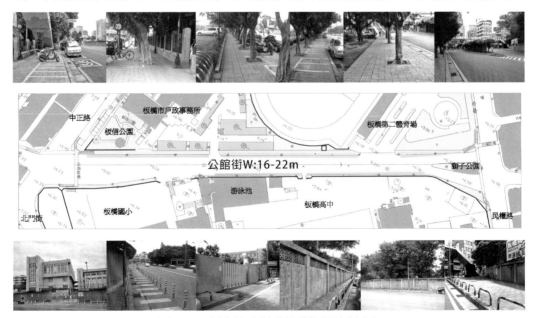

圖 6-7 改善前公館街周遭環境狀況

要的活動節點。

二、環境改善構想

　　加強綠地的串連及營造都市雨水花園是規劃設計的核心構想(圖 6-8 及 6-9)，操作手法如下：

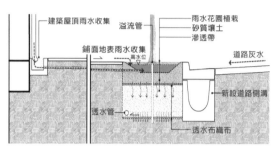

圖 6-8 雨水花園設計構想圖

(一) 將街道空間兩側的公有土地(體育場、學校用地)作為整體考量，讓公館街在空間上扮演連結綠帶的角色，串連南北兩側具生態綠地發展潛力的公有地。

(二) 在滿足既有道路交通量的情形下，增加與綠地結合的人行步道空間，並以加強基地保水與雨水滲透的方式進行設計，再搭配具連續性的綠帶空間，配合自行車與步行系統的分流，創造出具都市綠廊道效果的徒步空間，並藉此形塑地區環境意象。

圖 6-9 改善後雨水花園狀況

(三) 結合綠校園空間營造，與板橋國小停車場和校園入口空間以及板橋高中校地，銜接整合為整體性的都市開放空間，增加人行步道寬度以及植栽遮蔭，並於國小校園入口處留設家長接送區及停等空間，搭配雨水花園、水資源循環再利用等概念，以滿足通學步道使用機能及環境教育之目的。

三、方案執行策略

　　在前述構想下，方案執行內容如下：

(一) 依基地不同屬性特點，區分為林蔭大道右段(入口迎賓廣場)、林蔭大道中段(綠意保水走廊)、林蔭廣場左段(生活機能走廊)，分段營造特色，並運用共同的植栽元素加以整合。

(二) 配合地區整體停車規劃，陸續取消本路段路邊停車格，實施道路空間減量，藉由道路旁腹地，創造串連的保水綠帶及行人徒步空間。

(三) 透過公館街北側人行道空間、植栽帶以及南側學校圍牆界面打開的整體設計，並結合鋪面、街道傢俱及複層式植栽，營造多功能的生態街道空間。

(四) 以具舒適人行功能及環保綠地機能的連續性帶狀都市空間，創造可保水、減碳及調節地區微氣候的都市林蔭道。

四、計畫效益

成功的生態規劃設計不一定要尺度宏偉、大興土木工程(其實最好不要這樣)，公館街生態街道營造，就是一個小兵立大功的例子，規劃設計專業者成功地發揮了類似針灸法的都市環境改造策略，找到重要的觸媒點及重要的生態營造主題(生態街道與雨水花園)，集中火力，一舉將其營造成功(圖6-10、圖6-11及圖6-12)。整體而言，此計畫有以下效益：

(一) 拆除現有水泥化街道環境的圍牆界面，營造整體通透綠廊。

(二) 注入不同的色彩質感，活潑空間氛圍，創造富趣味性之活動廊道。

(三) 利用植栽軟化水泥化牆面，創造街道空間的生態性。

(四) 妝點公館街作為林家花園門面，營造地區路徑意象。

(五) 串接生活性巷道系統，改善人車衝突。

(六) 逐步改善與綠地環境間缺乏連結之問題，建構特色生態綠網系統。

(七) 藉由以在地為主體的營造過程及民眾參與，激發居民對於環境之向心力與榮譽感。

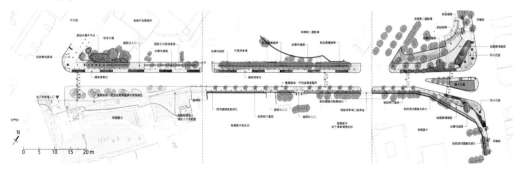

圖 6-10　生態街道空間設計圖

圖 6-11　街角綠化與公共空間營造　　　　圖 6-12　綠化與人行空間改善

就量化的指標而言，此計畫提升綠覆率 20 ％；增加公園綠地 600 m^2；增加透水鋪面面積 1,000 m^2。

五、結果與省思

此街道設計案尺度不大、也沒有宏偉的景觀，卻在高度擁擠及人行環境不佳的都市環境中，展現出生態街道的理念精神。就如同柏克萊大學 Allen Jacobs 教授所言，一個好的街道不在於其尺度的宏偉，而在於其有無舒適及宜人性的特質，在許多都市都嘗試營造尺度宏偉的儀典性林蔭大道之際，一個小而美，且以行人為本的生態街道，實在是難能可貴的清新小品。同樣重要的是，此案落實了親自然水循環設計的概念，雨水花園及複層式植栽，讓雨水儘量停留在基地上，並增加滲流量。

生態街道是國外近年來大力推動的理念，強調透過親自然的街道邊緣設計及生態景觀營造來增加人行環境的舒適性，但在國內普遍強調拓寬道路及道路工程導向的街道設計思維下，此理念的推廣有其必要。臺灣許多地區仍以規劃寬闊的車道及停車空間為主要的考量，但不斷地增加道路與停車空間，並不能解決交通擁擠問題的根源，配合適當的交通管理措施及大眾運輸規劃，推動道路空間減量並設置人性化的人行步道系統似乎更為重要。生態街道的觀念不僅僅是對於自然環境的尊重，也讓公共街道空間更符合「人性」而非「車性」。

第三節　生態公園：巴克禮紀念公園

一、發展背景

巴克禮紀念公園(圖 6-13)位於台南市東區南隅之崇明里內，原名 18 號公園，為了紀念英國巴克禮牧師對臺灣的大愛奉獻精神，市府於 2003 年將其改名。公園占地約一萬坪，緊臨台糖農地及文化中心，公園內荷花池現址為台南市竹溪之水源源頭，有夢湖之美名。

公園一度曾因土地屬權爭議與原台南市政府對抗而被閒置十年，此期間更因不肖建商隨意傾倒建築廢棄物，而成為都市髒亂的死角。歷經無人善後與經費不足的窘境，2001 年由里長李仁慈率領兩位登山夥伴開始埋頭清理垃圾，隨後原先在旁觀望的里民及市府也陸續加入，展開了一連串清運廢棄物與公園整建計畫，後續並依循生態公園概念，進行包括復育生態渠道、穩定邊坡、興建親水步道及水域植生馴化等工程，終使得巴克禮紀念公園脫胎換骨，成為市民最喜愛的休憩

圖 6-13 巴克禮紀念公園水岸
因應不同季節種植應景的草花植栽加強公園景觀特色 (資料來源：http://www.cmjh.tn.edu.tw/barclay/image)

場所之一，而環境改善後，公園周遭的街廓也成為台南市房價增值最高的地區。

二、生態規劃手法

巴克禮紀念公園為親自然設計及減法減量原則運用的實例，公園營造重點放在真正自然環境的恢復，而非一味的加上一般公園常見的人工化設施。主要規劃設計理念與手法如下(圖 6-14)：

1. 豐富自然的植栽

　　巴克禮紀念公園以自然風格為取向，公園內種植大量喬、冠木，提供有別於一般人工化公園的自然感，也提供休憩活動適當遮蔭效果。

2. 營造生態教育的場所

　　自然生態取向的公園設計，滿足作為物種棲息地的必要條件，吸引多樣物種

聚集，成為自然生態教育的場所。此外，推動老樹保存，並與鄰近小學合作，設計親切有趣的植栽解說系統，讓公園成為生活化的環境教育場所。

3. 利用緩坡處理高低差

巴克禮紀念公園內以緩坡處理原有地形之高差，使空間富趣味性及整體感。尊重原地形特徵的公園設計，亦有節省整地費用之功效。

4. 維護自然水文循環

引入既有水道建構生態池，涵養及淨化竹溪源頭的夢湖水源。

5. 減法減量、親自然設計

移除不必要的人工設施物，以綠化、簡單、自然為公園設計的基本概念。

6. 生物多樣性設計

透過多樣性植栽設計、維持小溪的蜿蜒性、水域高差緩降坡設計等手法，營造出親自然及多元的生態環境，並控制照明燈光，以免影響植物生長。

7. 資源再利用

以循環再利用概念，推動資源回收與枯枝落葉堆肥。

公園內活動廣場被豐富的綠資源圍繞　　利用緩坡增加視覺趣味性並提供休憩場所

維持河道蜿蜒性，營造多樣化的棲地環境　　親自然設計的景觀橋及水岸植生

圖 6-14 巴克禮紀念公園生態營造手法及環境改造後的狀況

三、生態公園營造與都市發展

巴克禮紀念公園成功的推動環境改善及生態復育之後，由一處鄰里公園變為台南市(甚至整個大台南區域)知名的景點，每逢週末或假日就湧入眾多的遊客，相對的也帶來生態環境上的衝擊，幸好有李仁慈里長(圖 6-15)及志工與認養基金會的熱心維護，巴克禮公園才能維持其親自然的環境特色與環境整潔。隨著公園環境改善效益外溢到周邊地區，再加上公園對面文化中心外部空間的生態環境改造，以及德安百貨(誠品進駐於此)和台糖長榮桂冠酒店的陸續開始營運，公園周邊具慢活、健康特質的特色商店也越來越多，而目前此地區已成為台南市結合商圈、文化展演及生態公園的複合式生活圈。不到十年的時間，一個原本屬於台南市外環地區的荒涼地段，透過李里長的帶頭及社區民眾和志工的熱心投入與積極參與，如今已轉型成一個最具活力的相容性多元土地混合使用的鄰里生活圈(圖 6-16)。

圖 6-15 李仁慈里長向作者帶領的學生解說公園植栽及生態特色

圖 6-16 巴克禮自然公園的環境改造不僅於都市中提供了一處舒適的休憩場所，也帶動地方社區的民眾參與

有鑑於此地區的開發已漸具規模，台南市政府都市計畫委員會通過巴克禮紀念公園旁台糖農業試驗場大面積農業區的都市計畫變更，調整該土地使用為住宅區與商業區，企圖打造此地區成為台南市的新都心之一，也保留部分土地作為巴克禮公園的二期發展區(圖 6-17 及圖 6-18)。作者當時為台南市都市計畫委員會委員，曾參與此都市變更案的審查，原本在此變更過程中，不少規劃專業者希望保留更多的公園綠地，並將此地區營造成台南市的生態綠核，但在開發財務及經濟效益的綜合考量下，最後僅保留部分的綠地作為巴克禮紀念公園的第二期發展用地。然而對於現有公園後續的經營及公園二期發展的內容，後來也出現不少意見上的分歧。考量到公園遊客及使用者的日增，有民意代表主張增設人工化運動設

施，甚至有主張興建體育館的聲音，但里長及負責公園維護的人員仍堅持應以親自然設計的自然公園營造為主。在公園二期的規劃中，台南市政府決策者主張配合日本的櫻花捐贈，將此地區打造成為一處櫻花公園，但對於非原生種的寒帶植物櫻花是否能在此地成功的馴化，也引起景觀規劃專業者的質疑。以上所有的這些情形都是在都市建成區中，營造自然公園時常面臨到的問題，也許需等民眾與決策者對於生態規劃設計的意涵有較深刻的體認之後，才能凝聚共識。

圖 6-17 巴克禮紀念公園二期發展區位置示意圖　　圖 6-18 巴克禮紀念公園
二期規劃內容構想圖
(資料來源：綠波規劃公司)

四、結果與省思

　　巴克禮紀念公園是一個地方居民共同協力參與公共空間環境改造的真實成功案例，經由里民自助而後人助的重建歷程，在地民眾無私的出錢出力，終而得到建商的回饋與社會大眾的認同。唯有此般毅力與決心來澆灌這個曾被遺忘的都市灰暗角落，美麗絢爛的花朵才得以奔放，這個感人的故事仍被持續地傳頌著。在周邊台糖農業試驗所土地變更及公園遊憩人潮激增的衝擊下，如何繼續以「減法減量」的理念，來維持自然公園的特色及生態環境，正考驗著決策者及居民的智慧。巴克禮紀念公園的改造過程，展現出一些晚近重要規劃理念的精神，包括社區參與、公私協力(公園維護由非營利組織認養，並有志工協助)、親自然設計及閒置空間再利用等。公園整體規劃著重於自然環境復育及營造舒適的開放空間，因而呈現不錯的生態景觀效果，此成果使其獲得國際建築公共工程類亞軍，整個公園營造的經驗，值得吾人省思與借鏡。

第四節　台南文化中心外部空間生態設計理念的環境改造

一、發展背景

　　台南市文化中心建於 1984 年，是台南市第一個公立的藝文展演設施。中心的外部設置有人工平台及水池，為地區提供了一個戶外活動的空間。然而由於原外部空間人工平台及水池的規劃設計過於形式化且水泥化設施過多，造成使用率不高，親自然性亦不佳。配合文化中心外牆的維修，文化中心管理單位於 2009 年開始進行整體空間環境改善，包括內部空間的重新規劃及外部空間改造。在外部空間改造工程中，嘗試導入了一些生態規劃設計的理念，然而，經由此示範性的操作，生態設計理念是否真的發揮了預期的功效？對環境及使用者的影響為何？亟需要一個系統性的評估與分析(註 3)。

二、生態設計的課題

　　台南市文化中心外部空間的生態改造實際操作時面臨到以下問題：

1. 文化中心外部空間生態規劃設計手法的應用，是否帶來環境的改善(如水質、生物活動)？

2. 生態規劃設計是否吸引更多遊客的造訪？

3. 遊客的活動量是否帶來生態環境的衝擊？

　　由於文化中心的外部空間也是一個都市活動的廣場，所以需在維護生物多樣性及人群使用之間，達到一個平衡，此乃本計畫的主要挑戰之一，一方面需要改善外部平台空間及水池的生態環境，另一方面也要滿足使用者多元的需求，如活動交誼、生態教育等。由於文化中心常舉辦戶外的活動，此部分的空間使用需求與生態環境維護間應如何兼顧，成為一個需考量的重點。

三、文化中心外部環境改善

　　以生態規劃設計的角度切入，文化中心外部空間的改造需滿足幾個目標，包括：小尺度生態環境的重建與復育、都市活動場所的提供、水池界面軟性邊緣的重塑、符合地域特性之植栽綠化設計。由於外部空間水池上的人工平台，也兼具都市活動廣場的功能，所以需在維護生物多樣性及人群使用需求之間達到一個平衡。以下為改造前後環境狀況的比較分析：原先的水泥化平台及水池邊緣，由於

形式僵硬且多硬性的邊緣，造成使用性不佳，也影響到親水活動的進行及周圍環境的生態效益，使得外部空間的景觀水池僅為一個觀賞性的水池，而沒有任何具體的生態效益及生物活動，並形成一些水循環上的死角，再加上水體優養化的結果，導致水質不佳，也影響到整體外部空間的民眾使用意願。改造前後環境狀況的比較，如圖 6-19 和 6-20 所示；圖 6-21 及圖 6-22 則為以較近的距離，來呈現生態改造前後戶外人工平台及水岸空間的實際環境狀況。整體而言，原先因為使用環境不舒適而使用者甚少的城市外部空間，生態改造之後則成為一個具生態功能的公共活動廣場及親水空間，如今更成為一個市民非常喜歡聚集的戶外交誼場所。

圖 6-19 文化中心外部環境(生態改造前)　圖 6-20 文化中心外部環境(生態改造後)

圖 6-21 文化中心戶外平台環境狀況　　圖 6-22 文化中心戶外平台環境狀況
　(生態改造前：硬性幾何邊緣)　　　(生態改造後：軟性邊緣與生態化界面)

四、空間營造手法及生態環境重塑

(一) 生態改造手法

　　文化中心外部空間環境改善採用多元的生態設計手法，包括：多孔性水岸環境的營造；廣場親水空間界面軟性邊緣的營造；適當地廣場節點的尺度放大，以

利人群流動；近水親水空間的設計，提供使用者接觸自然的機會；淺水空間生物棲息場所的營造，以提升生物多樣性。生態水岸的剖面設計如圖 6-23 所示，改造後的環境意象及使用狀況如圖 6-24 至圖 6-26 所示。

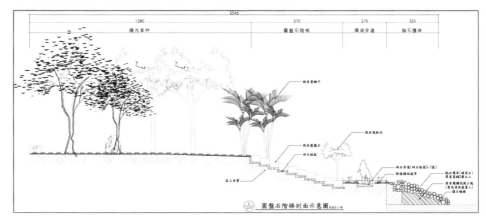

圖 6-23　台南市文化中心水岸空間改造

圖 6-24　台南市文化中心戶外平台整建後的軟性邊緣介面

圖 6-25　文化中心外部空間整建後景觀　圖 6-26　文化中心外部整建後水岸環境

(二) 改造前後水質狀況分析

　　為了探討文化中心生態改造的效益，本研究也調查分析了文化中心改造前後外部水池的水質變化狀況，經過二年多的觀察，發現文化中心在經過生態改造之後，初期水池的水質有明顯的改善，之後由於民眾隨意餵養的飼料及中大型活動的陸續舉辦，水質惡化的現象又逐漸呈現。調查階段的水質評估指標分析結果，如表 6-1 和圖 6-27 所示。從表中的水質檢測項目值的比較可看出，文化中心水池在整治之後 (2010 年)，優養化的程度有所改善。經過三年之後，雖然優養化的程度沒有明顯的惡化，但是依然有優養化的情況。不過較為明顯的變化是水質污染的程度增加了，水中有機物(COD)濃度有增加的趨勢。

表 6-1 台南市立文化中心水質檢測分析表

時間 檢測項目	2004 12/26	2010 12/10	2011 03/02	2013 08/13	2014 04/7
DO (mg/L)	11.50	8.03	6.19	6.60	5.20
SS (mg/L)	44.00	5.17	2.42	6.00	12.82
COD (mg/L)	62.50	27.05	34.02	46.31	48.50
濁度(NTU)	39.57	23.83	11.07	9.60	15.31
葉綠素（μg/ L）	46.30	55.02	7.94	11.90	13.42

(資料來源：2004、2010、2011 年的水質調查資料係由文化中心及葉世宗建築師事務所提供，2013 及 2014 年的水質調查是由本研究團隊進行，2013 及 2014 年的調查，皆於水體中選取多個量測點，進行為期一週的水質調查，然後選取最具代表性的量測日。)

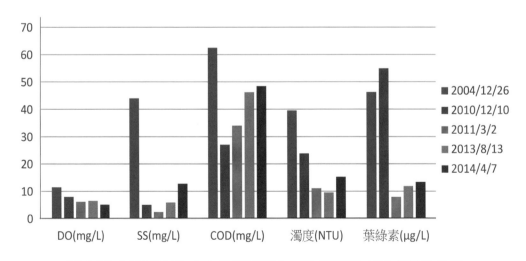

圖 6-27 台南市文化中心外部空間生態改善前後水體水質分析圖

五、結果與省思

台南市文化中心外部空間的生態改造可以從以下幾個角度來檢視其效益及暸解後續維護管理的重要性。

(一) 都市廣場的人群活動及使用行為

生態改造後出現了立即的效益，親水的水岸空間成為都市居民非常樂於使用的戶外空間；重力砌石護岸及疊石造景的多孔隙環境，也讓在此活動的生物多了起來。假日時父母帶小朋友來此享受自然的環境，搭配著戶外音樂演奏，讓此處成為台南最受歡迎的景點之一(圖 6-28 至圖 6-30)；然而，民眾隨意的放養及餵食行為也影響到水質及生態系統的平衡，而戶外活動的舞台搭設(圖 6-31)及中大型活動後的垃圾，也破壞了好不容易才復育的生態環境。此經驗顯示，一個良好的生態環境之建立誠屬不易，除了要有良好的規劃設計理念及施工之外，後續的維護管理也是同樣重要。

圖 6-28 外部空間假日人群活動

圖 6-29 外部水岸空間的親子活動

圖 6-30 親水空間及疊石造景環境營造

圖 6-31 舉辦活動的舞台搭設破壞生態

(二) 生物觀察及生物多樣性環境營造

　　提供軟性界面邊緣、多孔隙水岸環境、生物棲息地復育及水質改善等措施之後，文化中心外部空間的生物數量及種類，也漸漸多了起來。圖 6-32 至圖 6-35，是本案例調查期間(2012~2017)所觀察到的當地活動生物之一部份。此處已建立一個小型的生態體系，生物種類日漸繁多，包括魚類、鳥類、兩棲類等生物，也可常常看到松鼠在樹上及草地上活動，並不懼怕人；但是民眾隨性的放養及餵養行為，也常造成一些生態平衡上面的干擾。

圖 6-32 生態池內的猩紅蜻蜓、水黽

圖 6-33 生態池內的夜鷺、鴨子

圖 6-34 相互追逐、不怕人的赤腹松鼠

圖 6-35 池內的水鴨、紅魔鬼魚、烏龜

【註釋】

註 1. 本案例為禾拓工程顧問公司規劃設計，作者為該公司的景觀顧問。作者感謝禾拓公司提供本案例寫作的相關資料。

註 2. 本案例為禾拓工程顧問公司規劃設計，作者感謝禾拓公司提供相關資料。

註 3. 本節係以作者與葉世宗建築師事務所合作的計畫為基礎而發展，空間及景觀改造是由葉世宗建築師負責設計，水質分析部分感謝荊樹人教授的協助。

第七章　永續生態社區營造

　　本章選取五個具代表性的中國生態社區，分佈在中國不同的區域，也各有不同的發展主題，希望能夠反映出中國近年來建設生態社區的部分成果及相關議題。關於臺灣的生態社區請參見作者的另一本專書(永續生態社區規劃設計的理論與實踐，吳綱立，2009)。

第一節　烏鎮水鄉生態社區

一、 環境與發展背景

　　烏鎮位於浙江省桐鄉市，是中國著名的以傳統江南水鄉聚落而發展成的古建築旅遊風景區，具有地方文化體驗、休閒購物及民宿等功能。在景區的規劃設計與經營管理中，運用了社區與景區同步開發的空間營造手法，使老鎮的生活模式及空間氛圍得以保留下來，並將景區與社區融為一體，運用生態化、高效率的管理手法進行統一式的經營管理。烏鎮在改造之前原為江南一處老舊的集居生活區，區內建築私搭亂建的現象叢生不斷，生活污水也隨意排放，對古建築群造成嚴重的損害。主管單位於 1998 年委託上海同濟大學城市規劃設計院編制《烏鎮古鎮保護規劃》，對烏鎮採用了新型的旅遊區開發模式。有別於一般風景區將原住民全部遷出的一次性開發模式，烏鎮旅遊風景區分兩期開發，分別為東柵(圖 7-1)和西柵(圖 7-2)兩期，且根據每個景區所展現的不同主題，其社區的再發展模式也不

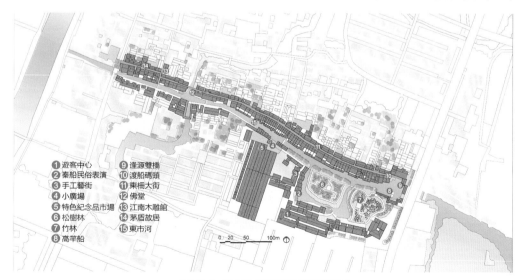

①遊客中心　　⑨達源雙橋
②秦船民俗表演　⑩渡船碼頭
③手工藝街　　⑪東柵大街
④小廣場　　　⑫佛堂
⑤特色紀念品市場 ⑬江南木雕館
⑥松樹林　　　⑭茅盾故居
⑦竹林　　　　⑮東市河
⑧高竿船

0　20　50　　100m

圖 7-1 烏鎮東柵景區配置圖
(資料來源：本研究繪製)

143

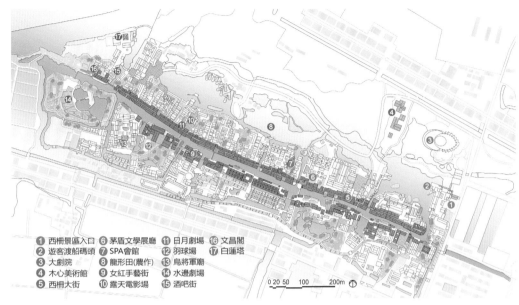

① 西柵景區入口	⑥ 茅盾文學展廳	⑪ 日月劇場	⑯ 文昌閣
② 遊客渡船碼頭	⑦ SPA會館	⑫ 羽球場	⑰ 白蓮塔
③ 大劇院	⑧ 龍形田(農作)	⑬ 烏將軍廟	
④ 木心美術館	⑨ 女紅手藝街	⑭ 水邊劇場	
⑤ 西柵大街	⑩ 露天電影場	⑮ 酒吧街	

圖 7-2 烏鎮西柵景區配置圖
(資料來源：本研究繪製)

盡相同。整建完工後，東柵居民大多數回遷，並依舊保留了傳統江南水鄉的生活模式，而西柵則僅有部分居民回遷，協助景區營運單位管理民宿和餐飲，為遊客提供具在地特色的烏鎮民俗生活景觀之體驗服務。東西兩柵皆有一條主要的水道(稱為市河)貫穿，與京杭大運河相連，沿市河配置建築群落。早期居民皆是依水岸建屋、傍水而居，出行也是以渡船為主，水道是主要的生活通道，舉凡交通、生活物資輸送、洗衣皆利用住家前的水道，臥室房間推開窗即為一片水道，故俗稱「枕水人家」。東西兩柵平行於市河各有一條較為繁華的街道，商鋪沿街分佈，是社區居民主要的交流活動場所，街區內設有多處與住家相連的小渡口碼頭，以方便出行。

二、 規劃設計與經營管理手法

（一）分期開發

烏鎮採用了不同於以往中國古鎮開發及景區改造的舊模式，其開發時程分為兩期，由於社區中原來的居民係作為景區開發與管理的一部分，所以未將其全部遷出景區，而是根據景

圖 7-3 以文化觀光為導向的東柵景區

區的不同定位進行規劃與安排。東柵作為烏鎮的一期開發景區，於1998年開始規劃，經過3年的改建翻新，於2001年正式對外開放。其原先的居民多數回遷，讓其經營民宿。東柵擁有不少古建築與名人故居，因此以其原汁原味之水鄉風貌景觀河的古鎮文化底蘊作為開發的主軸(圖7-3及圖7-4)，向遊客展示烏鎮「枕水人家」的江南水鄉文化景觀特色，並透過居民參與和景區發展緊密的結合，來呈現烏鎮在地的生活景觀色。西柵景區於2003年開始進行開發修建，其開發內容較為豐富多元，融合了風景旅遊、特色餐飲、度假休閒住宿(圖7-5)等功能。有別於中國其他古鎮的商業化開發模式，西柵引回原始居民作為景觀經營管理者的一部分，並嚴格控制景區中的商業元素及商業行為。為了避免風景區中過度的商業化和城市化發展，在西柵景區的開發中一直嘗試維持商業與景觀、旅遊與生活之間的平衡關係。相較於東柵的古樸、原始的再發展風格，西柵的功能顯得更加多元與複合，以期能夠滿足不同客群的消費目標，同時也能夠為當地居民帶來更大的經濟收益。

圖7-4 東柵景區的枕水人家意象　　　　圖7-5 旅遊觀光導向的西柵景區

（二）景區與社區一體化的管理模式

　　烏鎮在經營與管理上採用社區與景區一體化的管理模式，社區居民作為景區的一部分，也參與到園區旅遊資源的經營與管理。針對兩個景區之定位與功能的不同，社區與景區的融合模式似乎也存在一些差異。東柵景區作為較早開發的旅遊區，其主要目的是為了還原烏鎮原汁原味的江南水鄉景觀，所以居民在景區改建翻新後多數皆遷回，依舊過著「傍水而居」的生活，東柵也保留了大量的名人故居、舊產業工坊等古建築，並讓這些景點與民宿相連。為了能夠增加當地居民的收入、提高其生活水準，政府鼓勵居民在特定的市場銷售烏鎮的特色產品，如藍印花布飾品、傳統工藝品、地方小吃等，同時也適當地引入了民間的手工藝工

坊(圖7-6)。整體而言，東柵的管理較為生活化，當地居民的生活場景也成為風景區的重要文化景觀資源。

西柵作為後開發的景區，融入了更加豐富的景觀遊憩資源，包括酒吧街(圖7-7)、特色餐飲空間、文創商店及不同等級的旅館，以便讓不同背景的遊客都能夠體會到烏鎮多樣的水岸景觀及活動特色，並能獲得遊憩體驗上的滿足。西柵的管理更趨於制度化，由於政府保留了建築的所有權，所以在景區的改建工作完成後，只有部分居民自願回遷。這些原始居民既是社區的居民，同時也是景區產業活動的經營者，如民宿老闆、手工藝品店老闆等。由居民經營的景區能夠為遊客帶來更多的親切感，也可以使遊客有機會走進烏鎮居民的生活裡，較深刻地體驗枕水人家的江南水鄉生活景觀特色。為了能夠將烏鎮的文化特色最佳的展示給遊客，西柵在經營文化特色商品時，嚴格的為店舖的業種業態及文化產品做出規劃，以避免商品重複出現。

圖7-6 東柵景區特色商品工坊　　　　圖7-7 西柵景區酒吧街外部空間

（三）歷史水道的復育

烏鎮是具有典型中國水鄉特色的古鎮，建築枕水而居，水系四通八達，原始居民每天的生活都是圍繞「水」而開展，水系是居民生活的一部分，飲食、起居、出行，都是依靠烏鎮聚落內的「市河」。由於居民的過度使用和生活性垃圾的排入，市河曾被嚴重地污染，東柵的東市河根據1999年編制的《烏鎮古鎮首期整治保護總體規劃》進行了嚴格的整治，保留原生植栽，並恢復河岸生態(圖7-8)，渡船不再是社區居民出行的交通方式，目前係作為遊客參觀的一種方式，大大地減少了渡船頻繁使用所造成的環境衝擊。另外，為了從根本上改善水環境的品質，社區再發展後有了統一的排污管道，水系不再是生活污水傾倒的場所，經過多年的整治，如今的水品質已經得到了很好的改善。另外，「橋」作為聯通市河兩岸的主要

交通元素，其實也成為烏鎮文化景觀風貌中重要的景觀設計元素(圖 7-9)。西柵景區中，共有橋 72 座，每一座橋的形式、結構均有不同。水系網與橋形成了連續的交通網絡及視覺景觀體驗路徑，不論是步行或是遊船，都可以欣賞到建築鄰水而建的特色水鄉景觀。

圖 7-8　東柵修建後的水岸景觀　　圖 7-9　河與橋為西柵主要的景觀元素

（四）老樹保存及多元綠化

　　為了能夠營造古樸、懷舊的老鎮韻味，烏鎮景區中保留了大量烏鎮原生植栽品種，也妥善的維護了這些原生植栽的生長環境，藉以營造更真實的烏鎮環境。古鎮中散佈著不少古樹名木，在規劃設計時，這些原生樹木得以保存並予以維護，並配合周邊建築的古舊形式，形成了獨特的韻味，而整體植栽設計也考慮到季節性的色彩變化，以營造出不同季節時具色彩變化的視覺景觀效果(圖 7-10)。另外，多元綠化及健康的主題，也是烏鎮環境營造的重點，除了呈現在整體景觀環境營造上，也體現在綠化及市民農園的永續栽培體驗上，烏鎮根據當地地形，創造了龍形的有機田，種植荷花、醉蝶花、柳葉花邊草等具良好景觀效果的植栽，讓民眾走入花田之中，親自體驗(圖 7-11)。

圖 7-10　東柵老樹保存及植栽綠化　　圖 7-11 西柵龍形田的景觀與遊客體驗

（五）歷史建築的修舊如舊

烏鎮在規劃建設中為了還原歷史建築的原貌，拆除了大量後來加建的違規建築，並對歷史建築加以修繕，還原其細部構造及形式。烏鎮大街作為社區生活中重要的活動場所，在景區改建過程中特別獲得保存維護，並讓兩邊的商鋪重新開張，也保留了原始的木頭門面等細節。整個古街是以「修舊如舊」的方式還原烏鎮原始的風貌，建築和街道皆以維護整修為主，保留其原始的結構和特色。東大街全長 1.5 公里，街面寬度不足 3 公尺，街道兩邊的建築均是磚木結構，有烏鎮別具特色的觀音兜和馬頭牆。西柵大街全長 1,800 多公尺，寬度 3~5 公尺不等，是西柵景區的主要幹道(圖 7-12)，「修舊如舊」的木構造建築、屋簷線角變化，搭配著古樸的磚牆為景觀特色(圖 7-13)，在街角、橋邊等轉角處並有老樹作為口袋外部空間的景觀元素，凸顯出烏鎮古樸的文化氛圍。

圖 7-12　清晨的西柵大街景觀　　　圖 7-13　西柵街道古樸的牆面及木構建築

（六）結合地方產業及文化特色的景觀營造與體驗行銷

為了展示烏鎮的人文景觀及地方產業特色，景區也聘請當地居民展示烏鎮特有的武術和雜技(圖 7-14)及魚鷹(鸕鶿)抓魚技術(圖 7-15)，讓民眾能欣賞到這些傳

圖 7-14　東柵拳船上的武術表演　　　圖 7-15　西柵魚鷹捕魚示範

承了近千年的在地生活技藝。另外，原有的地方產業特色也盡量融入園區景觀特色營造及遊憩體驗之中，例如園區保存維護了江南地區製作醬菜的醬園(圖 7-16)，讓民眾體驗到特殊的視覺和嗅覺的感受，一走進醬園院子，就能聞到濃郁的醬菜香味。當地流傳了近千年的染坊及植物染，也成為遊憩體驗的亮點之一，植物染的藍印布條隨風飄動，民眾競相走入其中拍照，並與之互動(圖 7-17)。

圖 7-16 西柵醬園醬缸的數大即是美

圖 7-17 西柵的植物染展示景點

（七）人造景觀與大地景觀特色的融合

強調人造建築景觀與大地景觀之結合，以大地景觀元素作為背景及設計的素材，也是烏鎮整體景觀營造的手法之一。為了提供多元的旅遊活動及行銷地方文化特色，烏鎮旅遊公司積極地提供藝文展演空間，由烏鎮旅遊公司自行募款籌建，邀請知名建築師姚仁喜先生設計的烏鎮大劇院，不僅提供了大型演藝活動的場所，其建築設計上並嘗試透過材料及在地建築元素的轉換，讓建築物本身成為一個極具地域性特色的景觀藝術品(圖 7-18)；而以大地景觀為背景的西柵戶外劇場空間，則呈現出令人震撼的空間氣勢，讓演出者及觀眾都能體會到與大地間的互動，其也是烏鎮內一個可供戶外休憩與放鬆的好場所(圖 7-19)。

圖 7-18 西柵強調傳統與創新的大劇院

圖 7-19 西柵戶外劇場以山水為背景

（八） 強調管理績效、地方行銷與持續創新

　　與江南其他強調以水鄉古鎮體驗為旅遊內涵的景區較大的不同是，烏鎮旅遊管理公司相當強調管理的績效與地方行銷，並不斷地尋求創新，藉以發掘新的題材及目標市場。就管理而言，園區內的景觀設計與設施規劃、遊憩活動內容、餐廳與民宿的餐飲價格與食材採購、民宿可提供餐飲服務的桌數(限定為兩桌)，以及住宿地點安排及住宿空間的設備維護等，皆由烏鎮旅遊公司統一規範並進行嚴格的管理，以避免過度商業化或因商業行為而造成環境的雜亂。依據作者實際住在西柵民宿的經驗，房間內冷氣或電視設施如有故障，旅遊公司維修人員就會以極快的速度來修護，民宿傳統建築外的冷氣設備也皆予以美化，以免影響古樸老鎮的整體景觀氛圍(圖 7-20)。另外，為了反映數位化及網絡化的時代趨勢，烏鎮管理當局也積極地爭取成為第四屆世界互聯網大會的舉辦場所(圖 7-21)，並正式成為世界互聯網大會的永久基地。讓歷史文化的保存維護能與網絡化、數位化相結合，進而加強與外界的連結，是烏鎮積極走向世界的一個行銷策略。此外，園區當局也積極的辦理各項行銷活動(例如國際藝術節、地方特色美食活動等)，並邀請名人來拍攝戲劇或代言，例如劉若英的一句台詞：「烏鎮，來過，就不曾離開」，成為烏鎮很好的行銷口號。

 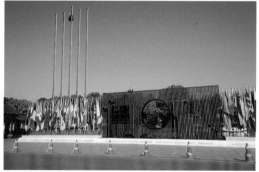

圖 7-20 烏鎮民宿冷氣的美化設計　　圖 7-21 西柵舉辦第四屆世界互聯網大會

三、成果與省思

　　總體而言，烏鎮在遊憩發展與社區營造結合方面取得了一定的成績，但在某些方面還存在著不足與進步空間，透過本研究的田野調查和對居民的深度訪談，可以得到一些不同使用者在生活過程中對社區與景區的不同評價。

　　烏鎮傳統江南水鄉聚落的再發展為社區的原始居民提供了工作的機會，並透

過民宿、餐館、工藝品店等形式，對景區的人文環境、景觀環境等進行統一的管理和安排。在景區建設之初期，這種新的開發模式並未明顯地得到居民廣泛的認同，但是經過長時間的實踐，這種集社區與景區為一體的開發模式終於得到了某種程度的成功與肯定。對於這種嚴格和新穎的開發管理模式，部分居民認為：

「以前我們家外面的門板全部是張起來的(指民宿外面的門板關起來)，只留了一道小門，客人根本不知道呀，而且裡面都很黑的。後來是給領導寫申請，幫忙把外面的門板打開，本來也不想做了，沒有什麼人氣，但是五一勞動節的時候人多的呀。我們當時要搞房間的衛生，底下還要照顧吃飯的顧客，那時候忙到吃不到飯。最早進來的 10 家最後只留下了 5 家，還有另外 5 家看看這樣子(指當時的情況)，不高興就走了。我們當時要一起面試、一起檢查身體，很嚴格的，而且現在更嚴格了。當時主要是沒有經驗，要是現在，不管有多少客人都能應付得來了。現在這裡大約有 40 幾家民宿，主要是烏鎮居民，原來西柵的居民也有。我們是第一批，當時是沒有限制的，最好是烏鎮的居民，但是也有幾家是外面搬進來的，打掃房間是有一定補助的。」

(受訪者 F)

「當初進來的時候一共有五家商家，這裡的店鋪以前有的是賣另外的東西，6月份又重新規劃。這個房子是租給我的，外面掛牌子也是要申請和審批的。東西柵的管理都是統一管理的，不是分開的。本來我是要做這個專項的(指竹刻)，但是沒有被批准的，賣什麼東西都是需要審批的，現在是主要賣葫蘆，那個竹刻變成自己的愛好。這些小東西(指小葫蘆)也都是自己做的，學生買的比較多一點，旅遊景區裡面賣得太貴的話也不好賣的，基本都是十幾二十塊錢的。」

(受訪者 A)

「民宿的房子要隔成幾間是政府決定的，只有一些，像我們餐廳、走廊的公共樓梯，這些地方可以動。耶誕節了，我們就裝飾成聖誕的氛圍，讓遊客感覺到耶誕節馬上要到了……包括菜價、菜式也是統一的，屋裡面的桌子也只能有兩張，這都是規定的。我們這裡的房東是有 126 條公約要遵守的。民宿裡面都是政府統一給裝修的，個人想要怎樣弄一下都是不行的，除非是一些細小的裝飾，如果我想把它裝飾的好看一點，是可以的。外面的客棧牌區也都是規定的，盆栽是可以自己弄的，政府鼓勵我們弄這些。」

(受訪者 B)

「這裡賣手工藝品都是要經過申請的，賣的東西要有自己的特色，但是也要符合烏鎮本身的特色。我在這裡是屬於租用這裡的地方，所有的要求都要按照他的(指烏鎮旅遊公司)規定來的。」

(受訪者 G)

景區在改建的同時，對居民的生活環境也進行了大量的改造。烏鎮原始的生活都是圍繞中心的市河展開，飲食、生活、交通全部都在市河中進行，對河流的生態環境造成了一定程度的影響。景區改造後，污水系統、電力系統全部重新設置，並深埋在老街地下，既解決了社區居民的基本生活需求，也盡量不讓現代化的電線、水管出現在古街上，以免影響老街獨特的韻味。

「房間裡面的設施都是以前沒有的，尤其是以前是要自己倒馬桶的，就是生活上的一些設施改了，其他的都沒有變的。以前的污水都是要自己抬出去，倒在桶裡然後自己挑出去，或者是有一個老伯，每天來收這種污水。現在的話，有下水管道，都是直接通出去的。可以說這點比以前沒修的時候要好。生活是變好了呀，有提高了。景區噪音的話，現在習慣了，剛來的一、兩年有些不習慣，尤其是有時候自己心情不好、比較煩的時候，也會有那種情緒，但現在習慣了。」

(受訪者 C)

「主要是環境改變了很多的，小時候這裡都是很亂，就是你想搭出來也行，我想怎麼弄就怎麼弄，以前有用那種塑膠膜搭出來的也有，什麼樣的都有，沒有這麼整潔。髒亂的建築也修過了，主要是破破爛爛的都拆掉了，像以前的破門什麼之類的都拆掉了。」

(受訪者 F)

為了能夠還原最原汁原味的烏鎮味道，景區在改造時最大限度地保留了原有建築和老街的特色，並避免過於現代化的改造和過多的修飾使烏鎮失去歷史的味道。

「以前的都是很破爛的，現在是經過重新維修和改建的。外面的牌匾都是後來增設的，但是老街還是這樣的老街。他們(指政府當局)把很多分散的遺跡都集中在這裡了，但是保留了原來的樣貌的，比如昭明書院……。船也是我們的一種很方便的交通方式，在西柵裡面保留了用船(做交通工具)。像我們小的時候，70 年代、80 年代的主要交通工具是船，後來到 90 年代那都是用

摩托車和汽車這些了。」

(受訪者 B)

「這邊建築的特色基本上沒變，很少有改動。對面(指女紅街上的建築)有一些改變，原來一些很破爛的東西都重新拆除了，後來又補了一些上來。看得出來的，我們這些居民能看懂的(指能看出哪裡修改了)。但是這條老街上的建築特色基本上沒變。」

(受訪者 C)

景區對於生活垃圾分類的要求極為嚴格，透過對垃圾的管理來控制水源、環境的污染，以減少生活垃圾對景區環境的影響。

「廚房的排煙和管理都是統一的，要求都是很嚴格的。我們每天要被檢查三到四次，要弄得很乾淨，絕對不能有一丁點垃圾的。垃圾是專門有船來運的，我們都是要做垃圾分類的，垃圾桶啊什麼的都必須是分類弄好的。早、中、晚一天三次來運垃圾的。那邊有一個很大的垃圾站，應該是送去那裡處理了。」

(受訪者 B)

對於營造綠色、健康的生活狀態，景區也有嚴格的規定和管理，為了營造更好的環境，烏鎮的綠化保留了原有的植栽和當地物種，同時也開發了有機農田。在為遊客提供健康環境的同時，也提倡綠色、健康的當地食品。

「綠化方面，他們(指旅遊公司)對於一棵小樹都是不會丟的，寧可這個地方不動了，也讓這棵樹繼續生長，儘量不會把原來的樹拔掉。新的樹也是種了很多的，有些樹種之前這裡是沒有的，都是新種的。」

(受訪者 B)

「羊肉和白水魚都是自己買的，羊肉是當地的，買回來我們自己燒。現在也有規定的，怕我們買到不好的羊肉和魚，有專門規定幾家進貨。我們的菜都是外面菜場裡鄉下人來賣的，都是很新鮮的，然後我們自己採購的。」

(受訪者 F)

「我們原始居民的田都在景區外面，搬遷的時候我們外面就有地的，有一大塊。米呀、菜呀都是自己種的。白水魚的話，公司有規定是到哪幾家固定的供應商，這樣品質有保證，肉啊也是。」

(受訪者 C)

烏鎮的建築多為木質結構，很容易發生火災，在幾年前發生過較為嚴重的火災之後，為了避免這種情況再次發生，不僅在建築結構中做了改變，也對社區居民進行定期培訓。

「我們現在的房子裡都有防火牆，每一棟都有一面牆是防火牆，是用磚頭切起來的，這樣或就不會燒過去了。另外每家每戶都有滅火器，我們都會使用的，每年每季度都會有培訓的。自從這裡變成景區以後是沒有發生過火災了。」

(受訪者 B)

「現在的消防培訓可是嚴格了，我們都懂得消防的知識，每年都會培訓好幾次。」

(受訪者 C)

有別於其他景區的建設模式，烏鎮將社區與景區進行了融合，對於這種新的開發模式，大部分居民表示認同。受訪者認為這種開發模式更能夠有效地保存歷史建築，也可以為居民提供工作機會，在景區的建設完成後，社區的生活設施更加便利，不僅是景區的景觀價值得到了開發，居民的生活水準也有了一定的提升。

「我覺得變化蠻好的。我以前在外面是做檢驗員的，應該說在景區裡面工作比在外面掙得(錢)要好得多。雖然是很嚴格的，但是也是很好的。收入的話還是可以的，基本上是半年忙、半年閒。旺季是 6 月份的下半個月到 11 月的上半個月，這中間是很忙的。」

(受訪者 B)

「我覺得這種開發模式挺好的呀，這樣子容易保存了(指老建築)，如果沒來開發的話，這些建築的保存是有點難。因為現在的人錢多了，這裡面更加沒有人住了，沒人住的地方就會爛得比較快，這樣就保存不下來了。像現在這樣，不間斷的有人來住，就很好的保存了。」

(受訪者 C)

「旅遊區的管控是一定要的，要不大家都隨便進出了，這裡也不好了。如果住宿也是隨便讓人住的話，這樣肯定也是不好的，所以管控是必要的。要是沒有旅遊公司來做開發，我們今天也就沒有生意可以做了呀。」

(受訪者 D)

一般老街區翻新在對環境進行改造時，通常也會將社區中傳統的風俗一併消

除，對於這些傳統的生活狀態和習俗，當地居民表示很希望能再次看到烏鎮過去的景象及集體生活記憶的復現。

> 「像一些地方工坊都消失了。我們本來是經營服裝的，大多數人都是做服裝產業的。現在還留有一些，但是剩下的已經不多了，在工業上(景區產業規劃)去除了很多。原來的工藝，像這裡的繡花本來是很出名的，但現在不多了。」

> 「景區有做出老街以前的味道，但是我們小的時候，老街上的石板走起路來都是『叮咚叮咚』，搖來搖去，會響的，現在就是不會響了。現在有檢修人員經常檢查，哪塊石板動了，他們很快就會黏上。以前的老街上會有些動靜(指石板相碰的聲音)，這個現在沒有了。兒時記憶的最深刻的就是『隨地擺攤』，像我們那個時候，隨地擺攤、吆喝、賣菜買菜啦，現在就是沒有了。小的時候買那種點心啊、水果啊，都是大街上隨意叫賣的，現在這些沒有了。我記得小的時候和父親、姐姐來的時候，那種一個人挑著蒸糕走來走去，還有很多茶館。我們古鎮的茶館現在還是保留了很多。小時候我父親就是這樣子的，他會很早很早起來，把自己鄉下種的菜擺好弄好，一早就挑出來賣，弄上一壺茶，菜就擺在邊上面賣，現在這種在這裡面是看不到了。」
>
> (受訪者 B)

> 「河水不能游泳了。小的時候可以在河裡面洗澡、游泳的，現在河水太髒了，不行了。主要是因為運河的水髒了，我從 15、16 歲的時候，我就記得河水開始變髒了，就不能游泳了。」
>
> (受訪者 C)

> 「小時候過節的氛圍現在沒有了，以前都是鎮上有活動，人山人海的，看街上有人什麼的很熱鬧的。我們小的時候過年可熱鬧了，打年糕啊、新衣服啊，都是很開心的。現在過年、過節的感覺沒有了。只有夏天的時候有一個『童玩節』，組織一些小時候玩的遊戲。去年過年的時候也組織過一些活動，但都不是很熱鬧，不像小時候，扭秧歌的時候都是裡三層外三層的看。」
>
> (受訪者 F)

為了更好地維護景區，管理者鼓勵社區居民加入景區的管理組織中，形成了志願者服務隊。全部志願者約為 187 人，運作時間為 5~6 年，針對這些志願的維護活動，社區居民表示十分贊同，他們可以在這裡找到古街的記憶，又能幫助遊

155

人更好的理解烏鎮文化，居民與遊客之間形成了更加親切的情感紐帶。

> 「我蠻喜歡參加志願者的，感覺好像又有事情做了，與遊客說說話啊，挺好的。中午班一個人，早班與晚班都是 2 個人。每 3 個月要開一次會的，這個月的 30 日就有會，是領導給所有人開的。這樣蠻好的，和其他人(指其他志願者)認識一下蠻好的。要不在家裡也是碰不到人的，在這裡蠻開心的，有一些事情可以做做。」

(受訪者 E)

透過對遊客的訪談，可以看出對於一般遊客來說，烏鎮最吸引人的地方在於其特殊的江南水鄉景觀以及歷史文化韻味。

> 「建築非常有特色，古街也是『修舊如舊』，很有味道，另外特別我要強調烏鎮的人很熱情、很善良，是與西塘等景區最不一樣的特色。另外，民宿與農家菜的結合也非常具有地方特色，這裡不僅適合一個人來遊玩，也適合家庭型、情侶之間的聚會，住在這裡體驗一下，感受『枕水人家』的感覺。」

(受訪者 H)

> 「這裡的建築很有特色，可以坐遊船進行觀賞。另外與上海、杭州等地方的交通是很方便的，學生出行可以選擇不同的方式。」

(受訪者 I)

> 「我在上海上班的工作壓力很大，所以很喜歡在週末的時候到上海周邊地區旅遊，放鬆心情。在幾年間我走過很多地方，但是覺得烏鎮是最安靜、最適宜放鬆的地點。一般會每年到烏鎮 3~4 次，主要是利用週末的時間過來。而且景區裡面的設施很全面，可以放鬆、也可以去酒吧，能滿足不同的需求，也可以叫朋友一起來。」

(受訪者 J)

> 「烏鎮西柵水道旁及橋上看過去的景色很美，尤其是早上有薄霧的時候，來這裡讓我好想再談一次戀愛，這是一個讓我想要再來一次的地方。」

(受訪者 K)

上述訪談主要是作者於 2013 年年底至 2014 年 8 月期間所進行，當時作者實際住在烏鎮一段時間(東柵與西柵)，以便更具體地瞭解居民及遊客的真實感受。2018 年 4 月及 2019 年 7 月，作者再度住進烏鎮西柵一段時間，發現景區民宿的經

營模式已有一些改變，一些原先允許居民自行處理的經營管理事項，已由烏鎮旅遊公司集體處理，而西柵民宿的經營者也由烏鎮旅遊公司對外招考，但烏鎮整體環境氛圍的浪漫感及懷舊感依舊沒變。

　　總體而言，烏鎮的開發模式及早期的經營管理模式得到了原始居民的肯定，也受到了遊客的關注，烏鎮因而成為了中國較為成功的風景區開發的典型案例。其開發模式使旅遊和生活、風景與文化達到了相對平衡的發展，但在某些方面也存在著一些可以改進的地方：(1)生活性文化景觀的消失：景區在翻新改造過程中也改變了烏鎮居民原始的風俗傳統及生活記憶，例如將古街的石板進行固定以後就不會出現舊時「叮咚」的響聲。景區的開發也不可避免的削弱了一些生活性的集體生活記憶。另外，社區居民間的活動和交流明顯的變少了，景區的統一化管理減少了居民交流的空間與機會。如何平衡景區開發與文化保存之間的關係，是一個有待深入探討的課題。(2)加強體驗性民俗景觀：目前遊客對於烏鎮的生活體驗僅來自於民宿、餐飲，並不能真正的體驗到烏鎮居民的生活習俗及文化特色。景區中定期舉行的活動過於形式化，並沒有針對烏鎮本身的節慶和文化習俗而進行設計與行銷。適當的在地民俗活動的舉辦與行銷，不僅能夠提高地方民眾的認同感與歸屬感，也能夠讓遊客更好的參與和體驗，未來此部分應可再加強。(3)生態技術的應用：烏鎮作為景區為遊客提供大量的服務設施，如住宿、餐飲等，這些活動需要消耗大量的電能、水資源等能源，如何在景區建設中引入綠色潔淨能源與親自然設計手法，例如透過雨水收集再利用等手段達到資源再利用，並減少能源消耗，是目前亟須克服的挑戰。(4)如何創造旅遊發展及地區居民的雙贏：烏鎮作為知名的景區，要維持龐大的營運管理費用，又要持續的與其他的景區競爭，烏鎮旅遊公司無可厚非的必須考慮到利潤、成本及競爭力。但是江南水鄉古鎮的永續發展，應該同時嘉惠地方居民，尤其是原始的烏鎮居民，要能夠讓他們在此過程中能夠持續的受惠，並與地方一起成長，才是永續生態社區經營的真諦。為了管理上的方便，西柵景區目前已經沒有原始居民在經營民宿了，所有經營者皆是透過旅遊公司對外招考而來，當然其對於烏鎮歷史文化及風土民情的解說，比不上早期的原住民來得親切生動。歷史古鎮的再發展，在創造經濟價值的同時，實應嘉惠地方民眾，並帶動他們一起成長，所以如何邀請更多地方居民，尤其是原先居民的參與，應是烏鎮旅遊管理公司在考慮永續經營時需要深思的問題。

附錄

受訪者資料：

受訪者 A：男，年齡 35 歲左右，在東柵經營葫蘆雕刻，進駐時間為 2013 年 6 月。

受訪者 B：女，52 歲，在西柵經營民宿已超過 7 年(最早進駐的房東之一)，為烏鎮原始居民，曾住在西柵的中心位置。

受訪者 C：女，35 歲左右，在西柵經營民宿時間有 7 年(最早進駐的房東之一)，景區的原始居民，搬遷前也居住在西柵。

受訪者 D：女，40 歲左右，東柵居民(目前在東柵經營民宿)。

受訪者 E：女，65 歲左右，居住於東柵景區，是社區服務中心的志工，參加時間已有 3 年。

受訪者 F：女，45 歲左右，在西柵經營民宿已有 7 年，為第一批進入西柵的民宿老闆。

受訪者 G：男，40 歲左右，非烏鎮居民，西柵手工藝者，從事琉璃壁畫創作，進駐時間已有 4 年。

受訪者 H：男，60 歲左右，遊客，剛退休，北方人。

受訪者 I：女，24 歲左右，遊客，來此為假期旅遊，目前在南京讀研究所。

受訪者 J：女，32 歲左右，遊客，在上海上班。

受訪者 K：女，40 歲左右，遊客，公部門企業的主管。

第二節　上海安亭新鎮

一、環境與發展背景

　　安亭新鎮位於上海市嘉定區安亭鎮的南部，是上海市「一城九鎮」計畫的第一個啟動的項目。該項目總占地面積約為 2.4 平方公里，總建築面積約為 118 萬平方公尺，地處三江交界處，有良好的天然水系景觀資源。安亭新鎮的開發定位原先是服務嘉定區安亭國際汽車城的大型國際社區，預計居住人口 5~8 萬人。新鎮的區位條件不錯，距虹橋機場約 22 公里，鄰近滬寧高速和 312 國道，有地鐵 11號線通過。新鎮整體規劃是由倡議城市可持續發展的德國規劃師 Albert Speer 教授主持進行，這是第一次在中國的土地上嘗試進行中式與德式融合的大型土地開發，建築密度較低，並採用了不少生態設計手法。安亭新鎮以生態城市的基本形態為藍本，加入了德國包浩斯建築風格的住宅形式，強調宜人的鄰里單元空間尺度，用生態、節能的手法將自然和健康的生活理念有機地結合在一起。該社區以「新鎮」的發展模型與尺度進行整體規劃設計，配有與城市相連通的公交系統。社區中的主要道路為城市道路級別，運用生長型城市的理念，讓新鎮沿著中心主路向四周蔓延伸展。

二、規劃設計手法

　　本社區作為新都市主義在中國城市設計的實踐，在規劃中強調步行可及性、中心性、功能混合、生態社區單元營造等新都市主義的規劃特色，應用了生態設計理念，嘗試創造低碳、生態和高舒適度的住宅區。其應用的主要生態設計理念與手法包括：低密度的德式節能住宅建築、舒適的步行環境、社區多元綠化、水循環系統及濱水景觀的營造等(圖 7-22)，茲將主要內容分析如下。

(一) 低密度的多樣化建築形式

　　安亭新鎮由德國建築團隊規劃設計，住宅建築計畫以低樓層、低建築密度為基本構想，建築形式簡潔、色彩鮮明，有別於一般城市中心區的高密度住宅形式。安亭新鎮用低層建築創造適宜的空間尺度，並透過建築量體的適度圍合，形成獨立的且具有不同設計主題的庭院空間。建築量體及立面的設計採用德國包浩斯的設計風格(圖 7-23)，運用明亮大膽的色彩，從新古典主義到簡約的現代風格，透過對建築細節和顏色的不同刻畫，創造出個性化和多樣化的社區建築簇群(圖 7-24)。此作法避免了因住宅區建築量體制式複製所造成的單一化社區景觀，而居民也可

以透過建築的形式與色彩來判別自己的住宅單元。在建築空間佈局上，此計畫運用較為集中的簇群佈局形式，以提供更多的綠化空間和交誼空間，並一改中國傳統南方住宅的佈局形式，以連續和完整圍合形式來創造良好的自然光照和通風條件，並最大限度的利用自然資源。

① 售樓處　⑩ 親水平台
② 開放式入口　⑪ 安亭新鎮賦苑
③ 魏瑪別墅　⑫ 中心廣場
④ 安亭新鎮風苑　⑬ 主題水景觀
⑤ 安亭新鎮興苑　⑭ 林帶
⑥ 安亭新鎮雅苑　⑮ 德紹豪斯
⑦ 林蔭路　⑯ 兒童活動場地
⑧ 小廣場　⑰ 賓根花園
⑨ 安亭新鎮頌苑　⑱ 護城河

圖 7-22 安亭新鎮配置圖
(資料來源：本研究繪製)

圖 7-23 包浩斯風格的建築式樣　　圖 7-24 社區建築簇群單元

(二) 明確的道路分級和步行友善環境

　　安亭新鎮社區以新鎮的規模進行整體規劃設計，新鎮中的主要道路為城市級幹道，相當寬敞。新鎮以主幹道為中心軸線，道路層級明確，並依住宅分區進行人車分流，在不同的社區建築簇群中配置環境宜人的步行道路。為了營造良好、舒適的步行友善環境(圖 7-25)，道路旁栽種了大量的本土植物，並配合水岸景觀形成串連水與綠網絡的步道系統(圖 7-26)。圍合的社區建築量體形成了不同的鄰里單元及外部庭院空間，為居民提供了良好的交誼場所。早期開發的社區之部分庭院空間也提供戶外停車空間，有利於居民及訪客在住家附近停車，後期開發的社區則採人車分道，小汽車直接開往地下室的停車空間。新鎮有公共交通系統來作為社區與城市間的連接運輸工具，新鎮及各小區入口並未設置封閉的大門管制，得以讓新鎮的整體環境能夠融合，居民可以共享公共空間。

圖 7-25 步行友善環境營造　　　　圖 7-26 步行空間結合水岸景觀

(三) 水系統及濱水景觀的營造

　　安亭新鎮的水系統具有一定的完整性和連通性，水域面積達到 20 萬平方公尺，以中間的水系統為中心軸線，透過十字形穿插的水渠，連接各社區單元，並在中心廣場中設置大面積的人造湖泊。同時，也引入當地的魚種，營造親切自然的社區水道及水域生態系統(圖 7-27)，並在新鎮周邊設置護城河(圖 7-28)，與吳淞江相連，護城河兩岸有提供不錯的綠化及環河步道系統。新鎮通過水壩調控社區內水系的水位，使其保持在穩定水位的狀態，並用階梯和平台來營造親水空間，部分水岸空間地點也結合小碼頭的設計，為居民創造更多與水親近的機會。

圖 7-27 社區生態水道　　　　　　圖 7-28 護城河及沿河步道

(四) 植栽設計與社區綠化

　　安亭新鎮作為中國較早出現的生態住宅社區，綠化率頗高，平均達 60％，大面積的綠化也作為生態環境營造的基礎，並大量使用本土植栽及考量植栽季節性色彩變化的效果(圖 7-29)，以營造特殊的地域景觀風格。德國設計師在經過中國園藝的培訓後，將中國園林理念融入景觀空間營造中，並配合本土植栽，讓植物以自然地方式生長，藉以減少維護的費用，也創造出包浩斯建築與中國園林相結合的有趣景觀意象(圖 7-30)。同時，在植栽的選擇方面，利用果樹進行轉角空間及特殊空間的營造，在創造景觀價值的同時，也為居民提供賞景、品景的機會，促進了居民與自然的互動。

圖 7-29 社區綠化及植栽色彩變化　　圖 7-30 中國園林景觀與包浩斯風格
　　　　　　　　　　　　　　　　　　　　　　的結合

(五) 節能建築技術及住宅設計

　　安亭新鎮運用了不少德國的節能技術，包括集中供暖系統、共同管溝、同層

排水等。但由於中國南方城市較少在冬天採用集體供暖的模式，空調的大量使用也增加能源的消耗。安亭新鎮透過集體供暖系統的應用，取代了家戶個別空調的使用，夏天透過新風系統輸送清新的空氣，以保持室內溫度和濕度的適宜，冬天則透過輸送加熱的水給室內保溫，以節約能源的消耗。同時，社區建築設計也採用了浮力通風換氣及自然採光等綠建築手法。此外，由於建築量體形式的多樣化，新鎮中的住宅類型也有所差異，不利於進行垂直排水，而同層排水技術的應用則可讓住宅平面多樣化，以便吸引不同社經背景人口族群的進住，進而增加社區居民背景的多樣性。

(六) 水岸住宅及親水空間營造

新鎮在中心地區配合防災滯洪的需求，設置了大型生態景觀湖，並提供親水活動的空間(圖 7-31)，以及沿湖設置社區休憩設施及步道。湖旁為後期新開發區的建築簇群(圖 7-32)，建築形式優美，展現了包浩斯建築簡潔清爽的建築風格。建築間有足夠的棟距，並以低樓層量體圍塑出尺度親切的社區開放空間，使得整體外部空間環境良好。此區居住的住戶多為中高級社經背景的居民，出入以小汽車為主要交通工具，唯此社區與其他早期的開發單元較少往來，形成一個獨立的簇群住宅區。

圖 7-31 湖畔親水空間　　　　　圖 7-32 水岸旁的包浩斯風格之住宅

(七) 物業管理、環境維護與社區活動

安亭新鎮中的建築形式多元，從而吸引了不同背景、不同消費水準的居住者，使得社區人口及文化具有多樣性。社區居民自發地組織了一些活動團體，並與物業公司配合，進行社區環境景觀的維護(圖 7-33)，居民也主動地進行垃圾分類、資

源回收再利用，對於社區的遛狗行為，類似歐美的作法，社區外部空間也有提供清理狗大便的塑膠袋設施，以維持社區的整體環境整潔(圖7-34)。在物業和區委會的共同協助下，各小區建有自己的社團活動空間及組織，定期在社區中舉辦各種活動。同時，社區透過居民選舉及自薦的方式，選舉出居委會代表，以進行社區公共事務的管理。透過居民的參與，在特定的節日，如國慶、過年、節慶等，社區會安排大型的文藝演出，邀請有才藝的居民和社區的文藝團體進行義務表演。同時也會利用新城與附近區域的地理環境特性，舉辦一些運動活動，如城市自行車賽等，以增進居民之間的交流。

圖 7-33 社區景觀環境維護狀況　　　　圖 7-34 資源回收及寵物糞便處理設施

三、成果與省思

安亭新鎮作為中國新都市主義的實驗性社區，以「生長的城市」作為設計理念，應用了相關的生態、節能技術和手法，做出了一定程度的示範效果。高綠化率的景觀空間、舒適的步行環境為居民創造了良好的鄰里生活環境，在訪談中，多數居民對於安亭新鎮的現有景觀環境表示認同，認為高度綠化的開放空間使生活變得更加舒適與健康。

> 「住在這裡是舒服得不得了，很安靜的，尤其是晚上，什麼噪音都沒有。我在附近的汽車城工作，這裡是一個大城市周邊的住宅城，對我而言，算是很方便及健康的居住小區。」

(受訪者 A)

> 「我覺得這個社區蠻好，主要是環境和空氣蠻好，綠化比較多，比一般城市裡面的社區綠化面積要大，因為這裡比較偏遠，能利用的綠化空間比較多一

些，這方面比較不錯。另外空氣也比較好，有時候你早上起來或者下午出來散步，這裡鳥叫什麼的比較多。」

(受訪者 B)

「您來晚了(訪談時，對本書作者說的)，這裡 4 月的時候花開得最漂亮。我是第一期搬進來的住戶，這裡的綠化很好，空氣不錯、住在這裡很舒服。我退休了，每天弄花弄草的蠻不錯的。這個小區的環境還不錯，唯一可惜的就是，人口進住速度不如預期一樣，所以鄰里商業機能不是很熱絡。原先城市領導答應地鐵線要開到這裡，但後來領導換人了，就沒有做了。」

(受訪者 C)

「我是後期開發區的住戶，我們這裡的環境很好，房價也高。這整個新城很大，我們這個小區的環境應該算是最好的，不同小區之間的環境差異很大，我們很少跟其他小區的居民來往，早期開發的第一期小區的商業街道有一點發展不太起來……。」

(受訪者 D)

「我在這裡已經兩年多了，在這裡經營咖啡屋，在這裡經營簡餐跟咖啡店比較不容易，此新鎮的規模雖然很大，但人口密度較低，各區之間的差異頗大。的確整體環境還不錯，但高級社區的住戶通常會開車到上海去消費，不會來我們這裡消費，再加上新城的人口引入速度較為緩慢，所以目前營運主要依賴一些老客人，當然我們也不斷地創新，希望吸引新的住戶來消費，畢竟臺灣來的品牌還是有吸引力的。」

(受訪者 E)

「我們是一期的住戶，住進來十多年了，當初住進來是看好這裡的環境。一期的綠化做得很不錯，有很多隨著季節變化的花草，空氣也不錯，但鄰里商業機能不夠完善，很多店都開不起來，主要的購物及消費，我們還是必須開車到上海市區，才能獲得滿足。」

(受訪者 F)

安亭新鎮嘗試在中國的土地上，營造德國包浩斯風格的低碳生態建築社區，這是一個大型的造鎮計畫，需要長時間經營及龐大資金的投入，其中任何環節出

現問題就容易失敗，開發單位及規劃設計師的勇氣與魄力值得肯定，但在社區發展過程中也遇到了一些值得思考的問題：

1. 新鎮的複合性功能不足，鄰里性商業無法順利發展：因人口密度過低、人口未能照原規劃的時程引入，以及缺乏經濟規模等因素，安亭新鎮一期開發區原先規劃的商店街及歐式廣場並未能發展成為熱絡的鄰里商業中心。與該社區中高綠化率的環境不同的是，一期開發區的歐式廣場設置了大量的硬鋪面，且功能較為單一，以致較少居民聚集與使用(圖 7-35)，廣場周遭商店的生意蕭條，連接至廣場的商店街的店面也皆是處於閒置的狀態(圖 7-36)，造成居民日常購物的不便。

圖 7-35 一期開發區廣場旁商店蕭條　　圖 7-36 廣場旁商店街的店面閒置

2. 人口密度低，生活氣息淡：由於新城的面積過大，建築密度較低，人口分佈也較為分散，年輕人白天外出工作，社區中只剩老人和孩子，看不到生動的社區生活場景，整個社區顯得缺少「人氣」。

3. 建築形式與地域氣候及使用行為未能相契合：造型簡潔、潔淨、色彩亮麗的包浩斯建築(圖 7-37)似乎並不完全適合上海地區的熱濕氣候。安亭新鎮地區氣候潮濕，一些原本漂亮的包浩斯風格建築，使用一段時間之後外牆已經發霉斑駁(圖 7-38)，另外居民的陽台晾衣行為，增設伸出的曬衣設施或垂掛的棉被或衣物，也與原本嘗試營造井然有序的街道立面建築風格顯得有些不太協調(圖 7-39 和圖 7-40)。

4. 小汽車導向的發展模式：新鎮主要幹道的路幅過寬(圖 7-41)，雖然營造出宏大、寬闊的空間氣勢(此乃中國新城建設或大型社區建設常見的作法)，但卻少了人本交通之人性尺度的親切感及使用舒適性，也影響到道路兩側土地使用活動的聯繫。另外，多數居民出行的運具仍以小汽車為主，未能實踐

永續生態社區理念所強調的公交導向發展及人本交通的概念。

5. 滾動式發展未能順利運作：新城的土地開發及招商未能配合公共設施建設及分期分區發展的時程，順利地引入人口及相關的商業活動，造成大型公共空間及社區公共設施的低度使用或是閒置，由於社區大型公共空間及設施缺乏足夠的使用者，也造成新城外部公共空間的缺乏活力(圖 7-42)。

圖 7-37 剛完工新區建築立面簡潔乾淨

圖 7-38 早期開發區建築立面發霉斑駁

圖 7-39 曬衣方式影響建築的簡潔立面

圖 7-40 設計未能充分考量使用者行為

圖 7-41 宏大寬廣的道路貫穿新城

圖 7-42 大型社區休憩設施缺乏使用者

附錄

受訪者資料：

受訪者 A：男，約 55 歲，汽車城工作者。

受訪者 B：女，約 35 歲，家庭主婦。

受訪者 C：女，約 65 歲，退休教師。

受訪者 D：女，約 35 歲，企業主夫人。

受訪者 E：男，約 40 歲，在安亭新鎮內開咖啡與簡餐店的台商。

受訪者 F：男，約 56 歲，半退休的規劃設計師。

第三節　深圳華僑城

一、環境與發展背景

　　華僑城位於深圳市南山區深圳灣畔，北靠塘朗山，南臨深圳灣，東臨福田區的國際花卉博覽園，西接沙河高爾夫球場，是深圳市內一處相對獨立，以居住、旅遊及文創產業(早期為工業)為主要功能的城中城。取名為「華僑城」是因為此城區最初建城的目的是欲作為國家僑務工作的窗口，以吸引海外僑胞回國投資建設。華僑城城區面積近 5 平方公里，城區內實際居住人口約有 7 萬人。早期土地使用係以工業及居住為主(強調職住均衡的工業城鎮開發)，後來透過主題樂園型旅遊地產的轉型發展及多元性生活機能的提供，目前此城區已成為多功能的文化旅遊地區和國際化的住宅社區。華僑城早期規劃嘗試引入西方花園城市理念(如有機道路形式、單線道、尺度親切的道路；鄰里單元簇群(大陸稱為組團)發展的空間發展模式；重視原有生態地景元素的保存等，見圖 7-43)，是一個隨著人口和產業變化而動態調整與發展的城中城。華僑城

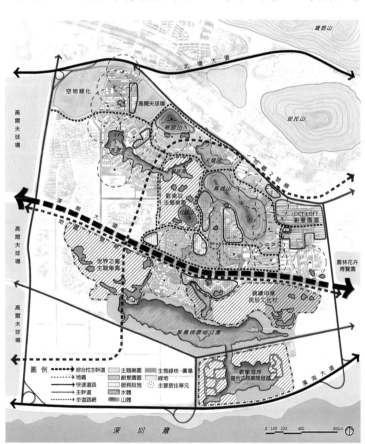

圖 7-43 深圳華僑城初期規劃構想圖 (資料來源：本研究參考深圳市規劃設計研究院資料繪製)

的開發建設係由中國國有企業──華僑城集團公司來推動。城區建設秉持著「在花園中建城」的理念，來進行中國式的花園城鎮開發。最初發展的機能為工業結

合居住，在 1990 年代以後，隨著深圳市產業結構的改變，已調整為「旅遊」結合「地產開發」的模式，藉此來推動土地開發與相關的建設。經 30 多年的發展，華僑城以一個島式城中城的獨立開發區為起點，透過多元的產業發展和簇群單元發展模式與城區周邊環境相融合，已逐漸發展成一個位在深圳市核心地區的綜合性多功能城中城，舉凡工作與、食、衣、住、行、育樂皆可在城區內獲得滿足(圖 7-44)。

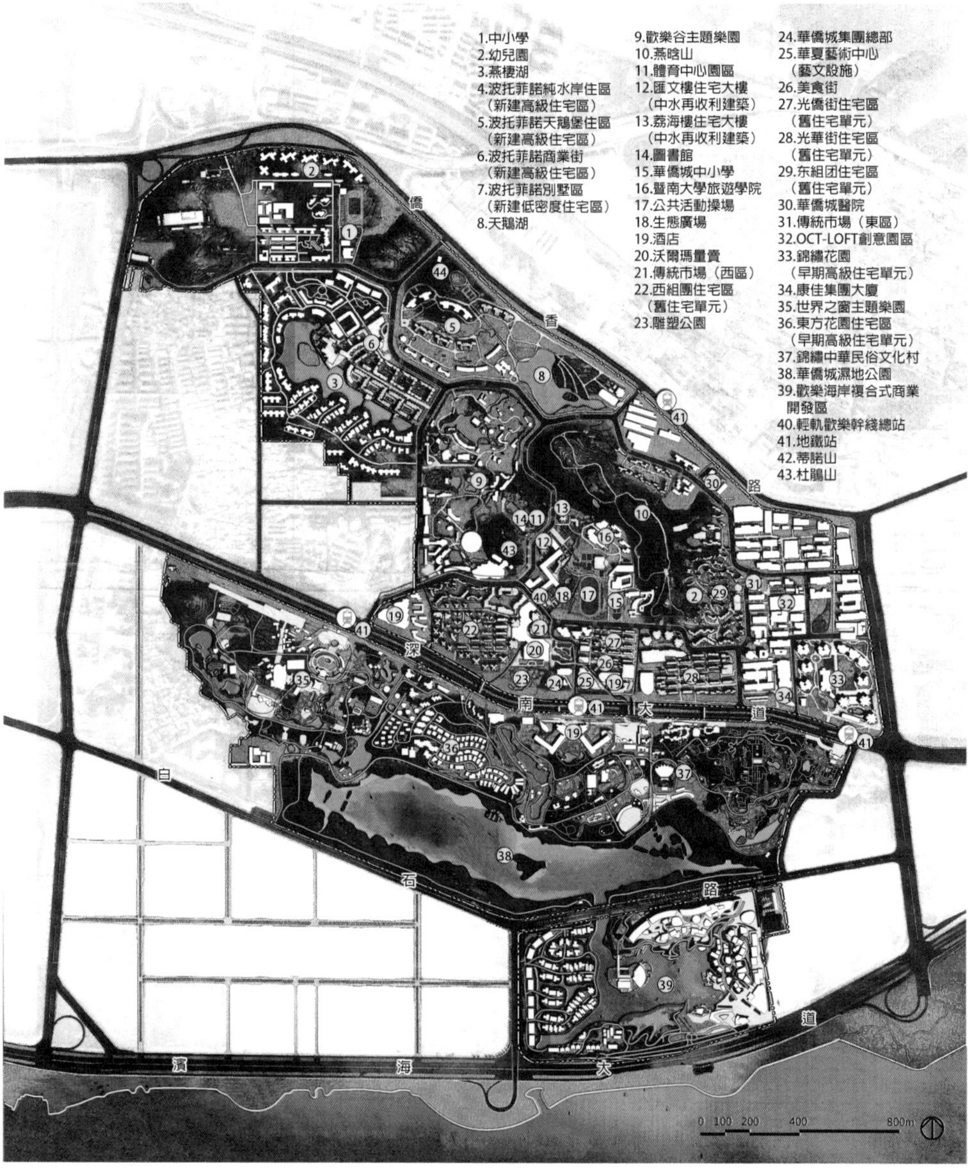
1.中小學
2.幼兒園
3.燕棲湖
4.波托菲諾純水岸住區（新建高級住宅區）
5.波托菲諾天鵝堡住區（新建高級住宅區）
6.波托菲諾商業街（新建高級住宅區）
7.波托菲諾別墅區（新建低密度住宅區）
8.天鵝湖
9.歡樂谷主題樂園
10.燕晗山
11.體育中心園區
12.匯文樓住宅大樓（中水再收利建築）
13.荔海樓住宅大樓（中水再收利建築）
14.圖書館
15.華僑城中小學
16.暨南大學旅遊學院
17.公共活動操場
18.生態廣場
19.酒店
20.沃爾瑪量賣
21.傳統市場（西區）
22.西組團住宅區（舊住宅單元）
23.雕塑公園
24.華僑城集團總部
25.華夏藝術中心（藝文設施）
26.美食街
27.光僑街住宅區（舊住宅單元）
28.光華街住宅區（舊住宅單元）
29.东組团住宅區（舊住宅單元）
30.華僑城醫院
31.傳統市場（東區）
32.OCT-LOFT創意園區
33.錦繡花園（早期高級住宅單元）
34.康佳集團大廈
35.世界之窗主題樂園
36.東方花園住宅區（早期高級住宅單元）
37.錦繡中華民俗文化村
38.華僑城濕地公園
39.歡樂海岸複合式商業開發區
40.輕軌歡樂幹綫總站
41.地鐵站
42.蒂諾山
43.杜鵑山
僑 香 路
深 南 大 道
白 石 路
濱 海 大 道
0 100 200 400 800m

圖 7-44 深圳華僑城空間配置及開發內容
(資料來源：本研究參考深圳市規劃設計院資料繪製)

二、環境特色

整體而言，華僑城的土地使用及空間營造具有以下特色：

1. 尊重自然環境的土地開發模式

華僑城的開發最初係由新加坡規劃師設計，秉持著「在花園中建城」的理念，先做好生態保存維護。先種樹、再開發；不砍樹、不填湖；不做大規模的整地等，一直是華僑城土地開發的基本原則。

2. 簇群式發展

華僑城按規劃的機能，以簇群單元發展模式，形成鄰里單元。此作法的優點是每個單元內服務機能良好，缺點是後期由於房價狂飆及高級住宅社區開發等因素而形成社會分化，造成一些封閉式的高級住區 (gated community)，不利於城區的整體社會融合。

3. 人造生態與自然生態調和

城區開發以生態優先的理念，適當地保存維護了原有的自然生態環境。在人工建設的過程中，也注意進行相關生態建設，讓後期人為設計的生態環境，與原有的自然生態能適當的延續和融合，也減緩了開發建設對自然生態環境的衝擊。例如在汽車污染相對較嚴重的街道兩側，進行複層式的植栽種植；在公共活動場所和建築的開發建設中，嚴格地要求每個建設計畫的生態綠化需要達到相對應的指標要求。

4. 多元融合、人文空間氛圍

城區整體空間氛圍具有多元融合的人文特質。城區內有高級住區、原先的員工住宅社區、主題樂園、文創產業工作坊、大型的購物中心、小型的菜市場、高品質的中小學、文化藝術中心等等。多樣化的空間機能及商業業種業態帶來多樣化的人口族群、遊客及工作者。不同人群的生活、遊憩，共同營造了城區多元的人文氛圍。

三、規劃設計理念與手法

（一）生態先行的規劃指導

華僑城規劃秉持「生態先行」的理念進行土地開發，最初的規劃和設計並非從建設用地入手，而是要保護和延續地區原有的生態資源。城區的第一份總體規

劃於 1986 年編制完成，主要是由新加坡規劃師孟大強先生制定。這份以「依託自然，以人為本」為原則的總體規劃指導了華僑城城區後續二十多年的建設發展。城區內保留了原有的地形地貌、植被等生態資源，包括山丘坡地、海岸環境、山塘小溪、瀑布(圖 7-45)及荔枝樹林等。在空間功能佈局上，城區開發採生態優先的規劃考量，將對生態環境擾動較小的土地開發活動配置在自然環境較佳的地區。城區南部深圳灣片區，利用海洋環境特性發展文化旅遊區，建設成歡樂海岸主題園區。城區中部的燕晗山、杜鵑山以及原有的山塘小溪地區則以居住與生活為主，融合了原來香山村及後來開發的波托菲諾高級住宅區。自然景觀元素也盡量納入土地開發及社區設計之中，一方面增加視覺景觀效果，另一方面也創造出生態化的集居環境(圖 7-46)。

圖 7-45 道路旁可見保留的小瀑布　　圖 7-46 土地開發與自然景觀元素結合

（二）觀光地產引導土地開發

　　配合城區產業結構的調整，城區開發採用「旅遊+地產」的開發模式，透過發展主題性旅遊活動來提升地區的土地價值，並發展觀光地產，而觀光地產的發展也帶動了周邊地段的配套設施建設。每一個主題公園的興建都會帶動周邊地產的開發，有進一步配套相關的商業、住宿、教育文化、休憩設施等機能的引入(圖 7-47)。觀光地產發展促進了華僑城「旅遊城」主題的深化和拓展。作為旅遊景點的延續，旅遊地產及其配套設施設計與主題公園相呼應，成為四大主題公園之外的另外新增景點，如波托菲諾住區設計了義大利風情的商業街、水岸廣場、鐘樓、會所和沿湖木棧道、湖畔咖啡座等(圖 7-48)，營造出休閒雅致的空間氛圍，具有異域人文氣息。在自然生態的結合開發上，波托菲諾擁有燕棲湖、天鵝湖兩個占地 11 萬平方米的內湖和蒂諾山，是深圳唯一同時擁有內湖和內山的住區。人造景觀和自然山水的結合，吸引不少居民和遊客前來休憩。同時，觀光地產發展帶來高

額資金回報，可進一步支撐創意產業和特色文化旅遊項目的開發，如 OCT-LOFT 創意文化園和歡樂海岸。其中，OCT-LOFT 創意文化園被列為深圳市重點創意文化項目，包含設計、攝影、動漫創作、教育培訓、藝術等文化創意行業。而歡樂海岸則是首個新型複合型濱海主題商業娛樂計畫，包含了自然濕地保護區、城市文化娛樂區、濱海公共旅遊區和綠色休閒度假區，有高端城市會所、創意展示中心及戶外市民廣場(圖 7-49)、SOHO 公寓、IMAX 影院、餐飲娛樂區(圖 7-50)等多種業態形式。

圖 7-47 中國民俗文化村主題公園

圖 7-48 波托菲諾住區水岸空間營造

圖 7-49 歡樂海岸戶外廣場活動空間

圖 7-50 歡樂海岸的餐飲娛樂區

（三）配合城市成長的工業轉型發展

　　華僑城的主要產業形式有兩個：旅遊和工業。工業是華僑城早期發展的支柱，以製造業為主，以製造電子產品為核心的康佳集團就是其中之一。旅遊則是華僑城現在的主要發展模式，也是華僑城目前重要的產業基礎。華僑城創意產業園的前身——華僑城東部廠區，就是曾經工業興盛的見證。最初在工業城區的規劃上，基於步行方便和配套發展的考量，工廠附近設置有相應的員工住宅，為員工的工作和生活提供便利。由於華僑城的產業轉型，工業型態也配合城市發展而產生變

化。隨著工廠陸續遷出，許多廠房和員工住宅開始閒置，園區單局立即配合城市發展調整城區產業結構，利用原有舊廠房改造成創意園。

（四）大眾運輸導向發展(TOD)及土地混合使用

　　大眾運輸場站地區的「相容性土地混合使用」為華僑城的特色之一，為大眾運輸場站周邊地區提供了良好的工作、居住、交通、生活、文化及休憩的功能。以華僑城地鐵車站為例，作為 TOD 發展的主要節點，車站旁設有供民眾休憩活動的舒適外部空間(圖 7-51)，並有方便安全的步道銜接到旅館與美食街。車站周邊地區為相容性的土地混合使用，有傳統市場、傳統商店、小吃店，也有星巴克及大潤發購物中心，還有大型的展藝中心如華僑城美術館、大自然美石展覽館等，皆在步行可及的範圍之內，並有舒適的步道系統連接。作者在此居住過一段時間，深深地感受到相容性土地混合使用的方便性，除了機能上的多元混合之外，TOD場站附近的建築型態也具有混合性，老式公寓住宅與新式住宅樓混合，顯示出此城區發展的時空連續性，也創造出一些景觀上的多樣性。另外，在 TOD 運具銜接方面，地鐵車站周邊有公車路線銜接，提供運具轉換的服務，並有完整的自行車道及人行步道系統，連接到主要活動的節點，附近還有結合觀光遊憩與交通功能的「歡樂幹線」高架單軌系統，連接到主要景點。除了地鐵之外，也有公車路線服務城區主要的社區與景點，公車車站多設於城區內主要的活動節點，周邊多有鄰里商業機能及廣場空間(圖 7-52)。多層次的交通服務形式與相容性的土地混合使用，為華僑城地區提供良好的生活機能。

圖 7-51 華僑城地鐵站旁的外部空間　　圖 7-52 社區公車車站旁的混合使用

（五）尺度親切的生態道路

　　城區內道路多為單線道的道路，在規劃之初，華僑城的規劃設計者就對道路

設計有特殊考量，嘗試透過較窄且彎曲的道路設計來避免過多的穿越性交通，同時也企圖控制停車數量及地點，讓小汽車主要停放在城區外側，進而使城區內成為一個步行方便且安全舒適的步行社區。早期城區設計時故意規劃兩側單向的車道，藉此來增加環境的舒適性，且道路多為彎曲形(圖 7-53)，此作法一方面可以配合地形，另一方面則可減緩車速，以增加人行環境的舒適性與安全性。華僑城的道路綠化良好，許多區內道路都有綠色隧道的景觀效果(圖 7-54)。華僑城對道路尺度親切感的營造還體現在城區周邊的主幹道上，例如 160 米寬的深南大道上設置有複層式植栽設計的綠化帶(兩側綠化帶各 30 米，中央綠化帶 16 米)，藉以減少城市主幹道之宏大尺度給人的壓迫感，同時主幹道上也增加了人行通道的安全島數量，以減少行人穿越主幹道時的壓力。值得一提的是，華僑城的道路設計在帶來步行方便性與舒適性的同時，隨著城區的發展，也出現了一些問題。由於最初的規劃設計是以發展步行城鎮為主要的目標，而較少考量車行的需求。如今華僑城在小汽車數量激增的壓力下，塞車的問題已日益嚴重。城區由西北至東南開設了兩條公車線路，為需要長距離通勤的民眾提供服務，這雖然在某種程度上減緩了對小汽車使用的需求，但由於高級社區的陸續開發及住戶進住，導致以小汽車為主要運具之高收入住戶的大量增加，再加上公車搭乘者目前仍主要為中收入人口族群且公車班次較少，使得城區道路設施未能滿足小汽車旅運需求的問題，已成為困擾華僑城經營管理者的主要難題之一。

圖 7-53 彎曲的單線道路　　　　圖 7-54 綠色隧道道路景觀

(六) 親自然、以人為本的人行空間

　城區以行人的步行舒適性為主要規劃考量，區內穿越性交通不多，步行環境良好，並有方便舒適的人行步道系統。城區內還設有專用的自行車道，有相應的地面標誌及入口管制設施，自行車道連通至整個城區，與人行道並行設置(圖

7-55)。城區內人行與車行互不干擾，人行步道可連接到主要的活動節點及各社區，人行道旁有綠化良好的植栽帶，植被群落的層次豐富，喬木樹蔭有時可以覆蓋整個路面，提供了具生態慢活效果的人行環境(圖 7-56)。人行橫道的中間有小型的安全島，有利於行人通行。人行道每隔一定距離有相對寬敞的帶狀廣場空間，配置有栽植綠化及座椅等休憩設施，以供居民在此停歇與休憩。

圖 7-55 安全的人行空間及自行車道　　圖 7-56 生態慢活的社區人行空間

（七）閒置工廠的活化再利用

　　作為華僑城文化主題的拓展和產業結構轉型的一個標誌，OCT-LOFT 創意文化園是華僑城產業再造的重點項目。華僑城於 1980 年代開始發展，初期大量引進以加工為主的工業企業，形成東部工業區。2000 年以後工業區工廠外遷，大量舊廠房閒置。考慮到城區的綜合開發需求，以及商品房多，但卻缺乏特色寫字樓的情況，華僑城將舊廠房進行 SOHO 改造，最後形成了 LOFT 風格的創意園。創意園採用實驗性質的開發方式及分期建設，先建成南區，以經典的創意設計、文化產業為主，接著在南區成功的基礎下開發了北區，為先鋒的創意設計師、設計公司提供工作與交流的平臺。創意園在集中式開發的基礎上，用分期的建設模式和銷售、租賃結合的經營方式，讓項目的開發可以靈活調整，並自由地適應環境。重新利用後的創意園改變了原先閒置或低度利用的狀況，用文化創意產業結合餐飲、流行展藝演出的方式，吸引了大量文藝創作人員和設計人才來此工作及居住。一度閒置的廠房，在這些新型產業的注入和環境綠美化後，煥發出新的活力(圖 7-57和圖 7-58)。創意園並依據其發展目標，適時地協助年輕的文創業者及設計師，例如減少工作坊的租金或提供展示空間，讓年輕人可以與華僑城一起成長。

圖 7-57 閒置工廠轉型再利用 1　　　圖 7-58 閒置工廠轉型再利用 2

（八）公共活動場所的生態營造

　　華僑城的公共活動場所形式豐富，包括街道、廣場、公園綠地、社區內開放空間、車站旁廣場、水岸空間等。城區內公車幹線路線候車亭旁的人行街道路面寬敞，植栽形式與座椅相結合，配合休憩設施之設置，成為居民日常休憩交流的主要活動空間。公共廣場則以生態廣場為代表，其地下層為大型停車場，地面層則做了良好的綠化，有大型喬木種植及戶外廣場空間，是地區民眾主要的活動場所(圖 7-59 和圖 7-60)。生態廣場的核心景觀區也利用景觀滯洪池及周邊的植栽綠化，營造出具荒野美學感的城市親水空間環境(圖 7-61)，成為城區居民親子活動的熱門地點。城區中心的燕晗山公園是重要公共活動場所，保留原有的瀑布景觀，並採用尺度較小的入口和步道，以減少對山體生態環境的擾動。社區內開放空間以波托菲諾住區的水岸公共空間為代表，由社區商業街將遊客和居民引入湖水邊，嵌入湖體的斜坡平台和沿湖的木棧道，讓活動空間與生態湖面相連接(圖 7-62)。湖中設置有生態島，島上豐富的植被可供鳥類棲息，提升了地區的生物多樣性。

圖 7-59 生態廣場的綠化　　　　圖 7-60 生態廣場上的民眾活動

圖 7-61 生態廣場的生態親水空間　　圖 7-62 波托菲諾住區水岸空間

四、結果與省思

　　華僑城是一個運用「旅遊地產及文化創意產業引導開發」的土地開發模式，以生態規劃設計及簇群單元發展為基本規劃概念，透過分期分區開發，讓整個地區隨著城市環境之改變，而持續調整土地使用計畫內容的城中城發展案例。經 20 多年時間的發展，現已建設成為一個超大城市中的生態村落。其有一些值得借鏡的地方，但也反映出一些問題，以下為本研究訪談資料的整理：

「原本的自然地景大多保留下來，包括自然的山體(燕晗山)，原本的水體(三個湖)。在綠地計畫上，以中型公園為地區的綠核，以步行連接許多小鄰里公園。規劃時是先畫大圓(指界定大尺度可及性的範圍)，在大圓內，再套上很多小圓(指界定簇群發展單元的範圍)。」

(受訪者 A)

「大陸一般的社區多是以汽車交通為主，但華僑城則是限制馬路的寬度與道路面積，最寬的大約是 6 米至 7 米，人行道則很寬，可達 12 米。我是開車者，這對我有些不方便，但我仍非常喜歡華僑城的環境，這裡有大草皮可以遛狗或進行多種活動。」

(受訪者 B)

「華僑城部分規劃概念與西方早期鄰里單元的概念相近。路口多是以丁字路或人字交叉設計，原本的用意就不是要鼓勵汽車交通。主要停車及車道在地下(公共空間，如綠地、廣場)，充分利用地下空間，高強度的開發配置在幹道邊界上。車位及停車多在城區周邊解決，一般是一戶 1.5 個車位，企業主是一

戶3個車位。」

(受訪者C)

「華僑城將部分閒置的廠房改建為創意園區,創意園區的土地使用和動線是經過規劃的,不受到車行動線的干擾。在創意園內走起來很舒服。我也很喜歡在創意園內用簡餐或喝咖啡,喜歡那裡輕鬆的空間氛圍。」

(受訪者D)

「每一家公司(創意工坊)前面都有一小塊公共空間,供民眾參觀與休憩,一樓也多是開放式空間使用,即使進去的目的不是辦公或洽商,也可以進去參觀。為了控制業種業態的多樣性,對於不賺錢的產業,如書店等,租金會予以降低。透過差別租金的方式,來保證業態的多元性。業種組成常常在變,但空間使用多是滿的,流動率低,但對於有些營運不好的商家,有時公司會勸退。」

(受訪者E)

「華僑城內有很貴的旅館,也有青年旅館,50~100元一個床位,給年輕的藝術家住宿。創意園有多處展示空間,給創意產品的工作者(不是品牌公司),每人提供一個免費的攤位。有些小型展示空間是免費的。我喜歡這裡的環境,蠻適合我的。」

(受訪者F)

「在華僑城,步行很方便,步行可以很方便的到達日常生活所需的設施,我每天早上起來都在華僑城裡散步走路,對我的健康很有幫助。」

(受訪者G)

「華僑城所在地最早是華僑農場,1960及1970年代,由於國際上排華,以及為了要吸引海外華僑的資金回中國投資,所以中國設了很多華僑農場。在華僑城現址設了光明農場及沙河農場。1985年設特區後才開始建設。」

(受訪者H)

「華僑城是由華僑城集團負責開發及經營,是一個國企,賺的利潤是要上交國家的,所以華僑城是競爭性產業。從1985年成立至今,華僑城集團只開發了2/3強的土地。目前在全中國有30多個華僑城,深圳有2個,包括這個華僑城及東華僑城,在武漢、上海、天津、寧波也有華僑城的開發。我覺得這

個是最成功的了。」

(受訪者 I)

「華僑城經營管理者也曾考慮透過租金管控及租金輔助的方式促進城區內的社會融合，但效果不佳，中國目前的貧富差距太大了，在華僑城內行走，你可能會碰到億萬富豪，也可能碰到小資的年輕人或藝術家，這就是華僑城的特色。」

(受訪者 J)

「由於環境良好，通常房子一出來就賣光了。華僑城內有部分房子是只出租，不賣的。有些早期的公寓，雖然有些老舊，但房價仍然很高，大家都想住進這裡。」

(受訪者 K)

「華僑城的綠化做得很好，每一個地段的花及樹都不太一樣。每個區的綠化也不太一樣。透過花、樹、果，可識別不同的區域。這裡運動設施足夠，有大型綠地、廣場、體育公園等設施。這裡居民的文化水平較高，目前在中國，深圳華僑城算是較符合市民社會精神的地區了。」

(受訪者 L)

「華僑城的社團很多，目前全區有超過 40 個社團，在約定好的不同地區活動，早上學童上學時，可見家長組成的志工，來協助維護學童的安全。」

(受訪者 M)

上述訪談結果顯示一些更細膩的事實與在地空間使用者觀點的考量。整體而言，華僑城位於中國近 20 年發展最快速的城市——深圳市的核心地區，在這樣一個以流星般速度成長的瞬間城市 (instant city)，華僑城卻發展成一個生態、慢活、多元混合、空間尺度親切、環境宜人的生態城中城，這樣的成就實屬不易，值得探討其動態調整的發展歷程及所採用的規劃設計手法。華僑城位於帶狀形態發展之深圳市的中部核心區，該處在 1970 年代原是一處農場，1980 年代初期，配合中國改革開放政策，深圳特區被當時中國領導人鄧小平選定緊鄰香港的一個極重要的經濟特區，華僑城於是被定位成將建設為深圳重要的以工業為主的獨立開發區，並作為國家僑務工作的窗口，以吸引僑胞的投資。華僑城早期開發理念強調

職住均衡(Jobs-housing balance)，所以除了工業引入之外，也提供生活機能良好的居住社區。基於華僑城初期開發的核心理念：在「花園中建城市」、「先種樹、再開發」、「不砍山、不填水」的生態規劃原則，華僑城地區原有的地形地貌和生態資源(例如山丘、湖泊、濕地及原生樹林)得到良好的保存維護，後來並成為城區重要公共休憩資源。區內雙向單線車道、彎曲形式的道路設計，阻隔了許多穿越性交通，維持了華僑城寧靜慢活的生活型態。如今20年前種的樹木皆已長大，整個城區綠意盎然，成為深圳市綠化最好的地區之一。

　　隨著深圳的快速發展，考量到華僑城原先引入的工業產業活動之競爭力不足，華僑城開發集團自1989年起，開始發展以文化觀光為主軸的主題樂園系列開發，包括1989年的錦繡中華微縮景區和1990年的民俗文化村，以及後來的世界之窗主題樂園等，並興建高架輕軌遊憩巴士系統，藉此帶動旅遊業發展及相關配套設施開發，如旅館及服務業等。原有的老舊工廠，也透過綠建築更新再利用的方式，改造成結合創意工坊及特色餐飲的創意園區，成為深圳創意文化產業發展的重要據點，改造後的LOHO區內，並提供多處可供創意發想及民眾交流的公共戶外空間及休憩場所。

　　華僑城可算是一個生態社區營造的成功案例，其成功之處包括：強調生態優先，保留原有的山丘湖泊，並控制建築密度與開發強度；透過旅遊地產引導土地開發，引入多元的商業活動，以供旅遊區和住宅區共享；強調職住均衡發展，提供在此地區工作的員工適當的住所；強調相容性混合土地使用及「以人為本」的步行友善環境營造，讓居民及遊客能方便的透過步行到達各種日

圖7-63 輕鬆無壓力的城市角落空間

常生活機能設施；土地開發順應地形，避免大規模的整地，並控制路幅寬度，道路兩側採複層式植栽設計，營造出舒適安全的人行空間；鼓勵多元融合及良好生活機能的提供，以滿足不同社經背景民眾的需求；透過閒置空間再利用及文化創意活動的引入，並配合市民社會精神的外部空間設計，營造出一些可鼓勵多元交流及創新氛圍發展的公共性城市角落空間(urban places)，有利於市民舒壓及創意交流(圖7-63)。

　　經由二十多年貫徹執行花園城市理念之「在花園中建城」的觀點，以及文化旅遊業發展與文創產業的結合，華僑城如今已成為一個擁有多元產業基礎，並具有高度相容性混合土地使用且生活機能良好的城中城，居民對此區的認同感及參與性頗高，此區目前已為深圳市房價最高、居民最想住進去的地區之一；然而隨著深圳的快速發展，高漲的房價、逐漸商品化的生態設計內容，以及日益嚴重的社會分化(例如越來越多的有警衛管制之門禁社區)，則是華僑城欲發展永續生態社區正面臨的關鍵問題與挑戰。

附錄

受訪者資料：

受訪者 A：男，56 歲，資深規劃師，曾參與早期華僑城的規劃設計。

受訪者 B：男，45 歲，華僑城社區住戶，在深圳民營企業上班。

受訪者 C：男，43 歲，規劃設計師，曾參與華僑城的規劃。

受訪者 D：女，34 歲，臺灣至深圳發展的文創工作者。

受訪者 E：男，45 歲，企管顧問有自己的公司，曾參與華僑城的招商與經營管理。

受訪者 F：男，31 歲，在華僑城工作的青創藝術工作者。

受訪者 G：男，65 歲，華僑城居民，退休教師。

受訪者 H：男，68 歲，老深圳居民，目前與小孩同居住在華僑城，已退休。

受訪者 I：男，42 歲，土地開發業者，在深圳民營企業工作，曾參與華僑城集團的項目。

受訪者 J：男，37 歲，在華僑城星巴克認識的華僑城居民，文創產業工作者，曾在美國住過一段時間。

受訪者 K：男，32 歲，在華僑城經營房屋仲介的年輕仲介師。

受訪者 L：女，37 歲，華僑城居民，曾留學美國，目前經營個人設計工作室。

受訪者 M：女，35 歲，華僑城居民，家庭主婦，丈夫為企業主。

第四節　山東德州市蔚萊城光電社區

一、環境與發展背景

　　山東蔚萊城社區是將太陽能技術融合於建築和景觀之中的實驗性節能生態社區，此社區的土地開發是由太陽能企業而非房地產開發商所主導的，社區以推廣未來節能環保的理想生活模式為目標。社區內建築、景觀、公共設施皆與太陽能技術相結合，以降低社區整體運作的能源消耗。蔚萊城社區占地面積約 13.3 公頃，社區地處德州市河東新區的城郊，在天衢路與三八路兩條東西主幹道之間，南臨長河公園，距離市中心約有 15 分鐘的車程。此社區於 2008 年 3 月開始興建，共分三期開發，社區建築配置及空間佈局見圖 7-64。蔚萊城一期開發建設的住宅單元有 324 戶，於 2010 年竣工，已完全售罄。由於社區周邊的配套生活機能設施尚未完備，部分購屋者係將蔚萊城社區作為渡假屋 (Second Home)之用，故實際入住率並不高。蔚萊城社區所在的德州市的太陽能資源豐富，太陽輻射總量為每年 130~150 千卡/平方釐米。該市於 2005 年被中國可再生能源學會等三家國家級協會聯合命名為「中國太陽城」，於 2009 年被國家財政部、住房和城鄉建設部批准成為首批「國家可再生能源建築應用的示範城市」，並於 2010 年承辦了世界太陽能大會。在德州，太陽能熱水器、太陽能路燈及太陽能交通信號燈已普遍使用，而節能減排、使用太陽能潔淨能源的觀念也被公私部門積極地推廣。

A. 太陽能光電建築　　D. 光電文化雕塑　　G. 複合式商業建築
B. 社區周邊共享綠帶　E. 街角廣場
C. 社區正面退縮綠帶　F. 社區中心水景

0　　80　　160　　240m

圖 7-64 山東德州市蔚萊城社區配置圖
(資料來源：本研究繪製)

二、規劃設計理念與手法

蔚萊城社區開發所考慮的生態社區規劃設計內容主要包括：建築與太陽能光電設施一體化(或稱建築整合太陽能光電設施，BIPV)；高綠覆率及多元綠化；街廓邊緣退縮，留出共享的綠化帶；利用微地形變化，進行雨水收集；社區水循環設計及親水空間營造；太陽能光電設施與公共藝術及社區公共設施的結合；綜合運用地源熱泵等多項節能技術，並採用社區智慧管理系統，分述如下：

（一）太陽能光電建築一體化(BIPV)

蔚萊城社區綜合運用了太陽能光熱和太陽能光電技術，並將太陽能設施整合到建築及景觀設計之中。社區太陽能系統包括太陽能光伏發電系統及太陽能熱水系統。其中太陽能光伏發電系統是由安裝在屋頂飄板的太陽能電池板(圖 7-65 和圖 7-66)以及太陽能光電公共設施組成。根據對社區主要規劃者馬光利院長訪談的結果得知，社區光伏發電功率為 42 KWP，光電燈總功率為 78 KWP，社區每年節約用電約 14.7 萬度。社區光伏發電系統可以滿足社區公共設施的用電需求，包括社區照明和噴泉等設施等。社區太陽能熱水系統則是由鑲嵌在屋頂飄板的真空管集熱器，以及建築立面及陽台的真空管集熱器所組成(圖 7-65 至 7-67)，該系統透過太陽能集熱器給水加熱，能夠滿足 24 小時每戶 300 L 的熱水供應。社區利用太陽能熱水系統，輔以地源熱泵技術，可滿足一部分社區採暖及製冷的需求。社區樓頂波浪形的太陽能飄板不僅可以吸收日照再轉化為電能，其優美的造型也構成了社區獨特的天際線(圖 7-66)，為社區住戶及地方居民所津津樂道。此外，為保證住戶太陽能設施能獲得所需的日照時間，社區建築棟距很大(最寬處可達 168 公尺)。另外，社區公共空間的涼亭設施(圖 7-68)，也儘量利用太陽能設施，達到節能與造型設計之結合，整體建築設計與光電設施一體化的目標。

圖 7-65 太陽能光電建築一體化　　圖 7-66 太陽能光電建築立面造型

圖 7-67 立面及陽台的光電集熱器　　　圖 7-68 太陽能光電涼亭

（二）社區開放空間規劃設計

　　蔚萊城社區四周皆退縮留設出一定寬度的綠地，作為與周邊社區共享的開放空間，其西側配合城市道路用地留設出寬約 40 公尺的緩衝綠化帶。綠化帶內為大面積草坪，栽植小喬木，並設有一系列歷史人物雕塑，如孟子、孔子等(圖 7-69)，也配置了一些結合太陽能光電功能的景觀設施物(圖 7-70)，形成對外開放的公共活動場所—光電雕塑園，在傍晚或早上常有社區住戶及附近的居民到此散步、鍛鍊身體。社區南面也退讓出寬約 25 公尺的綠化帶，與對面的長河公園形成呼應關係。此外，社區還設置了街角綠地和廣場。整體而言，這些開放空間設計有利於社區與周圍地區形成良好的互動關係。

圖 7-69 社區周邊綠帶的光電雕塑　　　圖 7-70 社區周邊光電薄膜休憩設施

（三）社區中庭水景及水岸空間營造

　　社區中心有一處 0.8 公頃的景觀水池，其地勢低窪，四周雨水可匯入其中(圖 7-71)。社區規劃者由於認同生態環保的理念，在原設計方案中捨棄幾棟住宅單元，以留設出大面積的水體及綠地空間。水體周圍用石頭砌成自然駁岸，並種植蘆葦、菖蒲等水生植物，周邊設置親水木棧道，營造出具自然感的親水空間。整個社區

環境設計主要以大型主題花園為中心，向南北兩側延伸，滲透至各個社區建築簇群之中，並利用地勢的高差，營造流動的水景，以水縱貫南北綠化景觀帶，形成了錯落有致的優美景觀。社區中央的景觀滯洪池水體一方面可調節社區內部微氣候，增加生物多樣性，另一方面可配合微地形塑造，來收集社區雨水。另外，水岸空間並有設置一些結合光電設施的景觀小物(圖 7-72)，其造型可愛，大大地增加了社區水岸空間的趣味性。

圖 7-71 社區景觀滯洪池　　　　圖 7-72 水岸太陽能景觀小物

（四）社區綠化

蔚萊城社區的綠覆率超過 60%，植物有黑松、南國榕樹等 200 多種。社區依據當地氣候與土壤條件選擇多種鄉土植物，並引入誘鳥植物甜高粱，以增加社區的生物多樣性。社區內有多種綠化形式，包括社區中心公園、庭院綠化、道路綠化，並透過屋頂綠化、平台綠化的手法營造多元的綠化環境(圖 7-73 及圖 7-74)。社區以複層式植栽與微地形的變化來營造出自然、宜居的綠化環境。整個社區景觀分為一景四苑，包括一個中心水景以及和苑、諧苑、舒苑、暢苑等四個苑景。社區中心公園涼爽通風、空氣清新，不少住戶喜愛傍晚在此散步、運動或休憩。此外，社區四周邊界皆向內退縮，留設出一定距離的緩衝綠帶，與周圍居民共享，

圖 7-73 社區外部空間綠化　　　　圖 7-74 建築多元綠化

並與周圍地區的生態基盤設施形成相互串連及景觀縫合的關係。

（五）社區公共藝術與太陽能光電設施的結合

　　社區將公共藝術與太陽能光電技術結合，創造出不少頗具特色的光電公共藝術品，如光電向日葵、舞韻光電照明燈、東方明珠涼亭、光電向陽花、光電霓裳等，甚至生物與花草造型小物也皆與太陽能光電設施結合，凸顯其宣導使用可再生能源的理念(圖 7-75 及圖 7-76)。此外，還有一些具創意的設計，例如社區光電噴泉利用安裝在盪秋千頂部的光伏板為噴泉的水泵提供直流電，使其全自動地「日出而作，日落而歇」。也有從《大學》、《中庸》與《禮記》等中國傳統文化中汲取靈感，在公共空間中設置名人雕塑(如孔子等)及歷史場景(如杏壇春秋、伯樂相馬、杏壇春秋、孟母三遷等)，以傳達中國傳統文化及美德，藉以強化社區文化氛圍。部分文化雕塑並與光電公共藝術在公共空間中混合配置(圖 7-77)，呈現出科技與文化結合的氛圍。總體而言，這些社區公共藝術的內容豐富多樣、具有動感且特色鮮明，並儘量與太陽能發電科技相結合，亦有考慮使用的功能性(圖 7-78)，所以除增強社區文化氛圍與特色之外，也提升了社區公共藝術及景觀設施的機能性。

圖 7-75 公共藝術與光電設施的結合

圖 7-76 生物花草造型的光電公共藝術

圖 7-77 文化雕塑搭配光電公共藝術

圖 7-78 光電設施結合休憩座椅設計

（六）地源熱泵技術

社區地源熱泵空調系統由地能換熱系統、熱泵機組和空調末端系統組成。地能換熱系統與熱泵機組靠循環介質傳遞熱量，熱泵機組與空調末端靠水傳遞熱量，實現對建築物供暖、製冷。冬季把地能中的熱量「取」出來，用熱泵提升溫度後供給室內採暖，夏季把室內熱量取出來，釋放到地下水、土壤或地表水中。社區將太陽能光熱技術與地源熱泵技術結合，來滿足社區採暖和製冷的需求。此項技術是皇明公司的專利技術，在國內也是首創，蔚萊城作為示範工程項開始運行，安裝在 No2、No3 樓的建築單元。地源熱泵結合太陽能空調系統的優點是：(1)零排放，不對大氣產生排放物，也不需要消耗地下水；(2)冷暖兼用，均衡用電負荷，只需要消耗少量的電能即可產生 3~5 倍的熱量，實際運行比常規建築運用節能約 40％；(3)性能係數較高，有利於節能環保，可節省運行費用 25~50％；(4)熱量冬取夏蓄，利用可再生能源。

（七）社區智慧化管理

蔚萊城社區與中國電信公司合作，打造智慧化社區管理系統。該系統包括：社區安全防範系統、地下車庫燈光感應導航系統、手機感應道閘系統、手機門禁系統、訪客對講系統、家居 SOS 緊急呼救系統、手機遙控電源系統、手機物業交費系統、家居能耗監測系統等。另外，社區採用了「MePad 微排家居集成系統」，一個以「智慧、微排」為核心的家居集成和管理平台。Mepad 是 Micro Emission Packaged Design 的縮寫，是由皇明公司推出的一整套微排集成解決方案，以蔚萊城社區為示範案例，代表著人類未來全新的生活方式，其整合了以太陽能利用為主的多個節能解決方案，對家居生活進行節能改造與管理，實現用戶在生活中的節能減排。Mepad 全面支援無線操作，用戶可透過手機、電腦、大型展示系統的無線網路或 WIFI 進行各種操作，如查看光伏發電系統的運行、調整光電遮陽板的角度、打開通風器、調整熱水系統的水溫等。社區利用高科技手段提高管理效率，降低社區運作能耗。

（八）節能技術與材料

社區使用了多種節能技術與節能材料，主要包括：利用地源熱泵技術調節住戶室內溫度；透過中水處理系統將生活用水及雨水等經過處理後用於澆灌綠地、洗車等；使用溫屏保溫玻璃提高住宅保溫效果；採用 150 mm 厚聚苯板為住宅外牆保溫材料，以降低住宅能耗；設置窗式自然通風器淨化室內空氣；安裝垃圾處

理器粉碎食物垃圾等。根據本研究對蔚萊城社區規劃者的採訪結果，該社區共採用了 37 項科技成果與 130 種高科技產品。其中，德國維卡五腔高檔塑鋼型材具有很強的耐老化、抗高溫、耐化學腐蝕的性能。三層雙鍍膜雙中空充氬溫屏節能玻璃具有良好的隔音、隔熱、防紫外線功能。

（九）光電城市整體景觀營造

蔚萊城社區另一個值得稱道的地方是，將光電建築一體化(BIPV)的理念與社區的整體景觀營造相結合，例如屋頂的流線型波浪造型的太陽能光伏板，創造出很好的天際線景觀效果，晚上配合燈光，更增加了光電建築的美感。社區的公共設施及社區內及周邊街道家具也多配合太陽能光電設施的機能，做了一些有趣或可愛造型的設計，並將此光電結合設計的創意發想，延伸到城鎮的一些街道家具設計，藉以營造光電社區及光電城市的整體空間氛圍及環境意象(圖 7-79 及 7-80)。

圖 7-79 光電社區結合水岸景觀　　圖 7-80 光電景觀設施物營造城市意象

三、成果與省思

蔚萊城社區於 2010 年 4 月開始銷售，當時以 6,500 元/平方米的房價高居當地之首，而當時德州平均房價為 3,000 元/平方米。根據社區規劃者提供的資料，蔚萊城社區成本約是 6,000 多元/平方米，其中太陽能設施成本占 4,000 多元/平方米，而德州普通住宅的成本約為 2,000 多元/平方米。目前，蔚萊城社區住宅均價已超過 1.8 萬元/平方米。社區使用太陽能系統，減少了常規能源的消耗，因此每年可節約標準煤 600 噸，減少 CO_2 排放 1,596 噸，減少 SO_2 排放 13.66 噸，減少氮氧化物排放 30.47 噸。作為國內首批太陽能一體化社區，蔚萊城的規劃建設對於永續社區發展具有一定的示範意義，該社區一期工程竣工後吸引了大批購屋者、訪客及媒體的關注。社區太陽能建築一體化的探索已初具成果，為住戶生活提供了一些

便利與實質的效益。

作者數次到此社區進行田野調查,訪問社區住戶,當問及太陽能設施使用的情況時,得到的普遍回應是:

「太陽能熱水器使用起來很方便,隨時都有熱水。這些太陽能路燈晚上都會亮,這點要比別的社區好。社區裡的噴泉也是太陽能的,但是不常噴,它是定時開啟的。」

(住戶 A)

「太陽能用得挺方便的。維修也很方便,太陽能熱水器有壞過,打個電話很快就來修好了。」

(住戶 B)

「太陽能用的還可以。24 小時有熱水。夏天製冷、冬天取熱都可以用。有太陽就用太陽能,陰雨天沒有太陽能的時候就用電能。」

(住戶 C)

訪談中也有社區住戶對太陽能設施表示懷疑態度的:

「太陽能設施一開始說得挺好。用起來吧,不能說不好吧……你看它外面有一個大桶,那個管子吧,把水灌到桶裡,桶裡水不是熱了嗎,熱了以後達到50 度,再到屋裡的罐裡,家裡用電加熱,那個不是完全用太陽能的。」

(住戶 D)

社區較高的綠覆率以及多元綠化形式配合大面積的人工水體,營造了親自然且舒適的生活環境。當問及社區中庭綠化環境時,得到的回應是:

「綠化挺好的。樹挺多,有樹蔭挺涼快的,傍晚可以出來散散步。」

(住戶 E)

「花園裡的通風不錯,我喜歡在傍晚帶小孫子來涼亭這邊走走。」

(住戶 B)

「社區的花園很大,綠化還不錯,我傍晚的時候經常會在這裡遛狗。」

(住戶 F)

由於當地氣候條件及防水防潮施工的不當,社區也存在一些問題:

「蔚萊城最大的缺點可能就是地下室那個進水了，什麼東西都放不了了，現
在放的東西全長毛(發黴)了。」

(住戶 F)

當問及社區配套設施使用的情況時，得到的回應普遍是：

「買東西不方便，要跑外面買。這裡沒有超市，沒有賣東西的。地下的小超
市才剛剛有的，東西也不全。」

(住戶 D)

「要買東西，像他們年輕人都開車到大超市去買。要是買吃的、日常用品就
上東面去，有很多小賣部。坐公車是挺方便，但是這道路不通了(三八路正在
修路)，很長時間不通了。地下有個小超市，剛開了不到一個月。人家賣東西
也愁啊，什麼東西也不敢進，進了就潮了。」

(住戶 A)

當訪問談及蔚萊城社區最大成功之處時，參與社區規劃的規劃師的回應是：

「簡單地說，我們這個社區是起源於理想，就是皇明公司董事長的理想，他
一定要做一個當前最超前的社區，我們有一個行銷口號嘛，三十年不落伍，
三千里不落俗。其實在做這個社區之前他從來沒有做過房地產，他是為了這
個夢想而一定要做這個社區。就是當前針對大城市裡面的城市問題，他必須
要給大家做一個樣本，太陽能不是說給城市添亂，而是給城市要增色。過去
的城市規劃就是說太陽能比較凌亂，放在建築上面來講，這個城市規劃效果
比較差，但是現在事實證明並不是這樣，它有機地解決了能源短缺的問題，
你比方說我們太陽能熱水用的都挺好。我們這個建築本體的節能率可以達到
70%以上，加上我們可再生能源的利用，綜合達到 80%以上。」

(規劃師 A)

當其被問及蔚萊城社區在規劃、建造及管理過程中遇到的困難時，得到的回
應主要是：

「我們遇到的困難很大，比常規設計、施工單位遇到的困難要大好幾倍。比
方說這個外立面，你要佈置熱水器，你還有遮陽系統，你這個南立面的窗牆
比要滿足正常的室內自然採光、自然通風，但是你還得給它一定窗間牆的面
積，符合我們這個節熱器的排設。你要符合國家規範、地方規範，還得符合

業主的要求、符合施工的要求、符合後期物業的要求，各種要求都要一一要滿足。」

「現在我們還要滿足節能的要求，還要滿足太陽能的一些正常使用的要求，太陽能一天連續日照不少於 4 小時，所以為什麼說我們這個距離要拉大，是這方面的考慮。反正我們考慮的比較多，當然裡面問題的地方也比較多，矛盾的地方也比較多，資訊不對稱的地方很多，各個部門之間需要統籌，太多的部門需要統籌。」

（規劃師 A）

另一位社區管理者對社區規劃、建造及管理過程中遇到的困難的回答主要是：

「社區養護的成本要比別人的高，首先綠化的設施就比別人的多，還有一些智慧化的東西，尤其是太陽能的一些光電系統，那些東西出問題了，你找一個普通的維修工人還修不了。你只能找固定的太陽能企業來維修，專業性太強。」

（售屋公司人員 A）

他還表示蔚萊城模式在全國範圍內的推廣還有很長的路需要走：

「蔚萊城做太陽能一體化示範只是一個民營企業家自己在這示範，國家發展不能光靠一個社區和民營企業家去做那示範，德州作為國家太陽能示範城市，整個光伏產業就在這裡實行，以後那個什麼火力發電啊，水力發電啊，要儘量減少，看這個小城市，五、六十萬人口的小城市，能不能支撐下來。而不是只找一個社區來試驗，一個社區有啥用啊，才幾千戶人口，能滿足啥，你拿六十萬單位的人和拿幾千戶的人來做試驗肯定是有差別的，是不是啊。有本事就拿一個小城市做試驗，包括最基本的公共建築系統全部用太陽能。我覺得在中國這是一個零星的一個示範點，影響力可能還不夠。」

（售屋公司人員 A）

值得省思的是，雖然蔚萊城社區為住戶提供了一個節能、親自然的居住環境，但此社區僅作為一個試驗點，並沒有形成足夠規模的示範光電城市。太陽能設施較高的造價及施工的複雜性，也使得此社區發展模式尚無法大量推廣。而社區周圍過寬的道路對區域生態環境也造成一些不利的影響。但綜合而言，蔚萊城社區及整個城市皆積極地從整體景觀設計及街道家具整體設計的角度，來加強光電設

施與城市環境的結合，讓發展太陽能光電設施的效益，不只是種電而已，也反映在城市意象及整體景觀環境之營造。

附錄

受訪者資料：

住戶 A：女，年齡為 50~59，教育程度估測為小學，德州市人，在蔚萊城住了一年多了。受訪時正帶著小孫子在光電涼亭處乘涼，從前家住農村，現在住高層建築的一樓。

住戶 B：女，年齡為 50~55，教育程度估測為初中或小學，推著嬰兒車，陪孫子在光電涼亭旁邊散步，住六樓，住在蔚萊城一年多。

住戶 C：男，年齡為 50~59，教育程度為大學畢業，德州市人，在園子裡走動，在蔚萊城住了一年多。

住戶 D：男，年齡為 40~50，教育程度估測為大學畢業，步行回家，住高層住宅，在蔚萊城住了兩年多，購房時的房價大約是 6,000 多元/平方米。

住戶 E：女，年齡為 55~59，教育程度估測為小學，走路不太方便，一個人步行，家住花園洋房，住了快一年。

住戶 F：女，年齡為 20~30，教育程度為大學畢業，在園子內跑步、遛狗，已入住三年多。

規劃者 A：馬光利院長，男，景觀設計專業者，碩士學歷，光電社區主要設計者之一。

售屋公司人員 A：男，年齡為 31~39，大學畢業，市場行銷專業，職業為策劃總監，工作年資 2.5 年。

第五節　哈爾濱市溪樹庭院寒地生態社區

一、環境與發展背景

　　溪樹庭院是北方寒地城市的節能低碳示範社區，其採用現代科技手法，並運用生態規劃設計理念，以營造高綠化率及高舒適度的生態節能社區。社區位於哈爾濱市的哈西新區中心地帶，地處復旦街與哈西大街兩條城市主要幹道的交匯處。基地原為製氧機廠的廠址，總占地面積為 223,400 平方公尺，總建築面積為 545,574 平方公尺。整個工程分為三期進行，一期竣工時間為 2011 年 12 月 30 日，入住率達到 100％。二期工程於 2014 年完成，入住率也接近 95％。建築形式包括花園洋房及中樓層與高樓層的電梯住宅。由於受東北寒冷氣候條件的限制，傳統北方住宅社區的綠化率通常較低，也很少特別關注植栽的搭配設計，但溪樹庭院卻打破了這種傳統的設計模式，其應用生態節能技術、高綠化率的花園式社區設計(圖 7-81)，為北方寒地城市的居民創造出親自然的生活空間，同時也特別提供融入江南庭園設計理念的外部空間，以供居民活動與交流，並提倡低碳的生活方式。

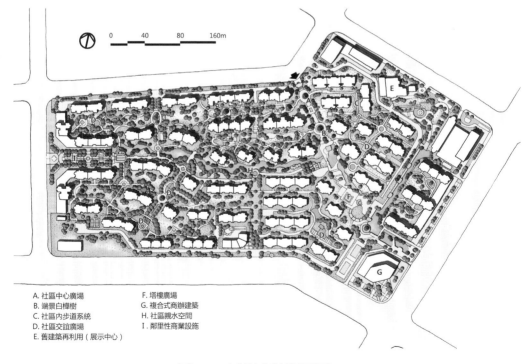

A. 社區中心廣場　　　　F. 塔樓廣場
B. 端景白樺樹　　　　　G. 複合式商辦建築
C. 社區內步道系統　　　H. 社區親水空間
D. 社區交誼廣場　　　　I. 鄰里性商業設施
E. 舊建築再利用 (展示中心)

圖 7-81 溪樹庭院配置圖
(資料來源：本研究繪製)

溪樹庭院因為獨特的低碳生態理念，在 2010 年獲得「2010 中國房地產低碳示範樓盤獎」和「2010 CIHAF 中國十大綠色建築獎」。值得一提的是，溪樹庭院的區位條件良好，位於哈西新區的商業中心與交通中心，毗鄰萬達廣場與哈西客運站，高度集中的人流活動導致該區域的土地開發一直採用高密度、高強度的開發模式。與用此開發模式的新區其他住宅社區相比，溪樹庭院可算是具有鮮明特色的生態住宅社區之代表。

二、規劃設計理念與手法

溪樹庭院社區採用了一些生態規劃設計的理念，希望達到低碳、生態、高舒適度的目標。作為中國北方寒地城市的低碳生態示範社區，其應用的主要規劃手法包括：花園式綠化與植栽設計、水系統及濱水空間的營造、低碳節能技術、人車分流及人行友善環境設計、閒置空間再利用及地域性景觀營造、特色公共空間營造、物業管理、公共空間營造以及鼓勵社區參與等，茲說明如下：

（一）花園式綠化與植栽設計

社區採用園林式的景觀佈局方式，社區的公共活動空間主要以一條中央景觀軸帶連接(圖 7-82)，並貫穿 1、2、3 期形成完整的景觀體系。溪樹庭院的公共空間綠化良好(圖 7-83)，有別於大部分北方城市的住宅社區，溪樹庭院的整體綠化率達 49％。為避免寒冷氣候對植物景觀效果的影響，多層次、多物種的搭配手法：上層空間為喬木，中層空間以亞喬木、大灌木為主要樹種，底層覆蓋低矮花灌木、地被及綴花草地，並採用特色原生樹種部分做節點點綴，形成多層次豐富變化的植物栽設計，同時考慮植栽的色彩及樹形變化，讓不同季節均有良好的植物景觀效果(圖 7-84 及圖 7-85)。植栽設計同時也配合新古典主義裝飾風格的建築與景觀元素，藉以體現深具哈爾濱建築文化的地域風貌特色。

圖 7-82 社區中央景觀軸帶　　　　　圖 7-83 社區公共空間綠化

圖 7-84 社區多層次綠化與水景　　　　圖 7-85 植栽色彩搭配

（二）水系統及濱水空間營造

　　溪樹庭園社區以「水(溪)」與「綠(樹)」為社區環境設計的主要元素及主題，嘗試將中國江南的水景空間營造手法，應用在哈爾濱哈西新區的開發基地，這對於冬季時間長且嚴寒、夏季短暫的哈爾濱地區而言，是一件相當不容易的事。經過設計團隊及開發單位的努力，確實營造出效果不錯的濱水空間及水景(圖 7-86 和圖 7-87)，其所營造出來的人造水道(小溪)蜿蜒地穿過社區的核心區，成為主要的視覺空間元素，透過「倒影、疊石、水聲」等手法營造出宜人的社區空間情境，而水與綠所形成的開放空間系統也聯繫了各社區開發單元。然而，受氣候環境的限制，需靠人工控制水位的人工溪流，生態功能並不強，維護管理的成本也頗高，需依賴大量的人力資源才能維持。

圖 7-86 水岸親水空間　　　　　　　圖 7-87 水岸疊石造型

（三）低碳節能技術

　　溪樹庭園嘗試運用一些低碳節能技術(圖 7-88 至圖 7-91)。社區部分建築應用地源製冷系統、天棚柔和式微輻射系統以及全置換式新風系統，以降低社區的碳

排放量和能源消耗量。其中,地源製冷系統應用地下能源,透過地源熱泵機組收集地下能量並使建築物製冷,再結合天棚柔和式微輻射系統,利用設置在天棚中的供水管道,送入冷水或熱水來調節室內溫度。臥室與客廳地面上的新風口能夠持續不斷地將經過除塵、加溫(或降溫)及加濕(或除濕)的室外新鮮空氣送入房間,

並在地面形成「新風湖」,同時將室內的空氣由衛生間的排風口排出。低碳節能技術手法的應用,使建築內部能夠常年保持在室溫 20~26℃,濕度 30%~60% 的人體最適宜的範圍之內。同時在建築體外側設有可調節的外遮陽窗簾,透過在房間內部的開關即可調節窗簾的位置,可以減少夏天陽光的直射,也可降低冬季冷風對住宅的影響。

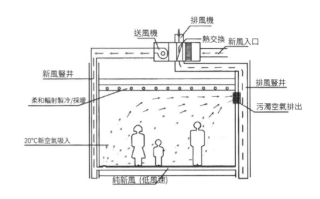

圖 7-88 全置換式新風系統
資料來源:溪樹庭院低碳生活手冊

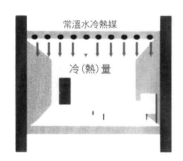

圖 7-89 天棚柔和式微輻射系統
(資料來源:溪樹庭院低碳生活手冊)

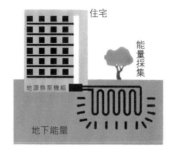

圖 7-90 地源製冷系統
(資料來源:同左)

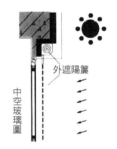

圖 7-91 建築外遮陽系統
(資料來源:同左)

(四)人車分流及人行友善環境營造

社區在交通系統規劃上採用人車分流的規劃手法,為營造友好的步行空間環境,私家車經由社區四周的入口直接進入地下停車場。社區門衛嚴格限制機動車輛的進入,社區內部道路以步行道路為主,藉此創造適合居民散步與活動的外部空間環境,同時也可避免老人及兒童在活動時發生安全隱憂。社區內步道系統聯繫各主要的活動結點,道路設計以曲線形式為主,並結合地形的起伏變化,創造

曲徑通幽和移步異景的視覺景觀效果(圖 7-92 和圖 7-93)。同時,搭配簇群式的多層次植栽,在每個路徑的節點都會形成獨具特色的景觀效果,用以創造生動有趣的庭院景觀。

圖 7-92 曲徑通幽的步道系統　　　圖 7-93 蜿蜒穿梭在社區建築中的步道

(五)閒置空間再利用及地域性景觀營造

　　社區原址為原製氧機廠的廠址,住宅銷售中心為原製氧機廠的一個 3,000 平方公尺的廠房,原為閒置狀態,經景觀設計與空間再利用後,成為社區住宅銷售中心及社區民眾活動中心。再利用後的建築外觀和內部結構均保留了廠房的原始特徵,並結合溪與樹的庭園造景(圖 7-94)。外部的小公園為對社會大眾開放的公共空間,結合植栽景觀和水景觀設計,將自然景觀與工業遺址融合,並融入北方特有的拱門造型,形成有強烈地域性風格的景觀意象,並在廣場中心設有蒸汽火車頭造型的歷史文物(圖 7-95),用以見證哈爾濱城市的歷史變遷(哈爾濱係因修建鐵路發展),為社區增添濃重的歷史文化底蘊。

圖 7-94 原製氧機廠再利用的景觀設計　　圖 7-95 北方拱門造型及火車頭意象

（六）特色公共空間營造

　　為了鼓勵居民間的交流及參與社區活動，並營造北方生態社區的特色，溪樹庭園特別營造的多種不同尺度及景觀設計效果的公共空間，將具地域性景觀特色的元素，如東北的白樺樹及俄羅斯風情的塔樓等，納入社區公共空間的景觀設計(圖 7-96 及圖 7-97)。社區公共空間設計中也儘量融入水與樹的景觀元素，一方面藉此增加社區景觀風貌的特殊性，另一方面藉由舒適、親切之公共空間的營造，鼓勵社區居民走到戶外，參與社區的交流與活動。

圖 7-96 東北白樺樹作為視覺景觀焦點　圖 7-97 俄羅斯風情塔樓及外部空間設計

（七）完善的物業管理

　　溪樹庭院的物業管理制度也是社區特色之一。辰能物業管理公司根據不同住宅區域對管理品質的不同需求，為每個單元配備全能管家，執行出現問題時，由管家代理向物業中心反映的管理機制。同時，為每家每戶建立管理檔案，備份維修資訊，以便更全面的掌握社區居民的使用意見。對於社區的生活垃圾，物業中心有專門的人員定時對其進行分類處理。社區中大量的草木需要較高的維護成本，此類工作均由園林管理的專業人士進行及時的修剪和維護。

（八）社區參與及居民交流

　　為了鼓勵社區民眾的交流，社區外部空間中有提供一些在夏季時有植栽遮陽、冬季時有擋風效果的公共活動空間，供民眾休憩與交流(圖7-98)，物業也會定期為社區居民舉辦參與性較高的活動，如親子活動、音

圖 7-98 社區空間親子活動與民眾交流

樂會等。其中,社區居民參與度較高的是每天早上 5:30 (哈爾濱天亮的很早)、晚上 6:30 在社區內部小廣場上舉行的廣場跳舞活動。高參與性的社區活動為居民提供了交流的機會,親子活動則能夠增進家長與小朋友間的互動。另外,社區還建有自己的 QQ 群和朋友圈,利用電子設備及時向使用者提供活動資訊和社區的通知。在特定的節日期間,社區也會舉辦相應的活動,並用相應的景觀元素來裝飾社區,例如國慶日期間,社區的路燈用紅燈籠裝飾,藉以表現節日的熱鬧氣氛。

三、成果與省思

作為中國北方寒地城市中具有代表性的低碳生態社區,溪樹庭院為其他寒地社區做出了一定程度的示範效果。高綠化率的庭院景觀為居民提供了良好的住宅環境,與周圍高密度、高強度發展的住宅小區相比,這裡的空氣更清新、環境也更靜謐。溪樹庭院對於低碳技術的應用,使住宅的能源消耗與一般空調系統相比,降低了 40%~50%。對於鼓勵社區參與方面,作者在實地調查時,也遇到了物業與早教中心組織的親子活動,從家長之間的互動可以感受到社區活動使居民變得更加親近。總體而言,溪樹庭院在低碳技術與生態設計手法方面取得了一定的成績,但在某些方面還存在著不足與可改進的空間。藉由田野調查及對居民的深度訪談,可以得到一些不同背景使用者在生活過程中對此低碳生態社區的不同評價(調查係於 2013 年至 2014 年進行)。以下為作者訪談時,居民常提到的意見:

就社區的高綠化率而言,多數居民都表示認同和讚賞,認為大量植栽的應用使得社區整體的空氣品質和生活品質都得到了一定的提升:

「我最滿意的地方就是這裡環境好,四季景色都不錯。春天的時候,什麼花都有,蘭花啦、元寶楓啦,各種顏色花的一起開。秋天就像現在這樣,樹葉有各種不同的顏色。冬天的景色也特別好看,雪特別大的時候,把路面掃乾淨,其他的雪堆得很高,堆在花壇裡,雪是白色的,挺好看的。」

(舒適小高層居民 A)

「總體來說,這小區設計做的還是不錯的,應該可以說是哈西地區中綠化最好的小區。小區中存在的一個問題就是,雖然綠化做得挺好的,但是它的土壤都是建築垃圾堆砌的,所以這些樹在不停的死。小區中白樺樹死得很多,我們家樓邊上的白樺樹已經換了第二批了,但是存活率依然很低,去年移過來的白樺樹又死了。我們也向物業建議過,希望改種丁香樹,存活率高、成

本又低，但是他們沒同意，可能是從外觀看起來小區的品質就不高了。」

(舒適小高層居民 C)

但是也有部分居民表示植栽的搭配完全以景觀效果為優先考量，並沒有顧慮到住在一樓等底層樓層居民的感受：

「樓房的密度倒是沒覺得大，我就覺得樹的密度太高了，一樓跟前還要種這麼高的樹，有時候都能擋住五樓。」

(高層居民 D)

「這麼高的樹也有不好的地方，我家住在一樓，特別擋光。」

(洋房居民 K)

對於社區中大膽地引入大面積的水域，受訪者皆表示這種設計的出發點是好的，但同時也會帶來一些維護管理與使用方面的問題：

「我覺得景觀設計得特別合理，『溪』和『樹』都做得很到位，會有心曠神怡的感覺，包括冬天景色也特別的好。我們這些家裡有小孩的，夏天可以到這個水邊玩兒，那邊還有大草地，都可以讓小孩子玩兒。」

(高層居民 E)

「水環境設計得挺好的，但是在維護方面還有欠缺，感覺人手不夠，對裡面植物的打理也不及時。二期的水系從我們家門前過，我們也向社區說了一下我們的想法。我們希望能加一個水車，要不然都是這樣直接穿過去的，加一個水車能讓這個水看起來更活躍一些。」

(舒適小高層居民 C)

「這裡的水可能是死水，水也不循環，需要經常往裡面加水，但是不知道是蒸發了還是滲透了，經常處於這種乾枯的狀態。」

(舒適小高層居民 A)

對於該社區內的道路設計，居民表示：

「這裡給我的感受就是小徑幽深，沒有很大很空的感覺。不像走在大馬路上，走一會兒就膩煩了，因為哪裡都一樣。而這裡的每個角落都不一樣，路的尺度也很適合人走，從各個角度看到的景觀也都不一樣，很有趣。」

(高層居民 E)

201

「人車分道做得非常好，孩子在院子裡面自己玩，家長都是非常放心的，不用擔心會有危險發生。」

（高層居民 D）

總體而言，溪樹庭院的生態環境設計能夠得到社區居民的肯定：

「在哈西這個高速發展的地方，能夠有一片像這樣自然景觀豐富的地方，我就感覺這是很難得的。夏天這裡(指院子裡)有樹蔭的地方是比較舒服的，溫度比較清爽一些，空氣比較好，適合老人和孩子在這兒住。」

（高層居民 B）

「住在這兒我最滿意的就是花園式的設計，生態環境比較好，誰來了一看都是特別羨慕。去年還有鸚鵡呢，還養著魚，什麼種類這裡都有。」

（舒適小高層居民 I）

但是當談到對於生態社區的理解時，部分居民表示雖然對於社區環境良好、綠化率高十分贊同，但對於是否可以將溪樹庭院定義為「生態社區」仍持有懷疑態度：

「我覺得最能代表生態社區的就是它的高綠化率，還有裡面有很多珍稀樹種。但是我覺得『生態』是需要時間來驗證的，到底是不是生態的還得看 5 年以後、10 年以後還是不是依然這樣。」

（舒適小高層居民 C）

「我覺得，不能因為水裡面放了幾條魚就說是生態了。這些樹是哪兒來的，不也都是從大山裡面來的麼，這就相當於拆了東牆補西牆，那大山的生態呢？人與自然要和諧相處，但是這種作法不能算是和諧的，這些都是人造的景觀，實際上是不可取的。你仔細想想，把這個地方弄得很好了，但都是人造的怎麼能還說是生態的呢！」

（高層居民 E）

與周邊社區中高密度的開發現狀相比，溪樹庭院的建築密度相對較低，但透過作者的親身體驗，發現該社區的建築密度並不低，對於此方面也訪問了居民的感受：

「我會覺得建築的密度很高，但不會感覺不舒服。因為這裡面的樓並不是很高，小高層也是十幾層左右，所以尺度感覺還可以接受。」

「從外面看，會感覺樓的密度很大，但是因為是洋房，高度比較低，所以走在裡面的時候並不會感覺到擁擠，而且配合綠化，走起來是非常舒服的。」

(洋房居民 H)

「我家住在洋房的邊緣地區，新建的三期是高層，密度過大，會擋住我家的光線。」

(洋房居民 F)

在低碳節能技術的應用方面，溪樹庭院只在洋房和部分舒適小高層區域應用了新技術，其餘區域仍然採用地熱供暖系統。由於哈爾濱特殊的氣候，新技術的應用面臨著很多考驗，是否真的能夠在漫長的冬季達到保暖效果，是居民普遍關心的問題。對此，部分使用過新技術系統的居民表示：

「夏天的時候新風系統的使用，讓屋子有點兒潮濕。」

(舒適小高層居民 A)

「恆溫恆濕的系統在使用的時候並沒有當時說的那麼好。恆溫恆濕按照我的理解就是一年 365 天都能保持在一樣的溫度，但是我家住在 1 樓，夏天的時候就會比較潮濕，冬天的時候會比較冷。」

(舒適小高層居民 C)

「社區還有低碳方面的設計，住在這個社區不用熱水器、不用空調，家裡面也沒有暖氣片，這個技術應該是很突出的特點，冬天在屋裡也不冷，溫度比較舒適，適度也比較好。」

(洋房居民 H)

當提到對於該社區設施及周邊配套設施的看法時，受訪者紛紛表示在哈西萬達開業以前，在這裡生活是十分不便捷的，但隨著整個開發區的發展，居民將更多的目光集中到社區自身設施的建設上，也提出了相應的改進意見：

「這裡好像缺少一些能讓兒童玩耍的地方，像是少了一個會所、可以玩棋牌的這種地方。這邊原來有一個網球場，但是現在也是處於荒廢的狀態。如果有一個會所能提供羽毛球場地之類的倒是挺好的。」

(舒適小高層居民 A)

「社區中設計的車位好像不太夠，如果一家有兩輛車就沒有地方停了。」

(舒適小高層居民 C)

「這裡缺少夜市早市之類的，去萬達買菜很不方便。路上的路燈太少了，只有地燈，沒有大燈，晚上走夜路太害怕了，像走墳地一樣。」

(高層居民 D)

「這裡要是能有個老年人的活動場所，可以玩乒乓球、撲克牌，老年人在一起嘮一嘮，看個書啊。再來就是有個可以進行文化活動的地方，看個書報啊，有個圖書館之類的那就更好了。」

(洋房居民 P)

對於社區的物業管理，受訪者給予高度的評價，大部分居民認為相對較高的物業管理費用是值得的：

「社區裡的物業管理是不錯，雖然物業費比較貴，但是感覺錢花得比較值得。」

(高層居民 B)

「社區物業會定期與早教中心合作舉辦一些寶寶的早教活動，一般是在小廣場上或售屋樓中心外的廣場上，也會定期組織居民活動，但我沒有參加。」

(高層居民 G)

「社區物業管理得很好，他們為每一戶都建立一個檔案，你家什麼時候漏過水、哪裡進行了維修，都會記錄在案，這點非常好，這點是一般的物業做不到的。」

(高層居民 E)

社區活動是該社區的一大特色，大部分居民能夠參與到活動中，並透過活動與其他居民進行一些互動，同時部分居民也對社區活動表達了自己的期許：

「社區以前經常會組織活動，但最近比較少了。以前每個週末都有，比如請人來拉提琴啦，彈鋼琴啦，還會有運動會。都是全家參與性質的，如果有時間的話，我們全家都會去。這些活動有的是在室內進行，有的是在外面的廣場上，像運動會之類的。整體說來它的理念還是比較好的，家庭運動會都可以讓小孩子參與進來，大家的參與性也都挺高的。」

(舒適小高層居民 C)

「在物業那邊有組織過活動，物業會給我們發短信，像朋友圈一樣，給業主們發活動通知，有組織過音樂會和咖啡會。」

(高層居民 E)

「社區會定期組織一些可以讓大家參與的活動，比如說以前有組織過讓小孩子來參加的，樂高玩具啊、早教中心啊，還組織過鋼琴主題的演唱會，還有讓孩子塗一些東西啊，我們家長都覺得還蠻好的。比如說十一長假，會組織一些孩子的活動，這樣孩子心理的感受是非常好的，可以和小朋友一起做一些事情。不過剛開始住進來的時候活動還蠻多的，但是現在比較少一些。」

(洋房居民 H)

「以前物業會組織一些活動，最近比較少。像國外的社區有時會組織一些評比最好花園和最差花園的比賽，我很想參加這樣的活動。」

(舒適小高層居民 A)

「社區之前有組織過寶寶大賽，還有家庭運動會我們也參加過，在那邊的小廣場上。但是廣場太小了，也沒有寶寶的設施。」

(高層居民 J)

「我已經退休了，平日裡打理家裡的大小瑣事，並撫養外孫。社區的物業舉行的各種活動我經常參加，特別是培養小孩子動手能力，與家長一起 DIY 的手工活動，我覺得挺好的。透過參與這些活動，我和社區內許多業主成為了好朋友，我的小外孫也結交了很多玩伴，我希望社區的這些活動能長時間的舉辦下去。」

(居民 L)

社區活動能夠給社區居民提供交流的機會，但該社區並沒有營造一個完全開放的社區環境，居民之間的交流似乎仍然停留在小圈子內，也有部分居民表示不願意與他人交流：

「我家一樓的小花園是送的，這是它很吸引人的地方。家裡的老人年紀大了，能在裡面種點花啊、菜啊，他們覺得這種能夠勞動的生活是很快樂的，另外樓上樓下的鄰居有時候也會到我們家的小院子裡面聊聊天。」

(舒適小高層居民 C)

「居民的交流還蠻多的，大家透過他們組織的活動認識。但是機會相對較小，

205

現在的社會誰會對別人輕易敞開心扉？」

(洋房居民 H)

「對門之間都不來往。這兒不像大院。」

(洋房居民 K)

對於社區整體環境經營管理目前存在較大的爭議是，社區將花園洋房與其他區域隔開，管理及交通均是獨立的系統，這是中國高級住宅社區常見的作法，但對於永續生態社區理念中所強調發展「包容性 (inclusive)」的社會，則似乎造成一些阻礙，對於此封閉社區 (gated communities) 的現象，受訪者給出了兩極化的感受：

「感覺沒所謂，它們的價錢更高。但是它們倒是不應該圈起來這麼多，這樣一大片都沒辦法進去了，我想建議多幾棟樓圈一下，這樣比較好。」

(舒適小高層居民 C)

「那是他們業主的要求，可能比較能夠更顯示出他們的身分，但是我們沒有什麼感覺，人家花的錢比較多。」

(高層居民 E)

「把洋房區單獨隔開我的感受當然不好。大家都是人，都住在這兒，怎麼還要分三六九等，他們又不比我們高貴！心裡非常不服。」

(高層居民 J)

同時對於門禁的設置居民也有想要表達的看法：

「每次出社區大門都要從挎包裡翻找卡片來刷卡。本身就著急，還要『卡』在這裡耽誤時間，挺讓人煩躁的。而且刷卡的卡片，隨手放在衣兜裡又怕丟失掉，所以大多都是放包裡，但總要掏取實在不方便，加上遇上冬天天氣寒冷，就更難受了。」

(居民 M)

「我家的孩子比較小，門旁邊刷卡的位置高，他幾乎都搆不到，特別是社區大門的，還要搆到外面刷卡，比較不方便。」

(居民 N)

「覺得特別不方便的一點是洋房區無法通行的問題。我平時經常要去哈西大

街，購物或是出行幾乎都是哈西大街、學府路的方向，每次都要從社區大門出去後，沿著社區外面的街道走半個圓弧才能到哈西大街，這大概就需要 15~20 分鐘左右的時間。沿途有一半的路程沒有人行道，我都是挨著機動車道走，過往的車很多，車速還快，每次走得都是步步驚心、心驚肉跳的。要是能穿過洋房區，走直線距離就好了！估計都用不了 5 分鐘！可惜，我們這片兒的住家，刷卡是進不去洋房區的。這種分割，好像有階級意味似的，不僅不方便，讓人感覺也不好。」

(居民 O)

整體而言，溪樹庭院在生態設計上表現不錯，大部分居民對於景觀設計、低碳技術的應用都表示認同，但是在某些方面，溪樹庭院確實存在著有待改進的地方：

(1) 生態景觀的維護：溪樹庭院提出營造生態景觀的手法，主要體現在高綠化率的植栽設計和水岸景觀的生態群落，但是就現況來看，植栽的維護基本依靠專門人員的養護修剪，水系的作法是利用水泥將河道底部封死後，再在上面按照生態群落的特徵佈置植物。這種所謂的「生態」都是透過人工建造出來的，維護上也需要消耗大量的人力和物力。這種作法是否真能夠讓居民親近自然、感受生態，是值得我們思考的問題。值得一提的是，一味的強調綠化率而不是考慮自然與居民間的融合，也造成了綠樹距離建築太近，導致遮光等現象的發生。

(2) 低碳技術的侷限性：在低碳技術應用方面，溪樹庭院只是選取了部分區域作為示範點，由於受到技術限制及成本的考量，目前並未在整個社區中使用低碳節能設施。同時，面對哈爾濱冬天嚴寒的特殊氣候，節能設施並不能滿足所有住戶的使用要求，有時會出現高樓層太熱，低樓層太冷的狀況。所以對於新技術是否適用於寒地城市，還有待評估。

(3) 推動更廣泛的社區參與：溪樹庭院有意加強社區活動的組織和管理，以吸引更多元的社區參與，但是就目前的活動情況來看，似乎依然侷限在傳統的活動模式中，例如：在廣場跳舞及小型親子運動會，如何能夠增加活動的多樣性與參與性，以便能夠讓更多居民親身參與社區的環境改善與維護管理，是值得思索的問題。如何透過空間營造或是一些活動規劃來增加居民的積極性，進而自發性地參與社區的公共事務，也是一個值得思考的議題。

(4) 不同區域設置門禁：為減少洋房區內其他人員的出入和保障內部居民的財

產安全，該社區採用的作法是使用圍欄來進行封閉式管理。這種作法沒有考慮到居民對於公共設施使用的公平性，也阻礙了小區之間的交流和互動，無形中將原本應平等的社區分成了不同階級的使用者。

作者曾經帶一位目前在美國加州大學戴維斯分校教授永續發展課程的教授至哈爾濱溪樹庭院社區參觀，他是作者在美國唸書時博士班的同學，作者向他介紹：「這是中國北方的永續生態社區……」，由於他跟作者很熟，他很坦率的回答說：「這是封閉式的門禁社區 (gated community)，並不能算是真正的永續生態社區，因為它的社會包容性 (social inclusion)不足……」。呀！我這位親愛的美國同學，他可能不知道，雖然海峽兩岸都在推動包容性城市及包容性社區建設，但是真正要落實這個理念，可能還有很長的路要走。

附錄

受訪者資料：

受訪者 A：女，40 歲左右，居住舒適小高層，居住兩年。

受訪者 B：男，34 歲，教師，居住一期高層，居住五年。

受訪者 C：女，35 歲左右，教師，居住舒適小高層 1 樓，居住兩年。

受訪者 D：女，55 歲左右，居住一期高層。

受訪者 E：男，35 歲左右，工程師，居住二期高層。

受訪者 F：女，35 歲左右，居住一期洋房。

受訪者 G：女，30 歲左右，居住二期高層 10 樓。

受訪者 H：男，35 歲左右，居住一期洋房。

受訪者 I：男，84 歲，居住舒適小高層，兩年多。

受訪者 J：女，30 歲左右，建築相關專業，居住一期高層，兩年多。

受訪者 K：男，82 歲，居住洋房，三年多。

受訪者 L：張大娘，56 歲，居住兩年多。

受訪者 M：李女士，42 歲，經商，居住兩年多。

受訪者 N：王先生，35 歲，教師，居住兩年多。

受訪者 O：王先生的太太，32 歲。

受訪者 P：男，83 歲，社區長者，居住洋房，已近四年。

第八章　生態規劃理念及新方法論的導入

第一節　荒野哲學與環境倫理導入城市自然濕地規劃與周遭土地開發管理 (註1)

一、案例背景

　　本節內容的研究動機來自於一個有趣的緣起，本書作者 2012 年至中國高校任教，有感於中國城市建設的速度很快，但實質環境卻趨於人工化，於是在哈工大建築學院的授課及相關專業研討會中提出：中國的大城市中需要營造一些具荒野感的景觀之概念。此概念剛提出時，許多景觀系的學生，甚至是老師，都覺得很奇怪，有學生甚至問道：您在城市中談「荒野感」，難道是要我們回到蠻荒之地嗎？也有學生及相關專業者質疑，目前中國的城市，連城鎮化(都市化)(註 2)都來不及了，還談什麼荒野呢？其實，談「荒野」的概念並不是要在城市中創造一些雜草叢生的蠻荒之地，而是要營造一種尊重自然循環、自然演替及環境倫理的價值觀與生態信念，這也是一種生活態度及生活哲學。因為尊重自然演替且具有荒野感的城鄉環境其實是最符合生態環保理念，也僅需要較少的維護管理成本，所以對於城市中的重要自然景觀資源(例如天然的濕地)，我們應該適度地維持其荒野感及自然生態循環。

　　濕地是城市中重要的生態資源，隨著生態城市理念的推廣，人們已漸漸開始思索在城鎮化發展過程中，濕地的重要性及其對建構城市生態系統的角色與功能。從環境倫理與荒野哲學的角度來看，城市自然濕地不僅具有提升環境適意性及滿足休閒遊憩需要等工具性價值，也是促進城市生態循環及維護生物多樣性的重要地景元素，所以如何加強濕地保育規劃與周圍土地開發間的相互配合，以發揮互利共生及促進城市生態化發展(或生態修復)的功能，已成為中國快速城鎮化發展趨勢下，一個亟待探討的研究問題。有鑑於此，本案例研究以環境倫理及荒野哲學的觀點切入，並以哈爾濱市國家級的群力城市濕地公園為例，來探討下列問題：(1)如何藉由環境倫理及荒野哲學理念的探討，建立城市自然濕地規劃的價值觀基礎？(2)如何透過系統性的分析，找出城市自然濕地保育與周邊土地開發在配套考量上的問題？(3)如何研擬適當的規劃策略與土地開發方案，以強化城市自然濕地在促進城市生態化發展過程中的角色與功能？

二、理論與文獻回顧

(一) 荒野概念在規劃上的意涵

隨著城市環境的日趨人工化發展，維持城市中具自然演替功能的荒野景觀(例如自然濕地)之重要性，已逐漸受到一些重視。但是，在城市自然濕地保育規劃的過程中，對於自然濕地的價值要如何界定與評估，目前仍有不少的爭議(Mitsch et al., 2000; Turner, et al., 2000)。這些濕地保育與利用的爭議中，對於如何創造自然濕地與城市的互利共生，荒野哲學及環境倫理概念的導入，適時地提供了一個新的思考方向。「荒野」概念對城鄉規劃上的意涵並不是要在城市中創造一個雜草叢生的荒蕪野地，而是希望營造一種尊重自然循環、讓自然引導發展(師法自然)，以及尊重土地倫理的價值觀與信念。換言之，是要藉由荒野哲學的推廣，調整傳統規劃操作中「過度以人為主」的思考模式，以便能融入尊重自然萬物之既有價值及荒野美學的觀點。

荒野(wilderness)是什麼？依據美國荒野法案的描述，「荒野」意指那些能維持著未受人類干擾之具有自然演替功能的區域，它的土地及生物群落沒有受到人類強加干預的影響，在那裡人類只是過客而不是主宰者(1964 年美國《荒野法案》)。此概念與利奧波德(A. Leopold)的「土地倫理」(land ethics)概念相似，兩者皆揭示出，我們應尊重地球社群(the earth community)中自然萬物的存在權力，要把美好的環境留給後代子孫(Leopold,1949)。隨著這些環境保育思潮的發展，荒野的概念逐漸成為歐美自然保育運動的重要支撐 (Lupp et al., 2011)，此概念也引發一些對於規劃價值觀與操作模式的省思，例如：人類其實是自然的一部分，故應改變取用自然資源的方式與態度(葉平，2004)，以及在進行城鄉規劃時，應尊重自然生態運作規則的主導作用，避免不必要的人為干預或是對自然環境的擾動。

(二) 環境倫理：從人類中心論到自然中心論

荒野概念的部分理念精神與環境倫理相近。環境倫理是人類處理其自身及自然環境關係的價值觀基礎，也影響人類對自然資源的使用態度(Bourdeau, 2004)。隨著環境倫理理念的推廣，部分規劃專業者與民眾已開始思考城鄉規劃操作中是否應以滿足對人的需求為唯一的考量。而環境倫理概念的導入與推廣，也引發對人類中心論與自然中心論的論辯(見表 8-1)。關於人類中心論與自然中心論的論辯，影響到對可持續城市發展及生態城市規劃的定位及操作方式，其提醒我們去省思一些基本的問題，例如：自然在規劃中所扮演的角色；生態復育是為了什麼？

為何城鄉規劃要維護生物多樣性？以及自然地景資源，除了對人類的工具性價值之外，是否還存在其他重要的價值(包括天賦的價值及維持自然運作的價值等)？

表 8-1　人類中心論觀點與自然中心論觀點比較分析表

		人類中心論		自然中心論
整體觀點		所有的價值評斷都應以「對人的意義」來作為判斷主軸的依據。		強調人類應擴大倫理的範圍，認知到自然萬物的天賦地位與價值，並以倫理規範來調節人與自然的關係及對自然萬物的態度。
主要流派及觀點	強人類中心論	人類是最高等的生物，可以為了滿足其自身的需求而侵害到其他自然萬物，只要不損害其他人類的利益即可(此作法導致將自然界看作是一個供人任意取用的資源庫)。	土地倫理	美國生態哲學家奧爾多·利奧波德(A. Leopold)所提出，認為應推廣土地倫理(land ethics)的概念，將土壤、水域、植物和動物等看作是一個地球社群，在此地球社群中，人類只是過客，應尊重其他共同生存之自然萬物的存在權力，並且要把美好的環境傳給後代子孫。
	弱人類中心論	認為只有被人的理性思考所肯定的偏好(或需求)才是應給予滿足的。此觀點加入了道德理性判斷的門檻，但仍然是以人類自身的偏好(需求)為決策的依據。	蓋亞假說	由英國大氣學家拉夫洛克(Lovelock)所提出(Lovelock, 1979)，認為地球本身是一個有生命的有機體，具有自我調節的能力，能透過反饋機制，消除一些對其有害的因素(換言之，地球是活的，應維持其自淨及自我循環的能力)。
			深層生態學	由挪威哲學家阿恩·奈斯(A. Naess)所提出(Naess,1973,1977,1989)，以「生物圈平等主義」，揭示出人類與大自然是無法分離的，強調應從人類中心論的思考模式，轉換到以生物多樣性為價值判斷的基礎。

(三) 荒野哲學及環境倫理概念對城鄉規劃的啟示

　　荒野哲學及環境倫理的概念在西方已被應用於自然資源管理、自然地景維護及土地資源管理等領域之中，藉以檢討人為干預的適當性，以及人工設施與自然環境之間的關係。這些概念並對強調保育導向之西方國家公園規劃運動的發展及自然鄉土景觀設計風格產生了重要的推升力量(鐘國慶，2007)。然而，儘管此議題的重要性日益增加，目前海峽兩岸探討荒野哲學及環境倫理概念在城鄉規劃應用的文獻仍相對很少，相關文獻多側重於案例分析或空間設計手法的探討，例如李

雰和侯禾笛(2011)以蘇黎世大學耶荷公園規劃設計為例,探討如何透過城市空間與自然荒野的互動來減少人為的干預,並讓自然本身接管部分的設計任務,以營造出能與自然相融合的公園景觀系統。

綜合以上可發現,荒野哲學及環境倫理理念對城鄉規劃的啟示,應是藉由理念的宣導與公開討論,導引出一種規劃思考模式的調整,從以人類中心論導向的思考模式,逐漸調整為納入生物多樣性(或自然中心論)考量的思考模式,並學習「師法自然」的規劃設計手法及讓「自然主導運作」的原則(如誘導式設計)。例如:藉由維持城市中的自然循環演替,來減少景觀的維護成本(Hough,1984);以考量對於自然生態系統之價值(而非僅是對人類的價值)來重新檢討自然萬物的存在權利與價值;重新找回人們對接近自然的渴望以及人與土地之間的感情(土地是我們的母親)。這些理念在目前過度人工化的城鎮化發展趨勢下,應可提供吾人一些省思。

三、群力城市濕地公園案例分析

(一) 濕地公園開發背景及規劃設計理念

1. 開發背景

群力城市濕地公園位於黑龍江省哈爾濱市周邊的群力新區,濕地面積約有34.2公頃。此地區原來是一片天然濕地,長著大片的蘆葦,面積曾達一百多公頃。此處原來水量充沛,有多條溝渠通達,且是多種野生鳥類的棲息地,但由於受到城鎮化發展及城市擴張的影響,濕地的天然水路被切斷了,濕地面積遂逐漸縮減。濕地公園所在的群力新區於2006年起開始快速發展,多處新興的社區陸續建設完成。2008年,群力新區開發建設管理辦公室決定對這片被當地早期居民稱為「黑魚泡」的自然濕地進行保育規劃,並委託知名的土人景觀公司進行群力濕地公園的規劃設計。2009年12月住房和城鄉建設部發佈《第六批國家城市濕地公園入選通知》核准群力城市濕地公園為國家級城市濕地公園。濕地公園於2010年11月對公眾開放,成為哈爾濱市知名景點之一。

2. 規劃設計理念

群力濕地公園的規劃設計過程面臨到如何兼顧自然景觀保育與遊憩發展的兩難。主管單位對濕地公園規劃的構想是既要保留天然濕地,又要為市民打造一處兼具賞景、遊憩、科普教育、科學研究等多重功能的公園。規劃單位提出「生命的細胞」的規劃設計概念(圖8-1),以類比的手法來處理濕地與周遭環境介面的問

題(圖 8-2)，並企圖利用地形高差及架高的木棧道，來舒緩人為活動對濕地生態系統的擾動(俞孔堅，2011)。

　　濕地公園規劃時儘量將遊憩設施，如架高的木棧道(圖 8-3)、步道、觀景塔(圖 8-4)放在公園外側，以減少對濕地自然生態的衝擊；然而濕地公園四周新建建築林立且外圍道路頗寬，將自然濕地圍在其中，形成一個水泥叢林中的城市濕地公園。濕地公園內有人工濕地和原生濕地，人工濕地位於周邊休憩設施和原生濕地之間(圖 8-4)，為幾何型窪地，種植了一些水生植物，可過濾所收集的城市雨水。原生濕地則保留部分原有水域，種植濕地植物，作為生態核心及動物棲息地。此外，由於此處地勢低窪，濕地公園也發揮一些城市滯洪的功能。

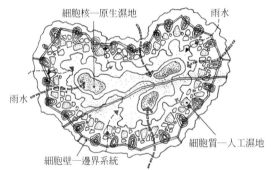

圖8-1 群力濕地公園規劃設計概念—生命的細胞

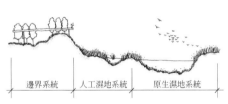

圖8-2 群力濕地公園剖面圖

圖8-3 群力濕地公園架高的木棧道

圖8-4 公園內的人工濕地與觀景塔

3. 生態環境現況

　　群力濕地公園的生態系統已慢慢建立，但目前濕地公園的水循環系統仍無法維持自持式的自然運作，夏季時往往需要透過人工注水來維持水源的補給。此外，

由於原來的生態環境已受到擾動，目前濕地公園內生物物種群落的結構較為簡單，主要動物物種為鳥類及人工放養的水禽，而植物群落結構的豐富性也不高，以蘆葦及周邊的白樺林為主。

4. 土地利用狀況

群力城市濕地公園位於哈爾濱外環的群力新區東區的核心，群力新區的用地規模有 27.33 平方公里，計畫預期引入人口 32 萬，預定建設為一處集居住、商貿、遊憩於一體的現代化新城。群力國家城市濕地公園四周的街廓以住宅與商業使用為主，整體開發強度頗大，造成地區基礎設施及生態系統負荷的增加。此區計畫綠地占總建設用地面積的 16.4％，就綠地計畫的綠地面積數量而言還算足夠，但尚未完全開發；此外，群力濕地公園與其他計畫綠地之間也尚未串連成較完整的生態綠網系統。濕地公園的東、西及南側皆緊鄰主要幹道(路寬皆為 40 公尺以上)，阻隔了濕地公園與周圍綠地系統的聯繫。此外，開發單位也有考慮在濕地公園內部建設人造遊樂設施，此舉可能會破壞此難得保存之城市天然濕地的自然運作，也會衝擊到濕地公園所展現之自然景觀特質。

(二) 自然濕地價值的認知及濕地公園與周圍土地開發關係之探討

1. 城市自然濕地價值認知調查分析

經現況調查及訪談分析顯示，城市自然濕地的保育狀況和其周圍地區的土地使用方式，其實與土地開發業者及相關規劃專業者對濕地價值的認知有關，為瞭解相關專業者對城市自然濕地價值的認知，本研究進行了一項城市自然濕地價值認知的調查。調查對象為土地開發業者、規劃專業者(調查從事規劃工作有3年以上經驗的專業者)，以及生態規劃設計相關背景的人員。調查抽樣採用立意抽樣，先取得調查樣本的名單，經諮詢其參與意願後，選取適當的樣本，進行問卷調查。問卷設計時，先依據文獻分析及訪談的結果，整理出可能代表城市自然濕地價值的項目內容，接著以永續城市發展的3E架構〔環境(Environment)、經濟(Economy)、社會公平(Equity)〕，將調查問項予以分類，再透過模糊語意問卷進行調查(調查尺度為五個尺度，包括非常不重要、不重要、普通、重要、非常重要)。部分問卷調查是配合訪談進行，以期能同時瞭解受訪者的其他相關感受。經七個月的問卷發放及訪談與問卷調查，共回收有效問卷66份，其中土地開發業者的有效問卷有31份，規劃專業者及生態規劃設計相關人員的有效問卷共有35份。回收問卷以重心法解模糊化，部分結果如下頁表8-2所示。

表 8-2 城市濕地的價值分析

	城市濕地的價值 (Values of Urban Wetland)	解模糊數	
		土地開發業者 (N=31)	規劃師或生態背 景專業者(N=35)
環境 價值	1. 濕地可提供野生動物棲息地	0.745	0.824
	2. 濕地可作為生物遺傳基因庫	0.689	0.778
	3. 濕地可減緩城市熱島效應	0.749	0.812
	4. 濕地可以隔離噪音污染	0.728	0.763
	5. 濕地可調節地區微氣候	0.767	0.815
	6. 濕地可涵養水分、補充地下水	0.775	0.818
	7. 濕地可發揮防災蓄洪的功能	0.790	0.827
經濟 價值	1. 濕地可繁衍魚類等水生生物	0.734	0.775
	2. 濕地可進行水生植物培植	0.712	0.772
	3. 濕地可增加房地產的景觀效益	0.808	0.730
	4. 濕地可提升周圍房地產的價值	0.825	0.725
	5. 濕地可提升城市意象	0.806	0.749
社會 價值	1. 濕地可作為生態教育的基地	0.756	0.813
	2. 濕地可作為民眾日常休閒遊憩場所	0.812	0.732
	3. 濕地具有荒野美學的景觀價值	0.656	0.726
	4. 濕地具有文化地景的價值	0.678	0.767
	5. 濕地具有民眾共同記憶的價值	0.710	0.756
	6. 濕地可作為城市旅遊活動的景點	0.803	0.723

註：表中數值為模糊化後之非模糊值，介於 0~1 之間，越接近 1 者，代表受訪者認為該項目越能代表城市濕地重要的價值。一般而言，解模糊數在 0.7 以上，代表受訪者認為該項目是城市濕地基本的價值；解模糊數在 0.8 以上者，代表受訪者認為該項目是城市濕地重要的價值。

　　調查結果顯示，受訪者對於濕地價值的認知，因其背景不同而有一些差異。土地開發專業者似乎較認同城市自然濕地具有帶動周邊房地產價格上漲、提升房地產景觀效益、作為民眾日常休憩場所、提升城市意象、作為城市旅遊活動景點等方面的價值；相對而言，規劃師及生態相關背景的人員則較考量到城市濕地的多元價值，尤其是較重視城市濕地在於生態、防災、生態教育及提升生物多樣性方面的價值，例如濕地在提供野生動物棲息地、減緩城市熱島效應、調節地區微氣候、涵養水分、發揮防災蓄洪作用、作為生態教育基地等方面的價值。另外，

兩個受訪群體似乎都不太瞭解濕地所提供的荒野美學感，對於高度人工化城市環境的重要性，顯示出應加強相關觀念的宣導及環境教育。

綜合而言，上述結果顯示出，城市自然濕地實具有多元的價值，除了景觀效益、提升周邊房地產價值及營造城市意象等工具性價值之外，更重要的是其在維護生物多樣性、減緩氣候變遷衝擊、防災、環境教育，以及提升整體環境品質上的綜合性價值。此結果對本研究的論點提供了一些有利的支撐，也值得規劃專業者與土地開發業者共同來思考，如何避免在濕地公園內導入過多的活動，並適當地調整濕地周遭街廓的土地開發模式，以便可讓城市濕地的生態效益能外溢到周圍地區。另外，需要特別一提的是，在目前城市環境中普遍出現過度人工化之人造環境的情況下，對於親自然設計及強調自然演替與生態循環之荒野美學價值觀，似乎也應加強宣導，以增進土地開發業者及規劃專業者對此價值的認同。

2. 濕地公園的效益與周圍土地開發的問題

經田野調查、問卷調查及土地開發業者與規劃專業者的訪談，本研究發現，目前群力城市濕地公園的規劃方案與建設成果，已產生以下的效益：

(1) 提升房地產的價值：「鄰近自然濕地」已成為房地產行銷的重要賣點，被市場化的濕地生態形象明顯地提升周圍房地產的價格。

(2) 提供城市滯洪空間：濕地低窪的地勢及蓄水功能，舒緩了部分的城市滯洪問題。

(3) 淨化空氣：濕地的植生綠化，發揮了淨化空氣及固碳的城市綠核功能。

(4) 提供休閒及體驗自然的場所：濕地公園為遊客及周邊住戶提供了一個可親近自然、體驗寒地季節性環境變化的城市活動場所。

(5) 提供具荒野美學的空間情境：目前的濕地景觀營造出一種具荒野美學效果的空間氛圍，為遊客及城市居民在繁鬧的城市中提供了一種不一樣的景觀感知體驗。

然而，由於濕地公園規劃與周圍土地開發之間缺乏整體的配套考量，該地區的整體發展也出現了下列問題：

(1) 計畫的生態廊道被切割：濕地公園四周的寬敞道路隔斷了濕地與周邊城市綠地系統間的聯繫，不僅阻礙了城市自然濕地生態效益的向外拓展，也影響到濕地資源與周邊生態元素(如綠地及景觀踏腳石)串連的機會(圖8-5)。

(2) 四周建築形成人為的屏障及生態殺手：城市濕地公園四周密集的高大建築量體形成了人為的屏障，阻擋了濕地與周遭城市通風廊道的氣流流通，並影響到生物的活動，而大樓建築窗戶反光玻璃所造成的眩光(圖8-6)，對生物的活動(如鳥類)也產生不良的影響。

(3) 形成城市街廓中封閉的生態系統：濕地公園雖採用親自然設計手法，但由於周邊被道路及水泥建築所圍住，形成一個水泥叢林中封閉的生態系統，影響生物多樣性及生態效益的外溢(圖8-7)。

(4) 缺乏相互配合的城市生態縫合：人工棧道、步道及觀景設施緊靠著濕地公園的邊界，使濕地公園邊緣地帶成為人們活動的場所，但沒有預留出一定比例的土地來作為與周圍開發基地進行城市景觀與生態縫合的生態緩衝綠地或緩衝區(圖8-8)，而周邊街廓的土地開發也未留設出足夠寬度的緩衝綠帶及街角生態綠地，以便與濕地公園形成串連成網的生態廊道網絡系統，讓自然濕地的生態效益外溢，並滲透到周邊街廓社區之內。

圖 8-5 人工化的幹道形成人為阻礙

圖 8-6 建築的反光玻璃影響生物活動

圖 8-7 新建建築量體將濕地包圍

圖 8-8 公園及周遭街廓缺乏退縮綠地

四、結論與建議

本研究結果發現，對環境倫理及城市濕地價值的認知，會影響到濕地保育規劃與周邊地區房地產開發的相互關係。群力濕地公園建設與周邊土地開發的經驗顯示出，目前土地開發時對城市濕地價值與功能的認知仍偏向以「人類中心論」的觀點切入，缺乏以環境倫理的角度來思考城市自然濕地的多元價值及相關的環境生態問題。對此，本研究建議相關規劃設計單位及周邊土地開發業者應共同努力，為整體地區生態環境的營造提供一些機會，並透過價值觀的調整，將人類中心論導向的規劃及土地開發操作模式，調整為考慮生物多樣性及濕地資源之多元價值的替選方案，以創造城市濕地保育與周圍街廓土地開發的互利共生。圖 8-9 為目前哈爾濱群力濕地公園的規劃與周遭的土地利用狀況。圖 8-10 至圖 8-12 所示，為本研究提出的替選方案，希望能加強景觀生態元素的串連及擴散效果，以便讓城市自然濕地的生態效益能夠外溢到周圍地區，並與城市生態廊道規劃元素串連成網，以創造城市濕地保育與周遭的地區土地開發的互利共生(雖然群力濕地公園周圍的土地開發已在快速的進行，且多已開發完成，但仍可透過多元綠化來進行改善，而其他有類似發展條件的地方則應有機會，避免類似的問題再度發生)。而政府主管單位也應善用紅蘿蔔與棒子，進行城市成長管理與生態廊道建設的配套整合。以下從濕地規劃、土地開發及城市成長管理等三方面提出建議：

1. 自然濕地規劃應提供的機會

(1) 落實荒野哲學及環境倫理理念中強調尊重自然及生物多樣性的觀念，將生態復育及自然作為規劃設計的主體，儘量減少人造設施及人為活動對濕地自然生態的擾動。

(2) 導入荒野哲學及荒野美學的概念，以維持自然感、荒野美學感及自然循環演替為相關規劃設計的價值觀基礎。

(3) 於濕地公園基地外側提供一些機會，例如留設生態踏腳石及有複層式植栽的生態緩衝帶，以便與周圍街廓開發基地的綠地系統相銜接，串連成具生態功能的生態綠網。

2. 土地開發及建築計畫應提供的機會

(1) 土地開發作業應倡導自然濕地在促進城市生態系統復育及親自然環境營造上的價值，而非只是視覺景觀上的工具性價值而已，並將濕地的生態價值轉化為大眾可接受的市場價值，創造自然保育與土地開發的雙贏。

(2) 調整建築配置及建材的使用，以避免對運用自然濕地為生態綠核的生態綠網建構造成人為的阻礙。臨接濕地公園周邊的街廓開發應主動進行建築退縮及開口留設，以留出部分土地來進行生態縫合(見圖8-9至圖8-12)。

圖8-9 方案一(濕地公園與周邊街廓開發現狀)：為爭取面向濕地景觀，周圍街廓的第一排高層建築圍塑成牆狀，形成封閉的介面，阻礙了濕地生態效益的外溢(人類中心論觀點)

圖8-10 方案二：在不降低開發強度的情況下，在濕地公園周邊街廓留設10米綠帶及生態綠網節點，進行濕地公園與周遭街廓的生態縫合；串連水與綠廊道(微調方案)

圖8-11 方案三：在濕地公園周邊街廓留設20米的生態綠帶及生態綠網節點；加強水與綠廊帶之串連；調整建築形式、降低開發密度、營造簇群包被感；增加綠化與通風廊道導風效果(自然中心論觀點方案1)

圖8-12 方案四：在濕地公園周邊街廓留設25~30米生態綠帶及生態綠網節點；加強水與綠廊帶之串聯，並滲入社區內部；降低開發強度、密度與樓高；增加複層式綠化與風廊道導風效果，營造親自然感，加強濕地生態效益的外溢(自然中心論觀點方案2)

此外，建築量體及建材使用應避免成為生物活動的屏障或殺手(如反光的帷幕牆)。

(3) 街廓建築規劃應在街角留設出具保水及生物棲息功能的生態窪地或生態景觀小廣場，建築量體應避免過長過大，而對生物活動形成阻隔效果。如有大街廓開發之大型長條型量體的配置，應在適當處斷開或留設開口。

(4) 建築量體配置與量體組合應考慮地區風環境及日照的特性，透過城市風廊道的導風效果及遮陽設施，來創造舒適的外部空間。

3. 城市成長管理管控

(1) 以環境承載量概念來管控城市周邊地區的開發強度及開發總量，避免在自然濕地周邊地區進行大量體、高強度的土地開發。

(2) 考慮城市濕地在建構地區生態網絡上的角色與功能，選擇適當的生態復育策略點，透過獎勵措施(紅蘿蔔)，鼓勵生態保育及複層式綠化，同時依據自然資源的價值及災害風險等因素，劃設出城市周邊地區之城市擴展區的生態基準線(棒子)，限制漫無管控的城市擴張及蛙躍式的土地開發。

4. 尋求開發業者、民眾及規劃設計專業者對於自然濕地保育與周邊土地利用方式的共識

加強自然濕地生態功能的外溢及城市溼地資源的全民共享。目前臺灣及中國大陸許多知名的城市自然濕地〔例如哈爾濱的群力濕地、杭州的西溪濕地(圖8-13和圖8-14)、高雄的內惟埤濕地(圖8-15至圖8-18)〕，周邊土地都蓋了許多大樓或豪宅，這樣的土地開發方式無疑的限制了自然濕地生態功能的外溢效果以及民眾親近濕地景觀的可及性。濕地是重要的景觀及文化資源，也是提升城市生物多樣性的寶庫。如此重要的城市自然資源之規劃與土地利

圖8-13 西溪濕地旁豪宅社區入口　　圖8-14 西溪濕地旁的獨棟豪宅群

圖 8-15 高雄內惟埤濕地公園及周遭土
地開發情況(2008 年時情況)

圖 8-16 高雄內惟埤濕地公園 2019 年
7 月時周遭的土地開發情況

圖 8-17 高雄內惟埤濕地公園周遭陸
續興建的住宅大樓形成屏障

圖 8-18 內惟埤濕地公園周邊的大樓
群將濕地公園框在中央

用方式，建議應讓其在景觀、文化及生物多樣性的效益與功能，能夠外溢到
周邊地區，並串連到城市與區域的生態網絡，形成「擴散─串連─網網相連─
生生不息」的區域生態綠網。

5. 加強具自然感及荒野美學感的自然濕地公園整體景觀營造

在越來越人工化的城市環境中，具自然感及荒野美學感的城市自然濕地
顯得彌足珍貴。作者建議自然濕地的保育規劃及溼地公園土地利用方式，應
以親自然設計方式來操作，維持其自然循環及適當的荒野美學感，並透過師
法自然的觀念與手法，加強自然濕地與周圍土地的共生共榮，此乃是在全球
氣候變遷下，生態城市規劃設計專業者應思考的方向。

本節案例嘗試從環境設計價值觀的層面切入，探討如何建構城市濕地與周邊
土地開發的長期互利共生關係。在一個快速城鎮化且高度強調經濟利益的城市環

境中，若想在土地開發的操作中，導入環境倫理及荒野哲學的觀念，可能還有漫長的路要走，但只要有開始就有希望，留給子孫一個健康完整的生態環境，就是最好的回饋。另外，荒野美學感的景觀規劃設計是一種尊重自然循環的價值觀及生活態度，應該避免刻意和做作的空間營造及景觀設計(換言之，應保留一些空間，讓大自然自己來做設計)。而且最好是在環境規劃設計的初期階段，就將荒野美學及維持自然循環的概念導入，妥善地維護具荒野感及自然生態演替效果的景觀元素，讓其與實質環境的發展一起動態的成長，並進而成為地區環境特色營造的亮點。例如有三百多年歷史的美國加州大學柏克萊分校(UC Berkeley)在其校園規劃的初期，就保留了具荒野感及自然演替效果的樹林及生態水岸空間，此地區後來成為校園內具有明顯生物多樣性及景觀療癒效果的開放空間，對於校園整體生態環境的提升與空間美學發揮了具體的功效(圖 8-19 至 8-22)，這些經驗值得城市濕地公園景觀規劃設計時借鏡。

圖 8-19 柏克萊大學校園內的原生樹林

圖 8-20 柏克萊大學校園內的自然溝渠

圖 8-21 柏克萊大學內的百年林木

圖 8-22 柏克萊大學的親自然外部空間

第二節 利用 RS 和景觀生態學指標監測低碳生態城市規劃中景觀格局的變化

一、案例背景

鑑於快速城鎮化(都市化)發展,都市擴張和都市環境品質惡化等問題的日益加劇,推動生態城市建設已成為許多城市重要的政策目標。在生態城市規劃與建設的諸多考量面向中,促進永續的景觀格局發展和綠資源管理是改善城市生物多樣性、減少空氣污染、舒緩熱島效應,以及提升城市環境適意性與生活品質的重要規劃項目。然而,儘管許多文獻已經注意到景觀和綠資源的空間結構與發展型態之重要性,但許多規劃機構仍缺乏適當的分析工具與方法來系統性地檢視都會地區景觀格局的特徵、結構與變遷。鑑於此困境,本節嘗試運用 RS、GIS 及景觀生態學指標分析來探討以下研究問題:(1) 規劃者應如何判釋研究區域之景觀生態學的主要組成元素、景觀元素的型態特徵及景觀格局?(2)規劃者應如何系統性地分析研究地區之景觀格局和綠資源空間結構的類型與變遷,以協助制定適當的綠地空間管理政策及景觀政策?透過本研究提出的研究方法,本節嘗試確定出目前城市景觀規劃和綠地管理中的關鍵規劃問題,並建議相關的規劃策略,以改善現況。

二、相關理論與文獻評述

景觀生態學指標是量化分析特定地理區域的土地使用及景觀格局的數值化分析工具。一個地理區域景觀格局的特徵及組成元素(例如嵌塊體、廊道、基質等)的型態、數量和功能,與該地區生物多樣性及景觀的其他生態價值有關。景觀格局的破壞可能會降低景觀功能的完整性 (With, 1997),因此,如何發展一套系統性的方法來衡量景觀格局的特徵與變化,已經成為生態城市規劃中一個重要的研究課題。遙感 (RS)和地理資訊系統(GIS)技術的進步,為研究景觀格局及其變遷提供了有用的分析工具。目前關於此課題的相關研究主要可分為以下幾類:(1) 運用景觀生態指標來分析土地使用型態的變化及地表景觀覆蓋的破碎化現象(例如 Pôças, 2011; 王道駿等,2014)。(2)運用景觀生態學指標作為衡量生物多樣性、生態網絡或生態風險的指標。例如 Uuemaa 等人 (2013)對現有利用景觀生態指標衡量土地利用變遷、棲地功能、景觀調節功能的文獻進行全面性的回顧,指出主要指標的適用範圍;高賓等人 (2011)利用 TM 遙感影像,透過景觀格局指標分析,並引入生態風險指數,來進行研究區域的生態風險評估,並確認生態風險區域的不同等級;

Gurrutxaga 等人(2010)使用最小成本路徑空間模擬分析方法來改善西班牙巴斯克地區現有生態廊道(Natura 2000)的連通性；Cook(2002)使用景觀生態結構指標來進行景觀嵌塊體、廊道及生態綠網結構的分析，以評估城市生態廊道的功能。(3)使用景觀指標作為評估工具，以檢視城市發展過程對區域景觀結構、綠地系統或農業資源的影響。例如 Zhou 和 Wang(2011)採用景觀指標和整合性方法來進行 1992 年至 2009 年中國昆明綠地系統之變化模式和強度變化的描述性分析，以探討快速城鎮化發展所帶來的衝擊；Wu 等人(2006)利用 RS 和 GIS 探討北京土地利用的動態變遷，其研究結果發現，快速城鎮化及不均衡發展之趨勢，導致了北京都會區域農田和其他農業用地的大量流失。

三、研究設計

本節以深圳市坪地地區的深圳國際低碳城為研究地區(圖 8-23)。深圳坪地國際低碳城為深圳市特區發展委員會與歐盟合作開發的計畫項目，為中國目前推動低碳生態城市建設的重點計畫之一。深圳原為香港旁邊的一個小漁村，經 30 多年

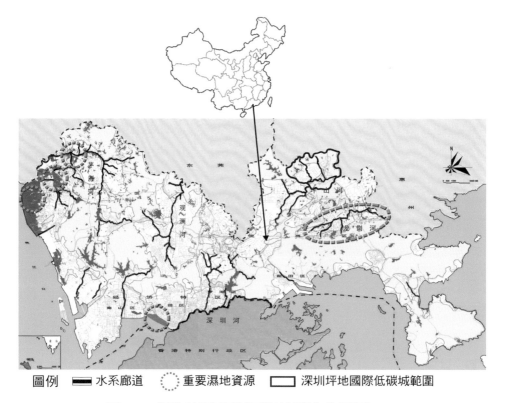

圖 8-23 研究地區(深圳國際低碳城)位置圖

的發展,現已成為一個 1000 多萬人的超大城市,城市發展用地明顯不足。為了符合城市成長的需求以及作為中國新一代城市規劃模式的示範案例,深圳東北側的坪地地區,因其良好的區位及豐富的自然資源,被選為新一代國際低碳城的示範基地。基於此地區良好的生態資源及所面臨到快速城鎮化發展的壓力,特別以此地區作為本書地景變遷案例研究的操作地區,來進行相關的調查分析及景觀生態學指標的分析。

　　深圳坪地地區擁有豐富的自然資源;然而,在城鎮化和工業化發展的影響下,此地區的景觀格局及整體生態機能已受到影響。因此,如何有系統地監測景觀格局和綠地結構的變化已成為此區域在進行生態城市規劃過程中的一個重要課題。本研究採用數種研究方法,包括 RS 和 GIS 空間分析、遙感影像判釋與地景類型分類、土地使用變遷 GIS 疊圖分析,以及景觀生態學指標分析等。使用的資料包括 2003、2013 及 2018 年的 SPOT 衛星圖像(10 米分辨率)、深圳地區綠地系統圖資、現況土地利用調查、研究地區空拍資料(例如見圖 8-24),以及深圳坪地地區的 GIS 圖資(本團隊在哈工大深圳研究生院提供的資料基礎下,依據現地調查資料進行更新所建置)。在分析中使用 ENVI、ArcGIS 及 FRAGSTATS 軟體搭配運用,來進行所需的數值化分析。研究流程及主要分析步驟如圖 8-25 所示,地景變遷分析與土地使用疊圖分析的基本操作概念如圖 8-26 示。

圖 8-24 深圳坪地國際低碳城大尺度空拍圖
(資料來源:深圳市規劃設計研究院)

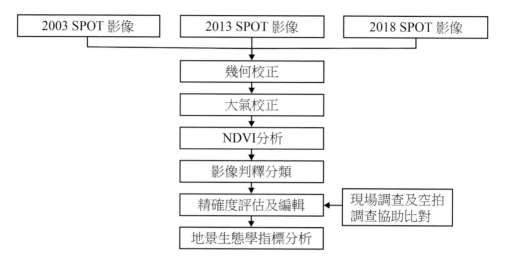

圖 8-25 研究流程及主要研究步驟示意圖

(資料來源：本研究繪製)

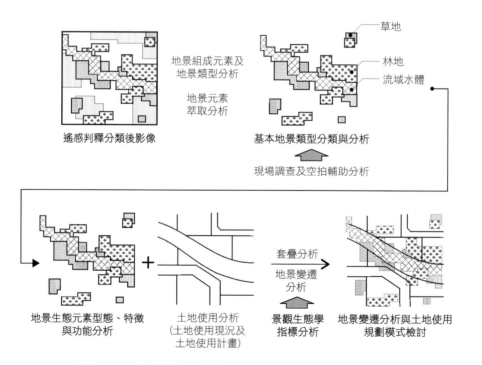

圖 8-26 地景變遷分析與土地使用疊圖分析示意圖

(資料來源：本研究繪製)

在景觀生態學指標的選取與運用部分，本研究依據景觀嵌塊體、景觀類型及整體景觀結構三個面向，各選取適當的指標，來進行研究地區的景觀格局及地景變遷分析。本案例分析所選取的指標皆為相關文獻及研究所常用的指標，各指標的操作型定義、分析單位及使用的理由，整理於表8-3。指標的數值化計算主要係使用 Fragstats 軟體。該軟體是由麻薩諸塞大學的景觀生態研究室所開發，是目前廣為相關專業者使用的景觀生態指標分析軟體，但由於本研究所考量的部分指標，該軟體並未提供，故本研究也使用加拿大北部森林生態系統研究中心(CNFER)的空間生態分析軟體(spatial ecology program)，來進行部分評估指標的運用。景觀生態學指標的分析結果如表8-4至表8-8所示，其顯示的意義說明於研究結果部分。

表 8-3 本研究使用的景觀生態學指標分析表

地景指標	描述	單位	範圍	使用理由
嵌體面積(CA)	特定類別的整體面積	公頃	AREA＞0	一般性指標
嵌塊體數目(NP)	特定類別的嵌塊體數量	個	NP≧1	一般性指標
嵌塊體密度(PD)	特定類別中的嵌塊體數目除以整個地景區域面積	每100公頃中嵌塊體數目	PD＞0	破碎化指標
所占地景比例(PLAND)	特定類別面積占整個地景面積的比例	百分比	0＜PLAND≦100	一般性指標
平均嵌塊體大小(MPS)	平均嵌塊體大小	公頃	MPS＞0	型態指標
最大嵌塊體指標(LPI)	某一類別最大的嵌塊體除以整個地景區域面積	百分比	0＜LPI≦100	破碎化與指導性指標
地景型態指標(LSI)	總邊緣或邊緣密度的標準化度量，可依地景大小進行調整	無	LSI≧1	型態指標
地景型態形狀複雜度指標(MSI)	嵌塊體周長的總和除以該類嵌塊體區域面積的平方根(所有嵌塊體為圓形或方形時為1)	無	MSI≧1	型態指標
平均最短鄰近距離(MNN)	相同類型的嵌塊體之間的平均最短距離	公尺	MNN＞0	孤立性(連結性)指標
加總指數(AI)	顯示不同對的嵌塊體類型同時出現的頻率	百分比	0≦AI≦100	頻率指標

四、研究結果

本研究的衛星影像分析包括幾個主要的步驟。首先，2003、2013、2018 年的衛星影像資料係使用 ENVI 軟體，來進行以 UTM 座標系統為參考的地理校正。共使用二十五個均勻分佈的地面控制點來進行幾何校正，然後使用 ENVI 中的模組進行大氣校正。為了指認出基本的地表景觀類型和綠資源的基本型態，本研究使用了 NDVI 分析和 ENVI 的分類模組。NDVI 分析用於協助識別綠資源，經多次研

究測試，最後使用 0.2 的門檻值來作為篩選及建立代表綠資源的多邊形空間單元(polygon)，然後進行圖像分類及分類結果的比較與校對，以確認出土表覆蓋和綠資源的基本類型。實地調查資料與空拍資料，連同前述 NDVI 結果，也一併使用來進行分類後之編輯，以校正一些分類時的錯誤。透過 ENVI 軟體的最大近似分類模組，搭配主成分分析功能的運用，本研究確定出六種主要的土地使用類別，包括建成區(包括住宅、商業、工業及交通用地)；水體(河川、溪流、埤塘、湖泊及水庫等)；林地(落葉林、常綠林及混交林等)；農地；草地(草地、花園、樹木密度低的公園及高爾夫球場)和裸露地。本研究並於每個土地利用類別選取四十個採樣點來評估分類的準確性，例如 2003 年影像分析的整體精度為 80.3%，Kappa 係數為 0.791；2013 年影像分析的整體精度為 82.4%，Kappa 係數為 0.812，顯示最終分類結果可以接受。地表地景分類結果呈現於圖 8-27 至圖 8-29。在確認地表地景分類之後，然後使用 ArcGIS 軟體，將 2003、2013、2018 年的分類結果轉換為用於計算景觀生態指標的網格 (Raster)資料格式，以便輸入 Fragstats 軟體，計算研究所需的景觀生態指標(包括測量景觀嵌塊體密度、形狀、連通性、景觀類型及生物多樣性特徵的指標)。另外，關於 Spatial Ecology Program 軟體的應用，由於該軟體使用 ploygon 資料進行分析，故所需景觀生態學指標計算時不需進行 GIS 資

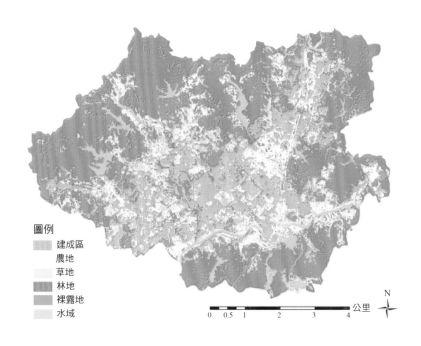

圖 8-27 研究區基本土地利用類型 (2003 年)

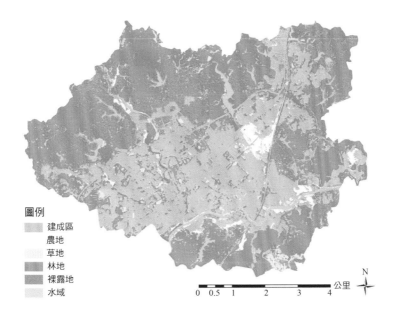

圖 8-28　研究區基本土地利用類型 (2013 年)

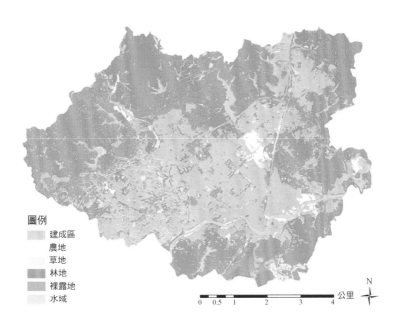

圖 8-29　研究區基本土地利用類型 (2018 年)

料格式的轉換。上述兩軟體分析結果彙整後的綜合性景觀生態學指標計算結果如表 8-4 至表 8-7 所示。為了討論的方便，下列分析表也考量全區及特定區域的情況。

表 8-4 景觀生態學指標分析結果 (深圳國際低碳城全部地區)

類型	時間	CA	NP	PD	PLAND	MPS	LPI	LSI	MSI	MNN	AI
建成區	2003	1184.15	1783	36.75	22.16	0.66	10.31	49.92	1.65	18.90	98.58
	2013	1929.45	5874	38.60	36.12	0.33	20.55	42.64	1.57	21.89	99.05
	2018	1931.57	6074	42.34	36.00	0.32	29.31	48.64	1.58	20.62	98.91
草地	2003	291.50	1359	27.33	5.45	0.21	0.15	59.57	1.71	34.63	96.57
	2013	139.19	1908	35.91	2.61	0.07	0.36	47.85	1.43	37.88	96.03
	2018	125.22	1872	35.63	2.36	0.07	0.34	47.85	1.43	38.38	95.81
森林	2003	2717.10	17050	65.98	50.86	0.16	14.42	48.96	1.38	16.87	99.08
	2013	2535.42	3236	19.66	47.46	0.78	13.53	41.12	1.79	19.33	99.20
	2018	2329.95	3209	23.28	43.87	0.73	12.41	43.85	1.78	19.92	99.11
農地	2003	680.88	1579	26.02	12.74	0.43	1.06	68.97	1.92	20.57	97.39
	2013	122.71	520	10.50	2.30	0.24	0.29	25.96	1.64	45.79	97.74
	2018	95.83	510	10.20	1.81	0.19	0.29	25.48	1.61	48.37	97.49
裸露地	2003	211.70	707	21.10	3.96	0.30	0.29	38.70	1.76	36.30	97.41
	2013	417.85	3516	62.20	7.81	0.12	0.98	68.55	1.69	22.34	96.69
	2018	679.12	3672	71.23	12.55	0.18	0.88	74.63	1.72	18.87	97.14

表 8-5 景觀生態學指標分析結果 (深圳國際低碳城都市化地區) (註 3)

類型	時間	CA	NP	PD	PLAND	MPS	LPI	LSI	MSI	MNN	AI
建成區	2003	1030.30	1131	48.95	45.19	0.91	23.73	41.08	1.65	15.96	98.75
	2013	1528.44	3066	26.14	67.05	0.50	38.13	27.30	1.60	13.66	99.33
	2018	1511.07	3221	35.11	66.33	0.47	58.73	33.64	1.61	12.55	99.15
草地	2003	172.33	840	38.12	7.56	0.21	0.30	43.87	1.67	30.98	96.73
	2013	66.51	800	32.90	2.92	0.08	0.19	29.80	1.37	40.32	96.46
	2018	55.23	772	32.34	2.46	0.07	0.19	29.68	1.37	41.34	96.13
森林	2003	526.57	6605	105.54	23.10	0.08	2.21	53.80	1.38	19.94	97.70
	2013	427.61	1006	31.58	18.76	0.43	2.32	40.66	1.71	23.35	98.08
	2018	317.08	967	34.75	14.11	0.33	2.22	38.85	1.66	25.36	97.87
農地	2003	411.82	1175	41.85	18.06	0.35	2.47	55.38	1.85	20.05	97.32
	2013	68.83	338	12.59	3.02	0.20	0.65	17.01	1.52	59.99	98.07
	2018	56.84	333	13.34	2.53	0.17	0.66	17.53	1.51	58.70	97.80
裸露地	2003	93.26	293	16.30	4.09	0.32	0.59	23.38	1.63	41.71	97.68
	2013	144.23	1475	59.13	6.33	0.10	0.90	38.75	1.66	25.68	96.85
	2018	303.30	1533	82.13	12.96	0.20	1.01	51.18	1.69	19.17	97.05

表 8-6 景觀生態學指標分析結果 (深圳國際低碳城非都市化地區)

類型	時間	CA	NP	PD	PLAND	MPS	LPI	LSI	MSI	MNN	AI
建成區	2003	153.56	709	30.77	5.02	0.22	0.72	33.88	1.67	23.59	97.34
	2013	400.48	2929	51.62	13.08	0.14	3.14	43.17	1.55	24.82	97.89
	2018	420.03	2981	51.04	13.74	0.10	6.77	43.31	1.55	24.90	97.93
草地	2003	119.16	576	21.85	3.89	0.21	0.12	41.82	1.80	41.22	96.26
	2013	72.68	1141	39.27	2.37	0.06	0.62	38.39	1.47	38.70	95.61
	2018	69.99	1131	39.05	2.29	0.06	0.59	38.33	1.48	38.99	95.53
森林	2003	2189.93	10748	37.54	71.54	0.20	21.99	29.55	1.41	13.70	99.39
	2013	2107.33	2314	12.22	68.84	0.91	22.79	27.78	1.84	13.48	99.42
	2018	2012.41	2318	16.77	65.72	0.87	20.98	32.56	1.83	13.65	99.30
農地	2003	268.98	455	16.01	8.79	0.59	0.46	42.75	2.09	24.58	97.45
	2013	53.88	188	8.95	1.76	0.29	0.23	20.45	1.85	40.56	97.35
	2018	38.98	183	7.89	1.28	0.21	0.23	19.36	1.80	46.39	97.05
裸露地	2003	118.38	430	25.42	3.87	0.28	0.33	31.68	1.84	35.52	97.18
	2013	273.61	2138	66.87	8.92	0.13	0.67	57.93	1.73	20.81	96.55
	2018	375.72	2253	65.51	12.24	0.17	0.69	55.87	1.74	19.61	97.16

表 8-7 景觀生態學指標分析結果(深圳國際低碳城水域周邊環域 300 公尺範圍地區)

類型	時間	CA	NP	PD	PLAND	MPS	LPI	LSI	MSI	MNN	AI
建成區	2003	687.25	1261	47.67	22.39	0.55	3.75	43.33	1.68	17.75	98.38
	2013	1134.48	3652	42.78	36.97	0.31	15.98	36.78	1.61	21.40	98.94
	2018	1136.13	3810	47.54	36.82	0.30	20.34	42.42	1.62	20.34	98.76
草地	2003	190.42	945	33.76	6.20	0.20	0.22	49.32	1.71	33.80	96.49
	2013	78.68	1065	35.68	2.56	0.07	0.24	35.67	1.44	40.84	96.09
	2018	69.46	1037	35.15	2.29	0.07	0.24	35.32	1.44	41.92	95.87
森林	2003	1395.09	10333	85.73	45.46	0.14	8.75	43.91	1.40	16.38	98.85
	2013	1345.77	1774	24.99	43.85	0.76	9.82	34.52	1.83	20.17	99.09
	2018	1212.12	1750	29.02	39.80	0.69	8.87	35.47	1.80	21.18	99.01
農地	2003	468.32	1156	32.55	15.26	0.41	1.48	57.47	1.93	22.27	97.39
	2013	106.50	414	14.11	3.47	0.26	0.43	23.59	1.64	43.74	97.81
	2018	82.41	405	13.74	2.71	0.20	0.44	23.16	1.61	46.19	97.55
裸露地	2003	110.67	421	23.59	3.61	0.26	0.21	31.16	1.78	37.42	97.13
	2013	221.73	1907	66.76	7.22	0.12	0.50	54.93	1.75	23.18	96.37
	2018	398.84	2014	81.73	12.79	0.20	1.34	61.21	1.78	18.77	98.09

　　從表 8-4 到表 8-7 可以看出，深圳坪地國際低碳城的土地利用及景觀格局在過去十五年中發生了巨大的變化。在城鎮化地區和周圍的自然區域中，建築用地和裸露地迅速地增長，綠資源的數量和功能則明顯地減少與變弱。如同其他相關研

究報告書及文獻的發現，本研究結果顯示，景觀格局破碎化程度的增加、綠資源數量和連通性之減少等問題都可能對該地區的生物多樣性產生重大的影響。除了目前普遍使用的景觀生態學指標之外，本研究也計算了一個常用的生物多樣性指標 SDI (Shannon's Diversity Index, McGarigal and Marks, 1995)。研究結果顯示，在 2003 到 2018 年這 16 年之間，就深圳國際低碳城整個地區而言，SDI 從 1.37 降為 1.25；就深圳國際低碳城的都市化地區而言，SDI 更從 1.41 降為 1.06，顯示該地區的生物多樣性情況，正在明顯地降低。

五、結論和建議

本節以深圳坪地國際低碳城地區為例，運用 RS、GIS 及景觀生態學指標，確認出快速發展的都市化地區在景觀空間結構與綠資源管理上的一些問題。研究結果顯示，伴隨著城鎮化及工業化發展，研究地區已出現：景觀格局與綠資源結構之破壞、土地使用與地景空間結構的破碎化發展、綠資源嵌塊體數量的減少，以及地區生物多樣性減弱等問題。此外，案例操作經驗也顯示，多重時間點的景觀空間格局分析可作為探討地景變遷與城市發展間之關係的有用工具。鑑於本研究結果顯示出：景觀格局破碎化和綠資源功能減弱等問題，已成為快速都市化地區在景觀生態規劃上一個需要關注的問題，本研究建議，應立即進行城市綠資源管理政策及生態廊道規劃政策的研擬，並採取相應的地方規劃行動，以減緩城鎮化(都市化)發展對景觀格局和綠資源空間結構與功能之衝擊。以下為相關規劃策略的建議：(1)加強都市計畫劃設之公園綠地的建設完成率；(2)鼓勵平地造林計畫及都市化地區的多元建築立體綠化(例如透過獎勵措施，鼓勵綠屋頂、平台和陽台綠化、壁面綠化等的施作)；(3)鼓勵綠校園計畫，加強校園綠化及提升校園的生物多樣性，讓校園成為地區的生態綠核；(4)推動社區閒置空地的綠美化及社區市民農園，鼓勵民眾參予社區綠資源的維護與管理；(5)配合都市設計管控機制，利用園道、生態街道、都市地區的綠地、植栽帶及建築指定退縮的開放空間綠化，來建構多元尺度的城市生態廊道；(6)在水域周邊留設適當寬度的綠帶，鼓勵複層式植栽設計，並與地區的綠資源進行適當的串連，藉以建構具生態保育及復育功能的水與綠廊道；(7)保留城市中重要的生態踏腳石或具生態功能的生態景觀綠地單元(如環保綠地)，以維持生態廊道的連通性及生物多樣性；(8)保留城市周邊具生態及防止城市蔓延功能的農業區或農地，並鼓勵發展近距離農業；(9)分析綠資源在固碳及碳吸存管理上之功效，並結合綠地計畫，以促進生態減碳化的城鎮化發展。

第三節 生物多樣性不可替代性分析導入深圳低碳城生態廊道規劃 (註4)

一、案例背景

在快速城鎮化發展的壓力下，隨著生態城市理念的推廣以及人類對城市生態環境的日益重視，建構城市生態廊道(urban ecological corridors)，以提升生物多樣性及維護生態系統功能的構想，已受到廣泛的注意(Fábos, 2004)。城市生態廊道意指城市中地景嵌塊體〔如生物棲息地、中繼站(或稱踏腳石，stepping stones)等〕、生態綠網及綠核等景觀元素所形成的網絡系統，透過核心區(core)、節點(node)及長條型綠廊網絡(corridor)等生態地景元素之串連與銜接，讓生物能順利的遷移與活動，藉此達到維護生物多樣性及加強都市與自然相融合的作用。此概念係於1950~1960年代由景觀生態學家所提出，直到1980年代才被逐漸被運用到城鄉規劃領域上。生態廊道系統具有連結原本孤立的生物棲息空間之功能，可增加物種多樣性，同時也具有改善城市熱島效應、降低空氣污染及增進人造環境與自然環境之和諧度等多重功能，因此引起各國對於生態廊道規劃及復育之重視。在生態廊道規劃的諸多考量中，生物多樣性擔負著維持生態系統穩定性、提升生態承載力及提高生態系統服務功能等多重的作用，而城市中的生物多樣性並對維護城市生態平衡、生態安全以及改善人居環境具有重要的意義，所以如何加強生態廊道之生物多樣性面向的功能，已成為相關規劃工作中的重要考量內容之一。然而，由於涉及跨領域的知識及分析方法，如何將生物多樣性的分析具體地導入城市生態廊道規劃作業之中，卻仍為一個亟待探討的研究課題。

進入1980年代後期之後，生態城市及景觀生態學等理念的提出，提供了生態廊道及生態網絡發展的理論基礎，例如Dramstad, Olson and Forman (1996)等人提出的「斑塊一廊道一基質」模式提供了連接城市地景元素以形成有機整體的理論基礎，中國以俞孔堅(1999)為代表的景觀生態安全格局系列研究，則嘗試透過結合地質、地貌、水文、環境、生物、土地利用等資料，探討生態景觀格局，並根據生態健康水準、生態服務功能等鑑別出城市區域中的關鍵生態要素、分佈狀況及景觀生態佈局，以便在此基礎上進行生態廊道規劃設計。一些基於地區物種特性的生態廊道設計，如西雙版納對亞洲象保護廊道的規劃，以及加拿大班夫國家公園的生物通道設計研究，則利用3S空間資訊技術對物種活動範圍進行調查，將

適宜物種棲息遷徙且不受人類活動威脅的地帶作為生態廊道加以保護，以保證生物棲息地的連通，同時降低人類活動對其產生的威脅(萬敏等，2005；李正玲等，2009)。這些多方面的生態廊道規劃努力為城市生態可持續發展和瀕危物種的持續生存提供了科學的參考；然而，上述理論或方法，仍較側重於以人類中心論的觀點，探討景觀生態學與土地使用間之關係，相對地對於生態廊道規劃中物種棲地之保護及生態熱點的探討則顯得有所不足。因此，如何運用科學性的生物多樣性保護規劃方法，在鑑別出生物多樣性優先保護熱點的基礎上，結合景觀生態學及生態廊道理論，據以建立合理的生物多樣性保護網路，以利於物種棲息地的連通以及生態系統內能量的流動，實為亟待探討的研究問題。

有鑑於此，本研究嘗試結合生物多樣性理論與景觀生態學理論，運用系統性保護規劃(Systematic Conservation Planning, SCP)方法，以不可替代性作為生物多樣性評價指標，確定出高不可替代性的生態熱點，以作為生態廊道中生物多樣性維護的優先地點，並結合景觀生態學及綠地計畫理論，以期能建立具生物多樣性的都會區生態廊道網路。與傳統生態廊道規劃研究相比，本研究強調生態優先及注重生物多樣性優先保護地點的指認，不僅考慮物種的分佈範圍，還考慮了物種現存棲息地面積及保護目標等因素，以期能使整個地區的物種、生態系統和景觀等生物多樣性特徵得到最大限度的保護。在此基礎上進行生態廊道的規劃設計，可讓生物多樣性保護地點能聯繫起來，對研究地區未來生物多樣性的保護和城市的可持續發展具有重要的意義。基於以上動機與背景，本研究嘗試提出了一套方法論，將定量生物多樣性保護價值分析整合到生態廊道規劃設計作業，並確定出需優先劃設的關鍵生態廊道路徑。基於此，本研究的主要內容包括：(1)透過遙測影像判釋功能界定出構成區域生態廊道的綠資源元素，發展整合生態廊道元素的綠資源管理空間計畫圖；(2)使用不可替代性分析中的潛在棲地預測(potential habitat projection)和定量目標來計算不可替代性指數，藉以辨識具重要性的生物多樣性熱點；(3)結合不可替代性分析結果和綠資源空間分析結果，指認出重要的生態廊道路網。透過上述分析及操作方法的整合，本研究希望能發展出一套規劃方法論，藉以建構能維護生物多樣性的城市生態廊道系統。

二、研究設計

(一) 研究地區

本研究以深圳市坪地的國際低碳城為研究區域。此區域原有豐富的自然資

源，但受到三十年來深圳市快速城鎮化發展之衝擊，區域內生態資源的結構與功能已受到相當程度的影響，所以如何建構具維護生物多樣性功能的生態廊道，藉以保存與復育重要的生態系統元素，實為當務之急。坪地地處於中國廣東省深圳市西北方邊界，是深圳、東莞、惠州三個城市的交叉點，此地區三面被山環繞，是一個適合人類居住及生物活動的地區(圖 8-30)。坪地地區涵蓋九個村落，人口約二十五萬。目前該區域的土地使用內容包含：森林、農地、水源地及已開發的城市發展用地(包含居住用地、工業用地、商業用地、交通用地、公共設施用地、綠化用地、道路、廣場等)，區域自然土地占總面積的 67%，但在逐漸減少中。整體而言，此地區良好的自然環境不僅是大自然的寶藏，也是讓深圳成為永續生態城市的重要根基。在 2012 年 5 月 3 日在布魯塞爾舉辦的中歐「城鎮化夥伴關係」高峰會，深圳市長提出了一個透過中歐旗艦合作關係，企圖將深圳打造成一個低碳生態的國際化城市，並選定坪地地區為示範性國際低碳城的基地，此絕佳的環境與背景，讓深圳坪地低碳城地區成為研究城市生態廊道規劃的良好示範地區。

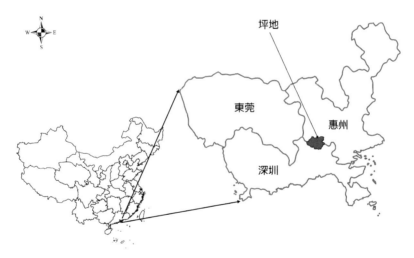

圖 8-30 深圳國際低碳城位置圖

(二) 分析方法與資料

　　欲進行低碳城生態廊道的生物多樣性保育規劃，本研究首先以遙測影像判釋及 GIS 空間分析來判釋構成生態廊道之基本綠資源元素及其空間分佈狀況，接著以系統保護規劃(Systematic Conservation Planning, SCP)來進行生物多樣性不可替代性的分析。系統性保護規劃(SCP) 是近年來建立的一套較系統性、全面性的保護區網路設計方法 (Margules and Pessey, 2000)。此方法根據生物多樣性屬性特徵，確

定量化保護目標，並結合保護生物學、景觀生態學等相關學科以及 GIS 空間分析技術來對一個地區的生物多樣性進行分析、保護，以及相關的規劃與管理。SCP 是一種綜合性的保護規劃途徑，實際操作時側重於保護區及保護地點的選址和設計，目的在於保護整個地區的生物多樣性特徵，包括物種、生態系統和生態地景元素。隨著系統保護規劃方法的發展與推廣，此類研究已開始重視操作的簡便性設計、利益關係人參與，以及加強規劃軟體工具的開發來輔助保護區的評估、優先保護地點的確定，以及保護廊道規劃設計(Pierce et al., 2005；Knight et al., 2006；Rouget et al., 2006；Hermoso et al., 2011)。目前，基於不可替代性概念的系統保護規劃方法已在生物多樣性系統保護規劃有一些應用案例，例如：安第斯山脈中南部保護優先性分析、羅馬爬行類和兩棲類動物在氣候變化威脅下優先保護區的設計，以及在非洲城市 Chad 的保護區網路分析等(Godoy-Buerki et al., 2014；Popescu et al., 2014；Brugiere et al., 2013)。本研究在系統保護規劃的架構下，首先根據研究地區生物多樣性特徵確定標的物種、重要的生態系統及生態功能區，然後結合物種生境特性，利用 GIS 技術進行了標的物種潛在分佈範圍預測，最後藉由生物多樣性保護規劃軟體(C-Plan)計算了不可替代性指數，為研究區生物多樣性保護和都會區生態廊道規劃建立提供參考的依據，操作架構如圖 8-31 所示。

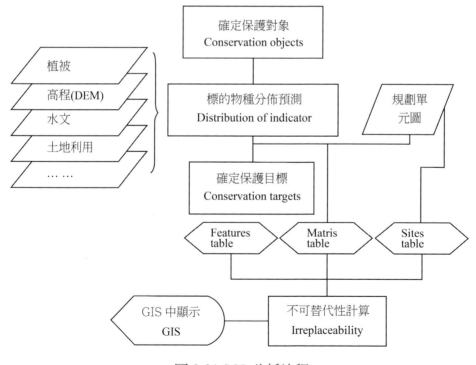

圖 8-31 SCP 分析流程

本研究所使用的資料包括土地利用、植被覆蓋、水文、數位高程模型(DEM)等空間資料，以及相關的生物調查資料(包括研究地區主要活動生物物種名錄、物種瀕危程度、棲息特性、分佈範圍等資訊)。土地利用圖資係由地方規劃局提供；植被覆蓋圖資部分係由遙感影像判釋，並透過高解析的航照圖以及綠地調查資料進行校對，據以建立植被及綠資源空間分佈的圖資。至於本研究所需的物種瀕危程度、棲息特性、分佈範圍等相關資訊主要來自《中國瀕危動物紅皮書》(汪松，1998)、《中國物種紅色名錄》(汪松、謝炎，2009)以及深圳市規劃設計院配合生態國際低碳城規劃所進行的生物調查資料。

(三) 保護物種選擇標準、標的物種預測及保護目標確立

本研究地區具有豐富且多樣的生物物種，本研究透過相關單位的調研資料及專家群體討論的方法，根據物種的瀕危程度、國際關注程度及其生態價值，設定以下之標的物種的選擇標準：(1)中國珍稀瀕危物種；(2)國際關注物種(IUCN 紅皮書物種、CITES 附錄物種)；(3)國家 I、II 級重點保護物種；(4)區域特有或中國特有種；(5)對生態系統和生態過程具有重要意義的物種。由於森林、草地、濕地等生態系統對本區整體生態平衡有重要的影響，因此要界定出該地區生態系統中對標的生物活動具有重要生態功能的水與綠資源加以保護。根據上述標準，在研究區域內確定標的物種包括：鳥類、獸類、兩棲類、植物；相關重要的生態系統確定為濕地生態系統、以及水域周邊具有較高生態價值的森林、草地生態系統。

根據參考文獻(汪松，1998；汪松、謝炎，2009 等)及深圳市規劃設計研究院與相關研究單位的生物調查資料中記錄的物種生境特徵，確定出物種偏好的海拔高度、植被類型、水文特徵等，在 GIS 技術支援下疊加高程、植被類型、水文圖等數位化圖層，進行各主要物種棲息地分佈範圍的分析與預測，然後根據物種的生活特徵，以及物種對於河流、溝谷、山脊等地形因素的傾向性，再對初步預測的分佈進行調整，並根據土地利用類型及土地利用現況，剔除不適合標的物種分佈的部分。在生物多樣性系統保護規劃中，國際上曾認為保護物種棲息地現有面積的 10%~20%就能使該物種持續存活，這種方式雖然簡單易行，但往往由於被保護的面積太小無法為物種提供足夠的棲息地而導致多數物種的滅絕。因此本研究根據現有棲息地面積的大小和重要程度，制定以下保護目標：濕地生態系統和重要生態功能區保護目標為現有面積的 80％以上；現存面積較小的物種棲息地保護目標為現有面積的 70％以上；現存面積較大的物種棲息地保護目標為現有面積的 50％以上，最後還根據各保護標的在生態過程中的重要程度和物種的活動範圍需

求等因素進行相應的調整。

(四) 不可替代性值(Irreplaceability Value)計算

　　不可替代性是衡量規劃地區實現既定區域整體保護目標的一種可測量指標，代表規劃地區對完成整體區域保育目標的重要性。規劃地區的生態不可替代性可以反映保護單元的優先性，並顯示出該規劃單元的保護價值或熱點值。高不可替代性值說明該規劃單元保護價值高，應優先考慮設為保護區或保護策略點；反之，低不可替代性代表該規劃單元保護價值低。根據不可替代性的評值來設計生物多樣性保護網路可以結合與現有保護區的相鄰性、面積大小和人類活動等指標，來提高欲保護生態網路的集中性、有效性和經濟性。不可替代性值分佈圖可以引導規劃過程，隨著不可替代性值的降低，對該規劃單元保護的重要性也逐漸減少(Ferrier et al., 2000)。

　　本研究根據研究地區面積、規劃單元的可分辨性及城市規劃與建設的空間尺度考量，以 25m×25m 網格作為最小規劃單元來繪製規劃單元圖，但由於 C-Plan 軟體本身有規劃單元數量的限制，本研究將規劃單元圖分為兩部分：城市建設地區採用 25m×25m 網格做為最小規劃單元；城市建設區外圍的森林、草地、濕地等自然區域則採用 50m×50m 網格做為最小規劃單元。

　　C-Plan 運算需要三種基本表格：規劃單元位元點表 (sites table)、規劃單元×保護物件矩 (sites × features matrix)以及保護標的之屬性工作 (features table)。規劃單元位元點表包含規劃單元 ID、規劃單元面積及單元土地使用類型三個欄位，此是由規劃單元屬性工作表在 ArcGIS 中匯出。保護標的之屬性工作表則由所有保護物種的名稱及相應保護目標群組成。本研究操作時，首先利用 ArcGIS 工具疊加每一個物種的分佈預測圖與規劃單元圖，計算每個規劃單元中某個物種的分佈面積，然後利用 C-Plan 表格編輯器中 Import into DBF file 的功能將所有物種與規劃單元按單元 ID 整合為規劃單元×保護物件矩陣。將以上三個基本表格輸入 C-Plan 中的表格編輯器，生成 C-Plan 資料庫。將 C-Plan 與 ArcGIS 連接，C-Plan 軟體自動計算每個規劃單元的不可替代性值，並在 ArcGIS 的圖層中顯示。不可替代性分析有加總不可替代性指數、加權平均不可替代性指數等形式，由於加總不可替代性可以反映單元中保護物種的多少，更能呈現其重要性，因此在本研究中選取加總不可替代性指數作為分析規劃單元優先性的指標。

三、研究結果

(一) 綠資源判釋及分類

　　欲進行低碳城生態廊道之保育與復育規劃，需先判釋出構成生態廊道之基本綠資源元素(例如綠地、樹叢、林地等)的型態及空間分佈狀況，以便進一步界定出生態廊道的結構及功能。由於一般田野調查通常無法涵蓋如此廣大的區域，且常無法進入私人建築基地內進行完整的植栽調查，所以運用遙測影像分析及 GIS 空間分析技術來進行都會區生態廊道結構的分析為當前的趨勢。為了探討研究地區生態廊道的結構與變遷，本研究運用 2003 年及 2013 年兩個時間點的 SPOT-5 影像資料，以 ENVI 影像分析軟體，進行植生指數 (NDVI)分析，再以影像分類方法，界定出綠地、樹叢、林地及水體等構成生態綠廊之主要地景元素的空間分佈狀況及型態。所使用的 SPOT-5 衛星影像分別為 2003 及 2013 年的影像，影像解析度為 10 公尺，平均雲量分別為 0 ％及 1 ％，影像品質良好。衛星影像經正射糾正後，進行 NDVI 植生指數分析。分析結果如圖 8-32 及圖 8-33 所示。此分析結果並與田野調查的地真資料做一比對，分析其精度。

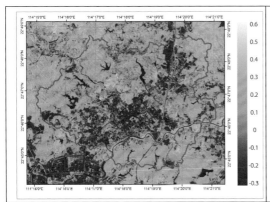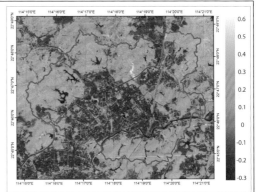

圖 8-32 低碳城區域植生指數分析圖 (2003 年 SPOT-5 衛星影像)	圖 8-33 低碳城區域植生指數分析圖 (2013 年 SPOT-5 衛星影像)

　　比較 2003 年及 2013 年衛星影像的植生指數分析結果可發現，在這十年之間，低碳城區域的植生數量(尤其是開發區)明顯地減少，而隨著城鎮化發展，低碳城開發區之生態綠網網路的連結性也遭到破壞。接著進行影像分類分析，經測試監督式分類及非監督式分類等方法後，最後應用監督式分類之最大概似法來進行影像分類。圖 8-34 所示為 2013 年 SPOT-5 影像的分類結果，共可區分為山區林地、平地林地、建物、水體、河川、草地及裸露地等地表類型，整體分類準確度為 85.4％。

整體而言，圖 8-34 顯示出地碳城周邊地區的綠資源結構較為豐富，也保留了大面積的綠資源開放空間，但開發區內則顯得結構較不完整。在進行描述性分析後，本研究將 NDVI 的分析所界定出的植生綠化像元，萃取成地景元素的 polygon 檔案，進行下一個階段生態廊道綠地計畫，以協助整體生態廊道規劃。透過植生指數分析、影像判釋分類與城市綠地計畫的套疊分析，本研究整理出研究地區的綠資源空間分佈圖資，以協助檢討研究地區的土地使用計畫與綠資源管理政策，此綠資源空間分佈圖層將再與生物多樣性分析結果比對，以便指認出需優先規劃與保育的生態廊道路網及空間節點。

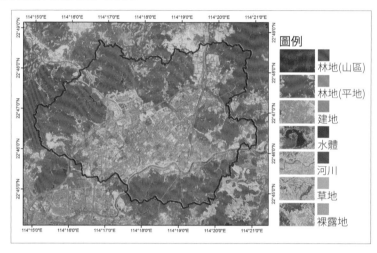

圖 8-34 研究地區地景元素分類分析結果(2013 年 SPOT-5 衛星影像)

(二) 不可替代性指數空間分佈

　　本研究將每個規劃單元中各物種的不可替代性值加總，得到加總不可替代性值(Summed-Irreplaceability, SUMIRR)，該值在反映規劃單元之保護價值的同時，還反映了對此規劃單元做出貢獻的物種數量。由 C-Plan 計算出的加總不可替代性指數(SUMIRR)在研究地區的空間分佈如圖 8-35 所示，該指數值是連續值，為了後續研究討論的方便，將其區分為 6 個等級，分別為：$0 \leq SUMIRR \leq 0.2$(R1)；$0.20001 \leq SUMIRR \leq 0.4$(R2)；$0.40001 \leq SUMIRR \leq 0.6$(R3)；$0.60001 \leq SUMIRR \leq 0.8$(R4)；$0.8001 \leq SUMIRR \leq 1$(R5)；$SUMIRR > 1.0001$(R6)。R6 為區域中規劃單元之不可替代性最高，包含最多的物種或生態系統類型的空間單元，此部分區域面積約有 1,146.93 ha，占研究地區總面積的 27.09％；加總不可替代性次高的空間單元依序為 R5 和 R4，面積共約 1,176.77 ha，占研究區總面積的 22.03％；加總不可替代

性中等的空間單元為 R3，面積約 288.02 ha，占研究區總面積的 5.39％；加總不可
替代性較低的區域依序為 R2 和 R1，面積共約 4,017.91 ha，占研究區域總面積的
45.50％，此類地區主要為開發強度高的建成區、中高密度發展的建地及工業用地
等。不可替代性分級及相關的生態廊道發展潛力地點分析整理於表 8-8 所示。

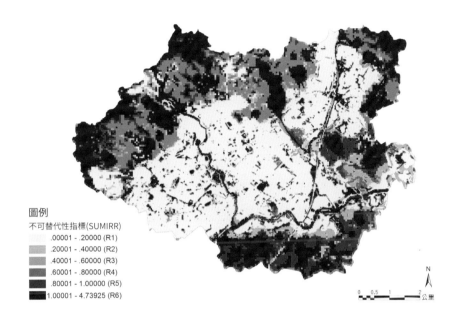

圖 8-35 研究地區生物多樣性加總不可替代性空間分析圖

表 8-8 不可替代性分級表

級別	面積 (ha)	總面積 百分比(%)	SUMIRR	描述	現況土地利用/生態廊道規劃 之土地使用潛力
R1	605.14	11.33	0.00001-0.2	保育價值低	建成區、工業區、建設用地/綠化不足，應加強空地綠化
R2	237.81	4.45	0.20001-0.4	保育價值較低	中高密度建地、建設用地/可加強多元綠化、進行生態復育
R3	288.02	5.39	0.40001-0.6	保育價值中等	城市公園綠地、農地/可作為生態緩衝區、生態復育廊帶
R4	847.25	15.86	0.60001-0.8	保育價值相對高	林地、環保綠地/可作為生態綠網、生態緩衝區、踏腳石等
R5	329.52	6.17	0.80001-1.0	保育價值高	林地、河川周邊、棲地/可作為生態核心、生態網絡路徑等
R6	1,446.93	27.09	>1.00001	保育價值極高	保安林、濕地、棲地、河谷/可作為重點保育區、生態核心

　　研究結果顯示，本研究區域之高保育價值地區主要分佈在坪地低碳城周邊海拔較高的山地，以及水域、濕地及河谷地，位於低碳城內部的高保護價值地點主要是河流及其兩側的綠帶，還有一些位於開發區內部有適當面積規模的塊狀生態棲地，此類空間單元可作為生物多樣性保護網路的重要節點及生物活動的生態跳島(踏腳石)。上述這些空間元素若能適當地保育與串連，將可交織成具維護生物多樣性功能的生態廊道網絡，並向外延伸。

(三) 生態綠廊規劃優先路徑之選定

　　依本研究之目的以及相關研究的經驗，本研究進行生態廊道規劃優先路徑之界定，主要步驟如下：

1. 瞭解研究地區景觀生態過程的特徵，包括物種的空間移動，以及其他生態過程包括風、水、營養元素的流動、干擾的形式等。

2. 進行地景生態元素分析，瞭解研究地區的景觀生態格局
   利用衛星影像判釋及 GIS，進行地景生態元素分析，瞭解建構生態廊道之地景元素的特徵與空間分佈狀況，據以檢討城市規劃的綠地計畫及生態廊道計畫。

3. 確定生態過程中之種源點
   操作內容：(1)選擇現存的物種棲息地及生物多樣性不可替代性較高的地區作為「種源點」；(2)參考生物多樣性不可替代性分析結果及地景生態學理論，選擇高保育價值的地景元素，作為建構生態廊道及生物跳島的生態單元，並配合相關棲地資料與生物活動資料加以修正。

4. 判定生態廊道建構之優先路徑及保育(復育)策略點
   依據生物多樣性之不可替代性分析的結果，以及生態綠網型式、距離、面積效果、空間位置等綜合考量，找出研究區域內生態廊道之優先路徑及重要策略點〔如生態節點、踏腳石、棲地保育(或復育)單元〕，以作為建構完整的城市生態廊道系統之參考依據。綜合前述分析結果，本研究建議的低碳城生態廊道建構之優先路徑如圖 8-36 所示，而配合整體綠資源管理及綠地計畫的生態廊道空間規劃架構則如圖 8-37 所示。

圖 8-36 生態廊道優先路網建議圖

圖 8-37 配合綠資源管理及綠地計畫的生態廊道空間規劃架構示意圖

四、結論與建議

　　本研究提出一套整合生物多樣性分析及生態廊道規劃的方法論及規劃流程，研究結果顯示，此方法論成功地結合生物多樣性不可替代性分析、地景生態學及生態廊道規劃方法，可應用於都會區的策略性生態廊道規劃。基於分析結果，本研究提出以下的建議：

1. 建議將深圳坪地低碳城周邊不可替代性較高的林地(生態核心區)劃為生物多樣性保育區，禁止開展土地開發活動。至於水域生態系統，則應定期監測水質，以保證生態系統的健康及生態功能的完整；已開發的城鎮化地區內不可替代性中等的區域可作為生態緩衝區，可開展低強度的人類活動，但仍應進行嚴格的環境管理。

2. 對於建成區內部面積較小的高不可替代性地點(生態節點)，建議建置自然生態綠地，一方面美化城市景觀，另一方面強化城市生態安全；另外將呈線型分佈的高不可替代性區域(尤其是水與綠網絡廊帶)發展為連接生態核和生態節點的帶狀生態廊道網絡，以確保內部生物及能量的連通性，形成整個區域之基於生物多樣性的生態安全網路。

3. 生態廊道的寬度需要夠寬，以增加物種多樣性及提供良好的生態品質，本研究區中的生態廊道多屬於河流廊道，建議寬度應以五十米以上為佳。生物廊道中植被的結構(垂直結構、水準結構與年齡結構)應具有多樣性，並採用喬、灌、地被類複層式結構，一方面可以增強生物多樣性，另一方面可以沿著生態廊道形成緊密的緩衝帶，以利於改善微氣候效應。

4. 加強城市規劃總體規劃(總規)與詳細性規定與生態綠廊系統建置的配合。目前研究地區總規所建議之為劃設生態廊道所留設的綠地尚稱足夠，然而依據以往的經驗，此類總規所大量劃出的綠地很可能在控制性詳細規劃時被改做其他用途。為避免原作為生態廊道的法定綠地資源，因各種土地開發利益的考量而任意變更用途，應配合區域生態綠網的結構及生物多樣性不可替代性分析的結果，指認出需要保育或特別留置出來的生態棲地、生態綠帶或生態滯洪用地、以維護生態綠地網路的連續性及整體性。

5. 加強城市設計及建築管理之建築退縮及建築綠化與區域生態綠廊規劃之配合。為加強低碳城整體生態綠廊網絡的建構與管理，部分無法留設法定生態

綠帶的街廓或路段，應要求建築開發需自道路境界線至少退縮 10 公尺以上建築，且退縮的空地應予以適當地進行生態綠化，並要求將法定綠地留設在前院。此外，建築的三度空間綠化及道路兩側生態綠化也應配合生態綠廊規劃導則及獎勵機制來進行。

6. 加強生態基準線內保育性綠資源的維護與管理。深圳市是目前大陸有劃設生態基準線(類似城市周邊綠手指的概念)的直轄市之一，此立意良好的政策，應配合生物多樣性分析的結果具體地落實。本研究不可替代性分析結果顯示，低碳城北、東、南側的周邊地區皆有高保育價值極高的自然林地，多數也在生態基線的範圍內。這些珍貴的保育性綠資源(生態綠核及綠手指)應注意其生態環境的維護，避免因開發壓力而變更，以發揮生態廊道之基因庫及城市生態支援系統的功能。

最後，經由實際操作分析，本研究也發現一些有待後續研究繼續探討的議題：(1) 生物多樣性規劃分析結果會受保護物種的選取和保護目標制定之合理性的影響，故此部分的操作應充分考量地區的生物特性及整體保育目標。(2) 生態廊道建置的累計成本及生物活動阻力尚未納入考量，可在後續研究繼續探討。

第四節 深圳蛇口片區海綿城市理念的環境改造 (註5)

一、案例背景

在全球氣候變遷的衝擊下，極端氣候和城市暴雨的頻率正日益增加，在目前許多城市到處皆充斥著大量硬鋪面及人工地盤的情況下，傳統的城市排水設施，已無法負荷極端氣候下的暴雨降雨量。中國是一個淡水資源匱乏的國家，如何留住城市中的降雨，增加城市的保水性及透水性，藉以改善城市缺水的困境，並舒緩城市雨洪災害之衝擊，已成為中國城市所面臨的共同議題。建設海綿城市是使城市獲得應對氣候變化彈性發展能力的可持續城市發展之有效途徑。近年來隨著全球生態城市、韌性城市及城市減災規劃等思潮的興起，海綿城市的理念已引起廣泛的討論與重視，並成為許多國家及政府單位的施政重點，在此趨勢之下，中國也積極地進行相關城市建設方向的調整，2013 年 12 月 12 日，中國習近平總書記在中央城鎮化工作會議上提出以後城市建設的方向是要建設自然積存、自然滲透、自然淨化的「海綿城市」。2014 年 10 月 22 日，中國住建部也發佈了《海綿城市建設技術指南—低影響開發雨水系統構建》，積極地推進海綿城市相關建設。

在中央相關政策相繼發佈的驅策下，許多地方政府陸續展開海綿城市的相關規劃與建設；然而，由於海綿城市理念的推廣與落實涉及到水利、市政、城市規劃、防災、景觀，以及城市管理等多重面向的跨領域知識及相關機制的整合，如何在現有的城市規劃機制內，建構出一個適當的規劃模式，以落實海綿城市理念，藉以增加城市在極端氣候衝擊下的防減災能力並減少城市的脆弱度，卻是城市規劃理論與實務上一個亟待解決的研究課題。隨著 AI 及 GIS 導向的防災模擬分析技術以及生態規劃設計理念與技術的發展，這些新一代的空間分析工具及規劃設計技術的優化，提供了一個落實海綿城市理念的契機。有鑑於此，本案例研究嘗試結合暴雨防災模擬分析技術與城市綠地規劃，發展出一套新的城市規劃模式，以期能加強城市在全球氣候變遷衝擊下的防災應變能力，並增加城市的保水性與生態效益。基於前述目的，本研究以海綿城市及生態城市建設的觀點切入，並選定深圳市蛇口地區為研究地區，透過防災模擬分析技術、城市計畫策略規劃與綠地計畫的綜合分析，探討下列研究問題：

1. 如何界定出海綿城市理念，落實在中國生態城市建設時的基本操作元素？

2. 如何導入城市防洪模擬分析技術，藉以界定出落實海綿城市理念時的決策考慮因子及關鍵地點？

3. 如何從城市雨洪管理及綠地計畫的層面，探討目前的城市規劃設計策略與
計畫方案應如何調整，以便能具體的落實海綿城市的理念？

本節案例探討嘗試結合理論與實務，透過文獻及實例分析、實證地區的環境
調查分析、GIS 空間分析與暴雨防災規劃模擬，以及現行綠地計畫之檢討，提出基
於海綿城市理念的城市規劃策略，以期能營造出可持續發展的生態減災城市。

二、理論與跨國案例經驗

(一) 海綿城市理念

在全球氣候變遷及暴雨災害頻傳的趨勢下，海綿城市理念已引起廣泛的重視
與討論。海綿城市是指將城市建設成像海綿一樣，使其在適應環境變化和應對自
然災害方面，具有良好的彈性及回復力，下雨時能吸水、蓄水、滲水、淨水，需要
時則將蓄存的水「釋放」出來，並加以妥善利用(俞孔堅、李迪華，2003；住房與
城鄉建設部，2014；仇保興，2015；吳綱立，2016)。海綿城市理念源於生態城市
設計中的基地保水及透水設計的概念，例如 Hough (1984)在《城市形式與自然作
用過程》一書中曾指出，城市建設時應加強城市土地的透水性，維持城市的自然水
循環和自然演替作用。隨著生態城市及防減災城市規劃理念的興起，海綿城市理
念也出現在生態城市、生態社區、韌性城市及防減災城市規劃的相關文獻中，被用
來強調增加地區自然水循環及透水性對於強化城市防災應變能力的重要性。

近年來，建構海綿城市已成為「低衝擊開發」(low impact development)理念中
的一個核心論述，其強調透過均勻散佈，化整為零的雨水源頭管控機制，使用滲
透、過濾、存儲、蒸發，以及在接近源頭地方截取徑流等方式，來實現對暴雨所產
生的逕流及污染的控制 (莫琳、俞孔堅，2012；Prince Georges County, 1999)。此理
念現已被應用在美國馬里蘭州的喬治王子郡、西雅圖、洛杉磯及波特蘭市等地。類
似的概念還有美國西雅圖公共事業局提出的「綠色雨水基礎設施」，以及澳洲針對
季節性乾旱氣候特徵而發展出的「水敏感的城市設計」(Water Sensitive Urban
Design, WSUD)等。西雅圖的綠色雨水基礎設施建設強調在雨水的產流、匯流、輸
送及排放等各環節對雨水進行全程的管控，透過就地處理以及入滲、過濾、蒸發和
蓄留等多種源頭管控的機制來減少暴雨所產生的逕流量和污染物(Tackett, 2008;
Karvonen, 2010)。澳洲的水敏感的城市設計則側重於舒緩城市開發對環境所帶來的
水文衝擊，其強調環境保育、強化環境回復力及公平性原則，以生態規劃設計手法
從多方面來加強城市水資源的循環再利用(王鵬等，2010；Morison and Brown, 2011)，

這種將雨水和污水視為是一種可循環再利用的資源之城市設計手法，體現了「從搖籃到搖籃」(Cradle to Cradle)的理念精神 (McDonough & Braungart, 2009)。

(二) 案例分析

1. 荷蘭 Beverward 城

地處低地的荷蘭在城市雨洪管理上有著悠久的歷史和良好的實踐經驗，其已經從單一的與雨洪對抗發展成合理地利用雨水來為生態保育和經濟發展做出貢獻。荷蘭 Beverward 城為成功案例之一，其市區內排水溝渠系統之空間佈局與城市紋理及道路系統密切的配合(圖 8-38)，並將城市內的景觀水系和蓄水空間相結合，以便既能在雨季時減少內澇，也可在旱季時補充城市用水，同時塑造出良好的城市水景觀。另一個成功案例為荷蘭北部 Haarlem 的 Schalkwijk 地區，其除了將屋頂、道路以及廣場收集的雨水透過居住區的景觀綠地予以就地滲透和儲存之外，其平行於街道的景觀水系也形成一個循環的水網(圖 8-39)，同時具備蓄水及營造城市景觀的功能(鄧雅雯，2014)。

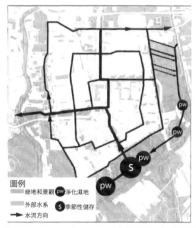

圖 8-38 Beverward 城水系圖
(資料來源：鄧雅雯，2014)

圖 8-39 Schalkwijk 城區的水系圖
(資料來源：鄧雅雯，2014)

2. 西雅圖 SEA 計畫

美國西雅圖的城市自然排水系統 (natural drainage system)設計及 SEA 生態街道計畫也是知名的成功案例。SEA 計畫是由西雅圖公共設施局、交通局及社區居民於 2000 年共同完成的示範性生態街道設計計畫，強調自然生態的街道邊緣設計，計畫全名為 Street Edge Alternatives Project，簡稱 SEA Street Project，此計畫係結合道路減量、慢行系統、生態設計、基地保水等理念(吳綱立，2008)，強調透過親

自然性的街道邊緣設計及生態景觀營造來增加人行環境的舒適性，並提供淺低窪地，來增加地區保水性及滲流的效果(圖 8-40 及圖 8-41)。項目完工後，經過華盛頓大學連續三年的監控，發現改造後的街道綠色雨水基礎設施能夠減少 90％的雨洪地表逕流，即使是 2007 年 12 月華盛頓遭受百年一遇的雨洪災害，SEA 綠色雨水基礎設施也讓社區免受明顯的衝擊。

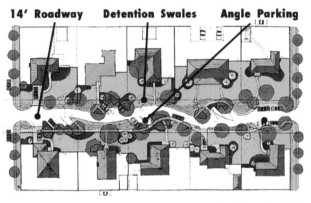 

圖 8-40 SEA 生態街道：道路設計結合景觀營造　圖 8-41 SEA 生態街道鳥瞰圖
(資料來源：Seattle Public Utility 網站)　　　　　(資料來源：同左)

3. 西雅圖高點社區

　　高點社區 (High Point Community)的雨洪管理更為全面，利用建築屋頂與地面的自然排水設施來收集雨水，並透過雨水花園來滯留和滲透部分雨水，多餘的雨水則透過親自然設計的溝渠輸送到社區內的生態滯洪池或窪地。街道除具備透水性能之外，也將多餘的雨水導入路旁的生態草溝，這些自然的滯洪設施可以延遲雨水進入城市排水管道系統的時間並達到淨化雨水的作用(吳綱立，2009)。高點社

圖 8-42 High Point 社區生態草溝　圖 8-43 蓄水時情況　圖 8-44 High Point 生態滯洪池
(資料來源：吳綱立攝，2013)　(資料來源：Seattle Public　(資料來源：吳綱立攝，2013)
　　　　　　　　　　　　　　　Utility 網站)

區的這套完善的排水系統設計不但能降低雨洪災害，也能有效地恢復自然水循環及地下水位的平衡。

三、研究方法

為系統性的探討所提出的研究問題，本案例研究採用結合質性分析與量化分析的研究分法，說明如下：

(一) 質性分析

1. 深度訪談

為瞭解相關城市規劃設計人員、市政工程師、景觀設計師以及土地開發業者對於推動海綿城市理念的土地使用調整和綠地計畫的意見，本研究將對上述人員透過抽樣進行深度訪談，以瞭解其對本研究操作內容的意見，抽樣樣本的選取係考慮樣本在各類受訪族群中的代表性。

2. 田野調研法

針對研究地區的自然地理環境、排水狀況及土地使用進行調研分析，調查時配合攝影及圖記，進行實地的觀察與資料搜集，包括硬鋪面使用狀況、地區排水設施及植栽綠化狀況，以及土地開發的強度與使用內容等。

(二) 量性分析

1. 地理資訊系統應用

本研究應用地理資訊系統的空間展示、環域分析及疊圖分析功能，進行研究地區的土地使用分析及地表類型分類，以提供城市雨洪管理及綠地計畫的基本資料，並配合防洪減災指標，進行對海綿城市綠網計畫的操作地點之探討。

2. 模型建構與分析

海綿城市規劃的目標是合理地組織和管理城市水資源，以減少地表逕流量，並將無序的地表逕流組織成為有序的逕流，以減緩雨洪對城市系統的衝擊。因此對降水時城市地表水量的準確估計是規劃和設計海綿城市的基礎。本研究透過模擬模式的建構來達到此目的。基於總地表水量平衡的假設，此模式將輸入水量與輸出水量之平衡關係整理如公式 8-1。

$$V = V_{Input} - V_{Output} = 0 \qquad\qquad (8\text{-}1)$$

$$V_{Input} = V_{Rainfall} + V_{Inrush}$$

$$V_{Output} = V_{Drainage} + V_{Evaperation} + V_{Runoff} + V_{Permeation}$$

$$V_{Runoff} + V_{Permeation} = (V_{Rainfall} + V_{Inrush}) - (V_{Drainage} + V_{Evaperation})$$

輸入水量係決定於降水量和外來水量(包括外來逕流水量和因排水系統失效而湧入的水量)；輸出水量則由管網排水量、蒸發水量、逕流輸出量和環境吸納水量確定。所以在同等降雨量條件下，環境吸納的水量越多 Max ($V_{Permeation}$)，地表逕流水量就越小 Min (V_{Runoff})。合理地計算雨洪地表逕流的時空分佈、流速、流量和持續時間是針對性地改善環境對雨洪吸納能力的前提。

(三) 研究地區選取及環境概述

本研究以深圳蛇口地區(不含工業港)為研究地區(圖 8-45)，此地區以蛇口工業區為早期發展的起點，經 30 多年的發展，現已成長為一個結合港口及複合城市機能的多功能城區，擁有基本的商業及遊憩功能及多樣化的住宅社區。蛇口工業區成立於 1978 年，與香港隔海相望，是中國第一個出口加工區，也是中國改革開放的起點。蛇口地區依山傍海，具有豐富的開放空間及地景多樣性，然而經過 30 多年的快速發展，部分地區也出現環境衰敗以及面臨需要更新再發展的壓力。近年來中國城市暴雨頻繁，蛇口部分地區也成為易淹水的高風險地區之一，所以積極落實海綿城市理念，以加強整個地區土地的保水性及透水性實為迫切的議題，而此地區豐富的綠資源及地形變化，也提供了一個建構防洪綠地計畫的絕佳案例。

圖 8-45 研究地區範圍圖

四、實證分析結果

　　本案例的實證分析部分以蛇口地區為示範操作地點，嘗試結合地區雨洪管理模擬分析及城市規劃操作模式的檢討，來發展海綿城市理念的城市規劃及綠地計畫模式。操作時先歸納出城區雨洪管理的目標及關鍵決策考慮因子，接著進行雨洪模擬模式建構與模擬分析，以找出需處理的滯洪量及高風險地區，再進行城市規劃策略及綠地計畫的檢討，茲將主要內容分述如下：

(一) 地區雨洪管理模擬分析

1. 研究區域降水特徵與暴雨強度

　　研究區域地處深圳市南山區，2008 年 6 月 13 日特大暴雨降雨量超過 100 mm，幾乎是百年一遇。根據深圳市氣象局資料，近 5 年平均風速為 2.5 m/s，年均氣溫 22.6 ℃，年均降水量 1552 mm，沿海區域雨量相對較少。深圳市累年日降雨量和蒸發量如圖 8-46 所示。根據深圳市氣象局資料，深圳市暴雨強度計算公式如下：

$$q = \frac{167*9.194*(1+0.460*lgT)}{(t+6.840)^{0.555}} \tag{8-2}$$

式中：

t：降水歷時[1min, 200 min]；　　T：重現期[0.25a, 100a]。

誤差：0.25-10 年暴雨強度公式計算得到的平均絕對均方誤差 ≦ 0.05mm/min；
　　　平均相對均方誤差 ≦ 5%。

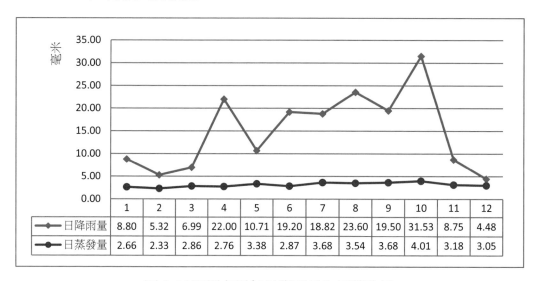

圖 8-46 深圳市累年日降雨量和日蒸發量

2. 地表透水能力的計算

(1) 地表透水速率

經典的 Horton 滲入模型可以用來探討局部降雨引起的地表積水滲入速率，如公式 8-3 所示：

$$f_p(t) = f_c + (f_0 - f_c) \, exp(-at) \qquad (8\text{-}3)$$

式中：

$f_p(t)$：某時刻 t 的地表透水速率(深度/時間)；

f_0：初始地表透水速率； f_c：終止時刻的地表透水速率；

a：延遲係數(1/秒)； t：時間間隔(秒)。

增加對降雨強度的影響，實際透水速率可以按照公式：

$$f(t) = min(f_p(t), I(t)) \qquad (8\text{-}4)$$

本研究採用修正整合後的 Horton 模型(Verma,1982; Ashu and Kumar 2006)，如公式 8-5 所示，用以計算地表透水速率：

$$F(t_p) = \int_0^{t_p} f_p dt = f_c t_p + \frac{f_0 - f_c}{a} \left(1 - exp(-at_p)\right) \qquad (8\text{-}5)$$

(2) 地表透水率參考值

研究地區的地表透水率和地表滯水率計算係參考美國科羅拉多州排水標準，並結合中國城市用地分類與規劃建設用地標準 (GB50137-2011)和研究地區的實際情況，建議參考值如下(表 8-9 和表 8-10)：

表 8-9：蛇口地區地表滯水率建議參考值

地表類型		參考值範圍	建議值
不透水地表	鋪裝地面	0.05 - 0.15	0.10
	平屋頂	0.10 - 0.30	0.10
	坡屋頂	0.05 - 0.10	0.05
透水地表	草地	0.20 - 0.50	0.35
	林地	0.20 - 0.60	0.40
	其他	0.20 - 0.60	0.40

表 8-10 蛇口地區地表透水率建議參考值

地表	透水率 (%)	用地類型	透水率 (%)
中央商務區	0	其他公共用地	15
一般商務區	5	鐵路沿線	65
平屋頂	0	街道	0
坡屋頂	0	人行道	5
低層住宅	10	綠色隔離帶	60
多層住宅	5	公園	70
高層住宅	15	草地	100
輕工業用地	15	林地	90
重工業用地	5	沙土地	100
體育場	20	粘土地	95
校園	20	裸露土地	10
廣場	0	未知類別	30

(二) 地表逕流的計算

城市地表逕流率 (PR%) 是評價地表逕流的重要指標，按照公式 8-6 計算 (Marshall and Bayliss, 1994; Faulkner, 1999)：

$$PR = 0.829PIMP + 25SOIL + 0.078UCWI - 20.7 \qquad (8\text{-}6)$$

式中：

PIMP：積水區內非透水地面百分比 (%)；

SOIL：FSR 土壤分類指標 (Boorman, et al., 1995)；

UCWI：城市積水區濕度指數(mm)。

城市地表逕流總量 Q_{vol} 和綠地年峰值流量 $QBAR_{green}$ 分別按公式 8-7 和公式 8-8 計算(相關案例請參見 Cowie, 2008; Bateman et al., 2011; Prentis and Sheridan, 2013)：

$$Q_{vol} = PR * CAREA * Rainfall \qquad (8\text{-}7)$$

$$QBAR_{green} = 0.0018CAREA^{0.89} * SAAR^{1.17} * SOIL^{2.17} \qquad (8\text{-}8)$$

式中：

CAREA：積水區面積；　　　　**SAAR**：標準年均降雨量(取值 1552 mm)；

SOIL：FSR 土壤分類指標 (取值 0.29)。

(三) 模擬結果

　　本研究地形資料係使用 ASTER GDEM 30 m 數位高程資料。地表分類資訊則是參考蛇口地區 2007 版的總體規劃。雖然大尺度的非透水地表(Impervious Surface Area, ISA)探測可以透過基於熱感衛星影像(Landsat-5)的 LSMM 模型(Xie, et al., 2013)和 Ridd's vegetation-impervious surface-soil (V-I-S)模型而較快速的得到相關數據 (Lu, Dongmei et al., 2008)，但是受限於 Landsat 的解析度，其效果在本研究的空間尺度並不適合。經模擬分析計算，研究區域的城市積水區濕度指數分佈如圖 8-47 所示，以表 8-9 和表 8-10 為基準的透水率分佈如圖 8-48 所示。經綜合考慮蒸發量、降水量和地表吸納和滯水能力對地表逕流影響，研究地區四月、八月、十月及十二月的地表積水高度模擬結果如圖 8-49 至圖 8-52 所示,此結果將提供後續城市滯洪規劃及綠地計畫的參考，以決定需設置滯洪設施的地點及滯洪量，以及相關綠地計畫所需進行的配套規劃設計。

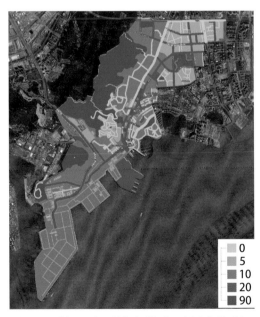

圖 8-47 蛇口地區城市積水區濕度指數　　
　　　　分佈圖

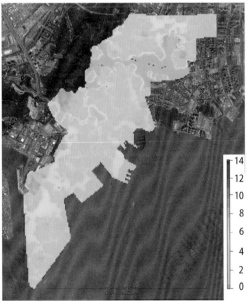

圖 8-48 蛇口地區地表透水率分佈圖

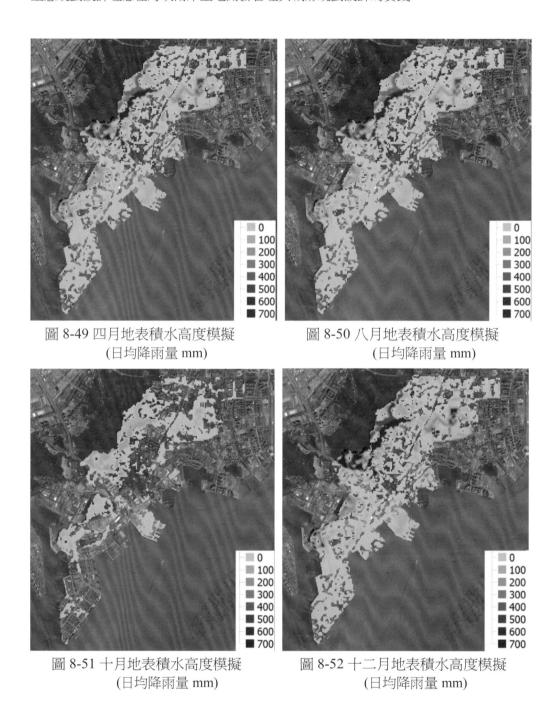

圖 8-49 四月地表積水高度模擬　　　　圖 8-50 八月地表積水高度模擬
（日均降雨量 mm）　　　　　　　　　（日均降雨量 mm）

圖 8-51 十月地表積水高度模擬　　　　圖 8-52 十二月地表積水高度模擬
（日均降雨量 mm）　　　　　　　　　（日均降雨量 mm）

五、海綿城市規劃設計策略與方案

　　綜合歸納研究地區的洪氾歷史資料、排水環境調查結果，以及雨洪模式模擬分析結果，可看出部分山區及透水率較低的城區為易受暴雨時洪氾衝擊的地

點。為加強蛇口地區的雨洪管理成效與暴雨時的防災應變能力，本研究強調綜合性、源頭管控的作法，在城市規劃設計及地區計畫尺度，提出以下的建議。

(一) 城市尺度的規劃策略

1. 加強城市水體及綠地的生態保育

維持城市水體及綠資源的自然空間紋理，保護和復育城市中的水體和綠地系統，明確界定出水系和綠地系統的保護與復育範圍。加強城市水與綠網絡的串連，讓湖泊、埤塘、溝渠、濕地、滯洪池等能組構成連結的生態網絡和生態空間格局，並加強水體的景觀功能和雨洪調蓄功能之結合。

2. 建構就地處理、分散處理的城市雨洪管理系統

改變以往防洪計畫將集水區的暴雨逕流，主要導向集流的大系統之治水觀念，改以綜合性、分散式的地區小系統來吸納洪水，並透過截流分洪、生態蓄洪、滲漏減洪等綜合性考量，達到洪水分散處理、局部消減、外水內水兼治之城市全面性治水目標(徐年盛等，2014)。

3. 加強城市雨洪管理和城市規劃及城市設計機制的整合

配合現行的城市規劃及城市設計機制，綜合考量符合分散處理、就地處理方式的城市滯洪需求，強化易淹水地區的土地使用管制內容，於淹水潛勢性較高的地區劃設滯洪區，並限制土地開發的密度與強度；增加城市土地的雨水滯留功能，利用各類綠地以及學校、停車場、廣場、體育場等公共設施用地，規劃設置雨水滯留空間；加強法規管控與獎勵機制的並用，要求開放空間需配合多元綠化來增加雨水貯留和基地的保水滯洪能力；於城市規劃及城市設計審議委員會中延聘具城市雨洪管理背景的委員，並將城市雨洪管理納入審議議題。

4. 加強空間分析及雨洪管理模擬技術的應用，增加民眾的風險意識

加強新一代的空間分析及雨洪管理模擬分析技術之應用，以提升暴雨災變的預警能力及政府部門的決策判斷能力，並配合防災教育宣導及民眾參與機制設計，加強科學性分析在民眾參與及民眾風險意識提升上的應用成效，以推動全民參與的城市雨洪管理及防災規劃工作。

(二) 地區尺度的操作及城市規劃檢討

1. 配合地區環境特性，採用多元的雨洪處理方法

在綜合治水及流域整體規劃與管理的架構下，依據地區排水特性及排水條件，運用多種治水對策與方法，包括集水區水土保持、滯洪池及雨水貯留設施

留設、低衝擊開發、基地保水、排水路整治、入滲設施、截水溝與分水路設置等工程方法，以及綠地保全、生態土地利用規劃、土地開發管控等非工程方法。

2. 加強城市雨洪管理與土地使用計畫和綠地計畫及的結合

配合城市規劃及綠地計畫的檢討，增設滯洪設施，在高密度發展的城市已開發地區，優先於公園及計畫綠地內設置生態滯洪設施，並結合景觀設計，打造適合民眾休憩活動的生態滯洪空間。管控易淹水地區及其上游地區的土地使用變更，要求相關計畫變更時需留置適當的雨水滯留空間。在地區尺度，依據地區環境特性及排水狀況，擬定雨水滯留空間的設計規範，並納入城市規劃法定規範及城市設計審議內容。

3. 加強多元的社區透水保水措施及水循環規劃設計

目前兩岸推動綠建築理念的基地保水及雨水回收利用已有一些成效，但社區層面的透水保水措施及水資源循環再利用則仍有待推廣。目前較常使用的是基地內的雨水貯集設施，通常以屋頂或地面為集水區域，利用地形或管線集流蓄存至儲水設施中。除此之外，社區透水保水設施及水循環設計應考量多元技術與措施之應用，除建築及基地的雨水收集利用之外，還應包括社區開放空間與道路的雨水貯集、淨化與再利用，例如利用社區開放空間的蓄水窪地、草溝及人行道旁的植栽帶或雨水花園，來達到透水保水及水循環再利用之目的(圖8-53)。雨水收集淨化後，可作為植栽澆灌和民生用水之補充水源。雨水貯留系統需注意維護管理(例如屋頂防滲漏處理及雜物清除，以免阻塞排水管路)。

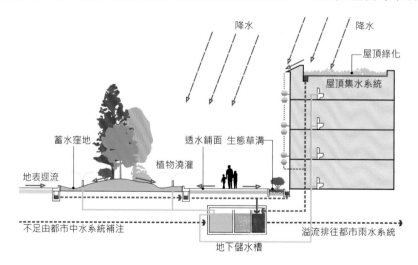

圖 8-53 社區透水保水及雨水循環系統設計示意圖
(資料來源：修改自吳綱立，2009)

4. 增加透水材質的使用

透水材質可使用在人行道鋪面、戶外停車場、廣場鋪面及道路。透水性鋪面可分為表層與基層兩部分，表層常用的材料有連鎖磚、石塊、磁磚、木塊等；基層為承載層，係由透水性良好的砂石級配構成。透水性鋪面可使降雨或逕流由材料的孔隙入滲，藉以降低地表逕流量，並增加水源蓄存量。入滲設施可引導雨水或地面水進入蓄存設施或地下含水層者，常用者為砂樁或礫石樁，可提升社區的入滲量與滯洪能力。另外，多孔隙瀝青混凝土則可用於交通量不高的道路。這些透水材質的使用，亦可捕捉懸浮固體，過濾雨水中的污染物。不管何種形式，增加土地的保水性，讓水回歸自然生態，應是規劃設計的基本精神。

六、示範性規劃設計操作

本研究嘗試將雨洪管理模擬分析結果，回饋到規劃設計實務操作之檢討，經由前述分析，並參考相關案例，提出以下示範性規劃設計操作內容的建議，包括：(1)結合海綿城市理念的生態廊道規劃 (圖 8-54)；(2)綠色基礎設施網絡的街廓設計 (圖 8-55 至圖 8-57)；(3)山水綠城－結合雨洪管理功能的區域生態網絡建構與生態復育(圖 8-58)；(4)結合雨洪管理與生態街道理念的道路設計(圖 8-59 至圖 8-61)。

圖 8-54 蛇口地區結合海綿城市理念的生態廊道規劃

圖 8-55 綠色基礎設施示範操作街廓範圍

海綿城市理念的生態廊道規劃強調透過具透水保水功能的生態綠網來串連地區的生態斑塊、保護區及滯洪設施,以建構出具保水功能的生態廊道系統。街區綠色基礎設施網絡建構嘗試串連街廓內綠地開放空間至滯洪池水體,並建立街區尺度的生態網絡。山水綠城規劃強調以區域的視野來整合前述生態基礎設施,並加強區域保水生態網絡建構與生態復育功能的結合。結合雨洪管理及生態街道的道路設計則強調提升社區道路的透水與生態功能,並與社區營造結合,以利維護管理。

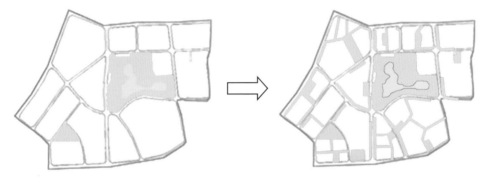

圖 8-56 街區現有綠地和水體分佈　　　圖 8-57 改造後的街區綠色基礎設施網絡

圖 8-58 山水綠城－結合雨洪管理功能的區域生態網絡建構與生態復育

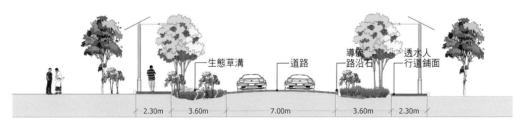

圖 8-59 結合雨洪管理與生態街道理念的道路設計

圖 8-60 生態街道(生態草溝)示意圖　　圖 8-61 生態街道及路緣設計示意圖

七、 結論與建議

　　本節案例嘗試在國內外相關文獻與成功案例經驗的基礎上，以海綿城市及生態城市設計的觀點切入，整合雨洪管理與城市規劃設計操作模式，透過調整土地使用規劃、綠地計畫及生態街道設計，來改善深圳市蛇口地區的透水及滯洪能力，以期能利用自然積存、自然滲透、自然淨化的方式來防治雨洪災害並合理的利用雨水資源。

　　參考已有不錯成效的美國科羅拉多州排水標準，並結合中國城市用地分類與規劃建設用地標準，本案例提出蛇口地區地表透水率和滯水率的建議值，接著提出地表水平衡模型，並模擬不同降雨量條件下的地表逕流率變化和地表積水空間分佈狀況。藉由以上操作，本研究嘗試系統性地探討如何應用海綿城市理念來改善不同降雨量條件下的地表水分佈狀況，並驗證所提出模型的有效性，進而提出相關的規劃設計策略及方案。

　　綜合而言，本節案例分析嘗試以營造海綿城市及生態城市的角度，探討如何加強城市雨洪管理與城市規劃設計的結合，並讓模擬分析的結果能夠回歸到協助規劃策略及設計方案的研擬。透過對理念及案例的分析，本文提出相關的規劃策略，以期能藉由調整土地使用、綠地計畫及生態街道設計，來改善城市的保水與透水能力，達到「與水共生」的目的。經由文獻及案例分析，以及示範地區的實際操作分析，本研究的經驗顯示，海綿城市的建構，不應完全依靠昂貴的大型工程建設及人工蓄水設施，若能從社區生活空間的生態改造、分散化和就地處理的社區水循環系統建構、生態街道設計、海綿城市理念的綠地計畫，以及加強點線面水與綠景觀生態元素的串連與銜接等多重面向著手，應為一個不錯的起點。

第五節　建構綠色大眾運輸導向發展的規劃模式來推動金門島嶼的永續與緊湊城鎮發展 (註 6)

一、研究背景

在全球化發展及跨境交流日趨頻繁的趨勢下，一些原本地處偏遠的地方(如島嶼地區)，因為有機會成為全球化網絡中的節點(nodes)，已開始快速的發展與轉型，漸漸與周遭區域形成城市區域(city-regions)或島嶼區域(island-regions)，並在區域經濟發展上扮演著日益重要的角色(例如正在都市化發展中的金門以及金門—廈門所可能形成的生活圈區域)。但是就在這些島嶼區域逐漸發展與轉型的同時，伴隨著全球氣候變遷、日益熱絡的土地開發行為以及汽機車使用率的增加，這些地區也出現了一些城鄉環境上的問題(例如蛙躍式、零碎化的土地開發、綠資源開放空間的逐漸破壞、道路空間的不足，以及交通擁擠或車禍的頻繁發生)。面對這些問題，如何在這些新興的島嶼區域之都市化發展的過程中，加強大眾運輸建設與土地開發及永續生態社區營造的結合，以舒緩全球化及都市化發展的衝擊，實為一個亟待探討的規劃議題。

金門是臺灣最大的離島，以閩南傳統建築聚落及深具自然和戰地文化特色的島嶼文化景觀而聞名；然而，近年來在全球化及都市化發展的趨勢下，前述城鄉環境上的問題也已陸續地出現在金門地區，且情況正日益嚴重。所以，如何推動大眾運輸導向的島嶼空間發展，並加強永續生態社區營造與公共交通建設之結合，已成為相關政府單位、學界及規劃實務界應共同思索的問題。大眾運輸導向發展(Transit Oriented Development, TOD)，特別是大眾運輸建設所帶動之運輸走廊地區及車站周邊地區的緊湊發展模式，已被視為是舒緩城市空氣污染、小汽車過度使用、蛙躍式土地開發等問題的一種規劃解決方案。TOD 的理念精神也與強調環境生態、社會公平和經濟效率三者兼顧之永續生態城市及永續生態社區理念有不少相通之處。在中央及地方政府皆積極推動永續生態城市及永續生態社區建設的政策方向下，TOD 理念的推廣，適時的提供了一個可整合上述相關理念的機會；然而，這些理念應如何整合，藉以建構出本土化的島嶼型綠色大眾運輸導向發展(Green TOD)規劃模式，卻仍為理論與實務上一個爭議的焦點。有學者認為，大眾運輸系統的投資興建對於城市空間結構和土地開發的影響程度，主要取決於相關的公共政策及不動產市場的狀況，因此使用昂貴的大眾運輸建設(尤其是軌道運輸系統)來引導城市發展並不是非常有效的政策(Webber,1976; Hall,1982; Giuliano,

1995)；然而，也有研究者指出，如能有適當配套的公共政策及規劃措施，運用大眾運輸建設來引導土地開發及都市發展，應是確實可行的策略(Cervero and Landis, 1995；吳綱立、王成芳，2016)，而且對於一些新興城市或區域，如能採用「供給導向」(supply oriented)的規劃觀點，審慎地選擇符合成本效益的 TOD 規劃模式，藉此將公共交通建設與社區發展串連起來，應可促進緊湊且有秩序的城市發展型態(Wu, 2017)。此外，雖然大眾運輸系統在促進城市發展上的功能已逐漸為各界所接受，但目前普遍存在的迷思仍為要爭取巨額經費來建造昂貴的中高運量捷運系統(MRT)。其實高雄 MRT 建設耗資 2,000 多億元的經驗已告訴我們：若是軌道建設無法與土地開發及城市發展配套結合，當運量及自償率皆無法達到預期的門檻時，昂貴耗時的 MRT 建設將會成為一種公共投資的浪費。有鑑於此，對於新興的城鎮區域而言，在運量及人口尚不高的情況下，使用造價較便宜且較低環境衝擊的輕軌系統或是公交捷運系統(BRT)，以便在城市快速擴張的初期，就能透過大眾運輸的規劃與建設來引導整體空間結構的調整，藉以建構出緊湊有序的城市發展型態及永續生態社區，實為較符合永續生態城市發展理念的作法。

在全球氣候異變及小汽車擁有率快速成長的趨勢下，如何選擇適當的大眾運輸系統，並加強大眾運輸規劃與城市空間發展及永續生態社區營造之配合，已經成為都市及區域規劃、城市設計與社區設計等領域必須共同深入探討的研究議題。然而，儘管此議題的重要性及迫切性日益增加，但目前仍相當缺乏探討如何透過 BRT 來引導城市空間發展的實證研究，也相對地較少有以整合 TOD 規劃及永續生態社區營造的觀點，來探討現行城市規劃模式應如何調整的實證研究。有鑑於此，本研究擬以加強大眾運輸規劃與永續生態社區規劃設計配套結合的角度切入，並以當前在海峽兩岸跨界交流日益頻繁趨勢下，正面臨快速都市化及蛙躍式土地開發等困境的金門本島為研究操作案例，探討如何發展一套適合島嶼環境的綠色大眾運輸導向發展 (Green TOD)規劃模式。基於以上研究動機與背景，本研究嘗試探討下列研究問題：(1)如何整合大眾運輸導向發展理念與永續生態社區理念，進而研擬一套適合島嶼地區環境的綠色大眾運輸導向發展規劃模式，以便協助相關公共政策的推動。(2)如何透過系統性的評估分析來協助選擇適當的大眾運輸系統及 TOD 規劃方案，藉以推動綠色大眾運輸導向的島嶼區域發展。(3)如何配合大眾運輸導向發展的理念，提出運輸走廊及車站地區的永續生態社區規劃策略，並分析在規劃實踐時應優先操作的項目及技術。經由理論與實證分析，本研究希望能建構出一套供給導向的島嶼型綠色大眾運輸導向發展規劃模式及方法

論，藉以促進金門島嶼的永續發展，也希望此經驗能對中國及亞洲新興或轉型中的島嶼區域提供一個永續島嶼經營的範例。

二、文獻與跨國案例分析

(一) 大眾運輸導向發展(TOD)理論與規劃原則

在強調低碳節能以因應全球氣候變遷衝擊的國際趨勢下，大眾運輸導向發展(TOD)及相關的大眾運輸村(Transit Village)理念已被視為是推動永續都市發展政策中的重要項目。整體而言，大眾運輸導向發展(TOD)是一種強調整合大眾運輸系統技術方案與都市發展的空間規劃模式，其希望透過大眾運輸系統規劃與土地開發的整合來提升大眾運輸系統的使用率，並藉此引導土地開發及都市空間結構的調整。除了交通規劃與都市發展的考量之外，大眾運輸導向發展(TOD)在地區尺度也強調與車站地區的城市設計及社區設計相結合，以大眾運輸場站及周邊地區作為地區日常生活服務的機能中心，透過相容性、多樣性的土地混合使用規劃與土地開發管控，將居住、交通、工作、鄰里性購物、休憩、公共服務、公共開放空間等日常生活所需的機能予以配套規劃，並考量活動旅次間的關聯性，將上述活動引導至大眾運輸服務之可及性範圍內，藉以營造出具有生活機能便利性及集居環境舒適性的人性化生活空間(US DOT, 1989; Calthorpe, 1993; Bernick and Cervero, 1997; Cervero, 1998; Barton, 2000；吳綱立等，2002；林楨家、施亭伃，2007；吳綱立，2009)。相關研究也顯示，TOD 在規劃實踐時，應該在規劃的各個階段及空間尺度與相關的都市計畫工具和土地使用規劃配套結合(Cervero, 1998; 吳綱立，2009)，例如 Cervero 和 Kockelman 曾提出著名的 3D TOD 理論，指出成功的TOD 發展需依賴 3 個 D：密度(Density)、多樣性(Diversity)及好的設計(Design)(Cervero and Kockelman, 1997)。「密度」是指在轉運場站周邊地區，應增加土地使用的密度及緊湊度，以吸引足夠的居民、工作者及消費者，並藉此增加大眾運輸搭乘率及土地開發的效益；「多樣性」考量內容包括車站地區的混合土地使用、多樣住宅型態、豐富的鄰里機能與多元尺度的人性化鄰里街巷設計，以增進場站地區經濟及社會的多樣性與生活機能的健全性；「好的設計」則指配套的都市設計及社區設計，藉以將車站地區及運輸走廊地區發展到舒適宜居的生活場域。Cervero 和 Murakami (2008)於柏克萊大學都市及區域發展研究中心的研究報告中指出，應將 3D 擴展到 5D，增加的兩個 D 分別為：至大眾運輸系統的距離(Distance to transit)及至目的旅次訖點的可及性(Destination accessibility)。考量臺灣地區的環

境特性及政策方向，吳綱立(2009)在高雄鐵路地下化的 TOD 策略規劃研究中，提出 6D TOD 的概念，於前述 5D 的架構下，再增加另一個 D (Distinction or Difference)：「營造運站地區差異性與自明性」，希望藉此強調出營造場站地區特色、自明性與地方空間風貌特色的重要性。

　　除前述考量之外，要實施 TOD 理念，也需配合城市的規模及區域旅運行為特性，選擇適當的大眾運輸系統 (如 MRT、輕軌或 BRT)及運輸技術方案，此外尚需根據都市發展的不同階段及空間尺度，選擇適當的都市計畫及城市設計措施 (Cervero 和 Murakami, 2008; 吳綱立等，2002；吳綱立，2009)。例如，在城市和區域尺度，應選擇合適的 TOD 基本運具模式及運輸系統技術方案以滿足交通基礎設施規劃及城市發展的需求，並利用 TOD 路網規劃和站點的設置來協助調整城市空間發展模式，以便協助形塑出緊湊且結構化的城市空間發展模式(Cervero, 1998; Beatley, 2001; 吳綱立、單樑，2014)。在地區尺度，先前研究則建議應考量相關都市活動的關聯性，審慎地規劃和安排車站及周圍地區的商業、辦公、住宅等機能以及公園和公共設施的位置(US DOT 1989, Calthorpe, 1993)。此外，上述設施和服務應在大眾運輸場站的合理步行距離內提供，並且在大眾運輸走廊內提供高品質的日常生活服務功能(Barton, 2000)。為了支持大眾運輸系統和周邊服務設施的營運，還需要適當的住宅供給和社區設計，以便提供滿足當地生活機能和城市發展所需的基本服務，這些包括提供舒適安全的步行環境以及高品質的社區生活機能及住宅建設(Calthorpe, 1993; Barton, 2000; Southworth, 2005)，步行環境營造應與上述服務設施相連，並與街道設計相結合(Southworth, 2005)。此外，在生態規劃設計方面，具有生態與景觀價值的開放空間應予以適當的保存維護，並加強相關生態綠資源間的串連(Roseland, 1998; 吳綱立，2009)。對於快速成長或新興的都市化地區，相關研究也顯示，以 BRT 或輕軌為基礎的都市化發展，也是有效推動 TOD 的可行選擇(張學孔、呂英志，2009；Cervero, 2013; Cervero and Dai, 2014)。

(二) 永續生態社區概念及可導入 TOD 的主要規劃設計元素

　　環保意識抬頭及全球氣候變遷，使得各國重新思考對於地球資源的使用態度，以及集居生活模式要如何調整，以因應相關的衝擊。如何在滿足現在及未來世代需求的情況下，推動社區及城鄉環境的永續發展，已成為環境規劃設計者必須面對的挑戰。在此趨勢下，生態社區(Calthorpe,1993)、永續社區(Beatley, 1998; Roseland, 1998; Barton, 2000)、生態城市(Register, 1987; Engwicht, 1992)等思潮也相

繼出現。「永續社區」及「生態社區」已成為當前重要的規劃概念，發展至今，兩者的意涵已很接近。永續社區理念的基本構想是將永續發展、社區培力(community empowerment)、生態規劃設計、社區發展等理念融入於社區規劃與管理之中，藉以建立兼具生態永續性、生活便利性、生活環境安全性、資源分配公平性、社區管理效率性，以及社區決策民主性的人性化社區生活空間(Roseland, 1998; Barton, 2000)。生態社區 理念早期係以推動尊重自然的設計觀、維護生物多樣性、加強資源使用效率、減少能源損耗，以及促進資源循環再利用等考量出發，但隨著理念內容的擴展，目前生態社區所關懷的內容，已從維護生物多樣性擴展到加強社會多樣性、維護文化多元性，以及建立社區穩定的經濟基礎等多重面向的考量(吳綱立，2009)。另外，生態社區的概念也包含了延續(succession)的概念，這種物物相關、物有所歸，以及生命之間彼此交織成網、網網相連、生生不息的概念，不僅體現在生態環境上，也同時反映在經濟、社會及文化等層面上。所以，生態社區理念已逐漸與永續城市思潮所強調的社會、經濟、環境三者兼顧的 3E (environment, equity, economy)概念相近，整體而言，永續社區及生態社區皆強調要達到一個能與生態環境、經濟體系及社會網絡間維持一種彈性調控及動態均衡的相互關聯狀態。在「全球思考、在地行動」的趨勢下，永續社區及生態社區理念提供了一個引導城鄉規劃操作的概念性架構。由於此兩理念的意涵相近，以下討論將以永續生態社區稱之，代表此兩理念的結合。

綜合相關文獻 (Calthorpe, 1993; Beatley, 1998; Roseland, 1998；內政部建築研究所，1997，2012；吳綱立，2009；林憲德，2011 等)，本研究為永續生態社區下一個操作型定義：永續生態社區是一個向地球取用較少自然資源、產生較少廢棄物，並能充分利用地方環境資源、民眾參與及社區治理，以期讓居民與未來子孫以及地球環境皆能維持永續發展的社區。此外，需注意的是，永續生態社區的意涵及操作原則並非固定不變，其應隨著地區環境的改變而不斷由居民及規劃者來共同界定。真正的永續生態社區應是一個處於動態平衡的社區，而推廣永續生態社區理念的真諦，並不在於複製國外的理論，而應是透過在地經驗的累積，逐步發展出本土化的永續生態社區規劃與管理模式 (Roseland, 1998；吳綱立，2009)。

永續生態社區及生態城市理念與規劃方法的導入，提供了一個連接前述 TOD 規劃模式的良好機會。根據相關文獻，茲將相關理念中可整合納入 TOD 規劃的關鍵元素歸納整理於表 8-11 (Van der Ryn and Calthorpe, 1991; Calthorpe, 1993, 2011; Engwicht, 1992; Moughtin, 1996; Dramstad et al., 1996；Sustainable Seattle, 1998;

Leitmann, 1999; Beatley, 1998; Roseland, 1998; Barton, 2000; Wheeler, 2004; ODPM, 2004; Newman et al., 2009; 內政部建築研究所，1997，2012；吳綱立，2009 等)。

表 8-11 可與 TOD 結合的永續生態社區及生態城市規劃元素分析表

地區發展規劃及環境維護與活化再生：
鼓勵在運輸走廊及車站地區推動緊湊發展概念的土地使用規劃；鼓勵在車站地區維持足夠的開發密度及相容性的混合土地使用；推動能維護環境敏感地的土地使用計畫和規劃措施；推動車站及運輸廊帶地區破損生態系統的修護；進行社區景觀營造、產業創生及環境改善，以營造綠色捷運村或綠色捷運城市的都市意象。
推動整合性的運輸規劃與管理：
提供方便和安全的公共交通服務；整合多元的大眾運輸運具及接駁服務；管控中心城區和轉運車站地區之停車位的供給，以減少小汽車的使用；規劃完善的人行步道網絡，並與相關活動作適當的串連；規劃滿足主要旅次目的需求的自行車路線及設施；營造具活力、生態及地域性景觀效果的街道設計；加強土地使用規劃與交通規劃的整合，達到發展短距離城市的目標；營造具地方特色的休閒自行車路線及停放設施。
多樣性且可負荷的住宅建設：
在車站地區提供多元型態及多種價位組合的住宅社區開發，以吸引多元社經背景人口族群的入住；配合公有土地或利用公私合夥方式，在車站地區提供勞工住宅或可負荷住宅，並鼓勵居民以大眾運輸系統為主要的通勤工具；在車站地區發展符合銀髮族或勞工階層需求的住宅社區建設。
社區資源循環利用、生態基礎設施與水循環：
進行家庭垃圾分類、廢棄物回收再利用及廢棄物減量；提供社區生態基礎設施的建設(例如綠地系統、景觀生態廊道、自然排水系統、生態滯洪池、生態草溝等)；社區空地發展做為社區農園；閒置空間再利用；鼓勵再生產品採購及二手商店等。
綠社區設計技術和節能：
推動社區多元綠化(屋頂、陽台、平台及壁面綠化)；發展具地方特色的生態街道；使用綠建築技術及健康建材；推動建築節能及再生能源利用；發展建築光電一體化；鼓勵土地使用的調整，以提高建築節能；透過建築佈局和街廓設計的優化來改善通風環境和節能；利用風廊道及自然冷島效應來減少熱島效應之衝擊。
地區社會經濟發展：
透過多樣性住宅開發，以吸引來自不同社會經濟背景的居民；鼓勵在地就業的經濟發展型態；推動社區自助計畫；加強社區自明性及宜居性，以吸引人口。
組織/管理/社區治理：
鼓勵社區民眾參與及教育計畫；鼓勵社區自我管理和社區自助；推動安全社區及守望相助計畫；鼓勵社區參與TOD規劃；鼓勵社區夥伴計畫和各種夥伴關係網絡。

(三) 島嶼空間規劃的特點

金門是一個島嶼區域,包括大小金門及附屬島嶼共有 12 處島嶼,總面積約 151 平方公里,為中華民國最大的離島。本研究以金門本島為例,探討如何發展島嶼型的綠色大眾運輸導向(Green TOD)空間規劃模式。在以此角度切入之際,需先瞭解島嶼城鎮規劃的特點。

島嶼是個相對的空間尺度概念,若依聯合國的定義,臺灣本身亦可視為一個大型島嶼,而金門則屬於聯合國之小型島嶼定義的範疇:為面積小於 10,000 平方公里,人口少於 500,000 人之島嶼(Hess,1990)。對此類小型島嶼而言,通常具有以下的空間特性:(1)易逐漸形成一個自我均衡的系統,與外界進行人力及資源等輸入和輸出之交流的頻率較內陸城市為低,但受到外界輸入之明顯擾動,而對島內環境造成衝擊時,需要的回復時間也較長,所以大型建設及投資,應避免對島嶼的自然及人文社會環境造成負面的擾動。(2)受氣候變遷及自然與人為災害衝擊時的反應較為快速且影響程度也較明顯(林世強,2013)。(3)聯外交通受地理因素的限制,只能依賴海運及空運,且易受到天候的影響(例如每年三至五月霧季易造成鎖島)。(4)內部交通建設需加強至重要空間節點的可及性及路網的彈性,以提供全島地區適當的運輸服務。(5)整體交通量明顯地受到觀光旅遊人次及跨境轉運交通之影響,而這些則又容易受到市場及兩岸關係之衝擊。(6)交通建設須提升島嶼生活機能的健全性及自持性,以加強島嶼地區的自給自足功能。(7)交通建設應避免影響島嶼的自然生態、開放空間系統及特色傳統聚落。(8)交通建設與土地開發除了便利與安全之外,也需考慮如何適應島嶼地區悠閒及慢活的生活型態,所以並非全然以提供快速運輸服務及寬敞的道路建設為主要的島嶼建設目標。(9)住宅開發及人口遷移,易受到大型交通建設投資的影響,而房價變動受到公私部門大型建設之影響的程度也較大。(10)由於工人及物資多需從外界輸入,公共建設及空間營造的成本較高。(11)重大交通建設或產業園區等開發計畫較容易營造出帶動地方發展及經濟成長的觸媒效果。

(四) 跨國案例研究

為了探討輕軌(LRT)或公車捷運(BRT)促進金門島嶼地區永續發展上之可行性,本研究進行了跨國案例分析,以便從全球的成功案例中找出有用的經驗。分析結果整理於表 8-12。案例的選擇係基於它們在人口規模或都市發展上與金門有一些相似特徵,或是其可為本研究提供有用的借鑑。

表 8-12　LRT 或 BRT 導向城市發展成功案例分析表

LRT/BRT 系統；城市人口	路線和車站	對城市發展的影響	路線地圖	圖片
魯昂輕軌(地鐵)系統：魯昂曾是一個繁榮的中世紀城市，目前是法國北部塞納河旁的一個小城市。2017年時該市人口約為11萬人，佔地面積為21.38平方公里。	長18.2公里；2 條線；31 個車站	是魯昂的主要交通方式。輕軌系統由兩條路線組成，此兩條路線在北部共用一條路線，再分流到兩個南部的支線，分別為 Saint-Étienne-du-Rouvray 和 Le Grand-Quevilly。輕軌系統經過魯昂市中心，並連接到魯昂的 Théâtredes Arts車站之三條快速公車路線(T1-T3)。整個公共交通系統方便快捷，為居民和遊客提供便捷的服務。	圖片來源：Metro of Rouen	圖片來源：鼎漢工程顧問公司程珮鳳提供
沖繩Yui鐵路：Yui Rail 是日本沖繩那霸的單軌鐵路線。那霸是沖繩的首都，2018年時總人口為32.2萬人。該系統於2003年開始服務，由城市單軌鐵路公司運營。	長13公里；1 條線；15 個車站	此單軌線是戰後沖繩唯一新建的鐵路線。從那霸機場出發，經過主要商業區和重要城市景點。該系統舒適方便，車站周邊地區皆有良好的步行環境。站間平均距離約為0.93公里。每日平均載客量為35,000人次，此單軌系統明顯地提升了那霸的觀光旅遊發展。	圖片來源：www.naha-airport.co.jp	圖片來源：吳綱立攝
波特蘭有軌電車系統：該系統於2001年7月開放，為波特蘭(Portland)市中心周邊地區提供服務。波特蘭是俄勒岡州最大的城市，2018年時總人口約為65.3萬人。該城市也是一個積極地推動TOD建設的示範城市。	長11.6公里；2 條線；67 個車站	在城市街道中運營，服務於波特蘭市中心周圍的大部分的住房開發地點及商業區，並連接到市中心的輕軌系統。依據2017年資料，有軌電車系統提供了方便且對乘客友善的服務，平均每日乘客量約為16,300名。波特蘭市政府還採取多項措施促進TOD和都市成長管理，例如鼓勵混合使用和劃設城市成長邊限。	圖片來源：柏克萊大學都市及區域發展研究中心	圖片來源：柏克萊大學都市及區域發展研究中心
庫里提巴 BRT 系統：庫里提巴(Curitiba)是巴西南部最大的城市，2018 年時總人口約為 190 萬。該城市以高效率的快速公車系統(BRT)而聞名，被稱為世界上最乾淨、宜居的城市之一，也是以成本效益觀點來發展 TOD 的典範。	長81公里；6 條線；127 個公車站	世界著名的 BRT 城市發展模式，具有高效率的城市公車捷運系統(BRT)，服務於混合土地使用和以高層建築為主的城市運輸走廊。公車票價便宜，採用單程票價政策。80%以上的庫里提巴人口使用此系統，每天載客量達200萬人次。公車站和公車系統設計精良，可讓乘客快速舒適的上下車。大多數城市成長都受到BRT走廊的引導，所有的車體在2014年皆被升級為電動車輛。	Curitiba Linhas Direta 圖片來源：Friberg, 2007	圖片來源：members.virtualtourist.com
魯昂 BRT 系統 (TEOR)：TEOR 於 2001年開通，是一個在法國魯昂市運營的公車捷運系統。它由三條公車路線組成，服務於東西走廊。魯昂是一個小城市，公車系統和輕軌滿足了基本的旅運需求。	長31.8公里；3 條線；53 個公車站	TEOR是法國實施的第二個BRT系統。該系統有三條採用光學引導的BRT路線，從東到西穿過城市，並連接到城市中心的輕軌系統。三條路線是在不同的公車專用車道上運行，從而實現快速、高效率的公共運輸服務。該系統服務於高密度地區，每日平均乘客量為45,000人次。	圖片來源：Metro of Rouen	圖片來源：鼎漢工程顧問公司程珮鳳提供

(續表 8-12)

阿爾梅勒公車捷運系統：阿爾梅勒(Almere)是20世紀90年代阿姆斯特丹市的一個衛星城，是一個經規劃而快速發展的城市。該市2018年時人口約有20.5萬人，土地面積約有248.77平方公里。公車捷運系統提供了快速安全的交通服務。	長 105公里；10 條線；89 個公車站	阿爾梅勒擁有適當的土地混合使用與開發密度，其採用公車導向的城市發展模式。公車行駛於城市專用公交車道上，此BRT系統經過精心策劃，可優化交通流量並確保公車車站之間的有效連接。公車以適當的速度行駛，並且在所有交叉路口都享有優先通過權。BRT系統服務的可及性很高，超過85%的住宅和企業距離公車站不到500米。	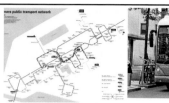 圖片來源：Maxheadway	 圖片來源：CXX Almere-Bus-Planen.com

(資料來源：本研究整理)

三、研究設計與方法

(一) 研究地區選取

本研究以金門本島為實證研究地區，金門近十年來快速的轉型與成長，從戰地轉變成一個多功能的島嶼區域，並在地緣關係下已和廈門形成一個新興的生活區域(見圖 8-62)；但是伴隨著此新興島嶼區域的逐漸形成及金門的都市化發展，金門的城鄉空間結構與環境也出現了許多變化：多核心空間發展型態已逐漸成型，舊市區日趨飽和，較大型的土地開發在城鎮周邊及變更的農地中陸續出現，而且不少農地也興建了類似宜蘭的高級農舍，部分地區的房價更被炒作到每坪超過 20萬元，這些現象使得金門的整體空間發展呈現出一種破碎化、蛙躍式的空間發展模式。另一方面，隨著金門大學學生人數的成長及兩岸小三通所帶來的觀光人潮，金門的汽機車持有率正持續成長，以致道路拓寬及公路興建的需求日增，但是大量增加道路面積的後果，將造成生態環境的破壞及空氣污染的問題，所以如果未能在此金門面臨蛻變的關鍵時刻，及時導入便捷有效率的大眾運輸系統及永續生態的空間規劃模式，金門恐將失去其原有自然、舒適、慢活的環境特質，更遑論要轉型成為一個示範性的低碳生態島嶼。金門目前的困境，其實也是全球化趨勢下島嶼地區轉型發展所面臨問題的一個縮影，所以金門提供了一個絕佳的案例，可藉以探討在全球化及跨境交流日增的趨勢下如何促進島嶼區域的永續發展。

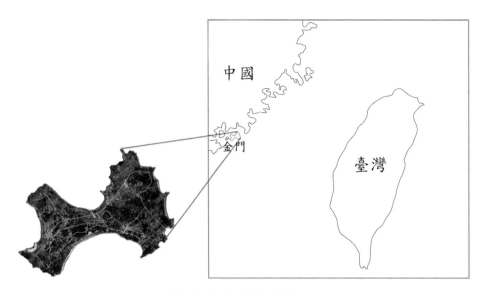

圖 8-62 金門的位置

(二) 研究方法

本研究採用結合質性分析與量化分析的研究分法,茲將主要的方法分述如下:

1. **田野調查**:田野調查用以分析研究地區的環境特徵、土地使用狀況、旅運需求、旅次與交通模式、道路狀況、公共設施需求、商業和土地混合使用情況、觀光景點發展狀況,以及研究地區的社經背景。現場調查時除了以筆記及拍照的方式來記錄之外,手繪圖記及相關資料庫之建置等方法也被使用來探討研究區域的空間特徵。

2. **預測分析**:預測分析係用於估算金門居住人口和觀光客的成長,以及旅次成長與空間分佈狀況。操作時先收集歷史資料,然後輸入數學模型,經測試後選取適當的數學模型來進行預測。此外,也採用敏感度分析,以檢查不同方法之預測結果(例如低度成長、中度成長和高度成長預測)的合理性。在旅次成長預測方面,本研究使用重力模型來進行旅次空間分佈之分析。

3. **GIS 空間分析**:GIS 空間分析係用於分析研究地區之人口、就業機會、住宅的空間分佈狀況及土地使用變遷。此外,本研究也運用 GIS 的空間展示功能、環境分析及疊圖分析等功能,來檢視影響 BRT 大眾運輸路網和站點設置之關鍵因素(如密度及可及性因素)的空間效果,以及協助在 TOD 運輸走廊的服務地區進行永續生態社區的選址。

271

4. **模糊語意問卷調查和 AHP 分析**：本研究使用模糊語意問卷來協助發展一套綜合性的評估架構，以便配合綠色大眾運輸導向發展(Green TOD)規劃模式來選擇合適的生態社區開發地點。模糊理論的運用主要是為了要解決受訪者在調查過程中有關認知差異的問題，此方法已由研究者於先前研究測試，發現若經良好的設計與操作，可有相當的合理性(郭幸萍、吳綱立，2012)。本研究模糊理論的操作係使用三角隸屬函數來進行運算，並透過模糊語意問卷來進行決策參與者的意見調查。調查結果將使用重心法(Center of Gravity)來解模糊化，並以 α 截集(α-cut)來篩選關鍵評估項目，然後再進行層級分析法(AHP)，以計算評估構面評估項目的權重。層級分析法在應用時需避免在同一構面內有過多的選項，分析結果並以一致性檢測(以 CR<0.1 為標準)來作為合理性評估之依據。

5. **深度訪談**：為瞭解公部門決策者、學者專家、規劃設計專業者、土地開發業者以及地方意見領袖等利益關係人，對於推動 Green TOD 理念及相關永續生態社區建設的意見，本研究對上述人員透過抽樣，進行深度訪談。深度訪談的重點，包括其對發展永續生態社區及大眾運輸導向發展理論的認知，以及其對於 Green TOD 操作內容的建議。深度訪談的結果也用來協助確認出綠色大眾運輸村暨永續生態社區選址評估指標及後續空間計畫的推動策略。

6. **情境模擬分析**：情境模擬分析係用以檢視本研究所提出之以 BRT 為基礎的 Green TOD 規劃模型及緊湊城市理念對金門未來人口空間分佈的影響。基於本研究建議的 BRT 系統(含站點和路線規劃)以及未來都市成長之情境假設，本研究以「緊湊城市模式」及「趨勢模型(蔓延發展)」兩種情境來模擬分析金門未來的人口數及其空間分佈，並提出對未來空間發展模式和城市形態的建議。

7. **永續生態社區和綠建築技術**：在選出配合 BRT 導向之 TOD 發展的永續生態社區建設高潛力地點後，本研究並嘗試建議可行的生態社區建設內容及綠建築技術，例如垂直綠化、生態草溝、社區有機菜園、太陽能建築光電一體化(BIPV)與建築遮陽及建築立面設計的結合、社區自行車設施設計等。

(三) 研究程序

本研究採用以下程序：(1)對研究地區進行田野調查和實地觀察記錄；(2)進行跨國案例分析，以便為金門找到可供借鏡的經驗；(3)建置空間資料庫，以便進行

所需的 GIS 分析；(4)進行居民人口和觀光客成長趨勢之預測及交通旅次模式的預測；(5)進行 GIS 疊圖分析和空間分析，藉以探討研究地區的人口分佈和土地利用特徵；(6)對抽樣選定的決策者、學者專家、規劃專業者及民眾代表進行問卷調查和訪談，以協助確定 Green TOD 所使用的運具模式、規劃策略，以及相關永續生態社區選址評估構面與內容；(7)根據假設的情境方案及人口與社區發展的指標，進行 GIS 空間分析，提出適合人口成長的地區及建設永續生態社區的地點；(8)探討相關的生態社區和綠建築技術，以便逐步落實所提出的 Green TOD 理念。

四、實證分析結果

(一) GIS 空間分析

運用先前所建置的 GIS 資料庫，本研究進行了系列的 GIS 主題圖分析，以便瞭解金門土地使用、人口及空間發展的特徵，並將視覺化的主題圖分析結果用以協助訪談及問卷調查時的溝通。圖 8-63 所示為金門的土地使用現況，由此圖中可看出金門都市化土地所占的比例仍然不高，目前多數土地利用尚處於傳統聚落及自然村轉型發展或都市化發展初期的階段。

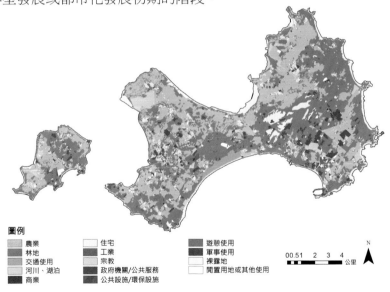

圖 8-63　金門土地使用現況圖

整體而言，金門目前的發展集中在幾處城鎮中心區，以及一些傳統或新興的聚落社區，這些地方的開發已漸飽和，以致新的土地開發則散佈在城鎮周邊地區及非都市土地上。不少農業用地已透過以興建農舍的方式轉變為住宅開發，這種

類似臺灣北部宜蘭的情況已在金門地區出現，使得整體空間發展呈現出一種破碎化、蛙躍式發展的情況。此外，金門也正面臨著多核心發展的趨勢，但缺乏結構緊湊的城鎮發展空間形態。大部分土地開發集中或圍繞著幾個城鎮中心，包括金城、山外和沙美等三個中心。土地使用管制機制是造成這種分散式發展的另一個原因，圖 8-64 所示為在目前都市計畫體系、非都市土地使用管制規定及金門國家公園計畫下現行的用地編定狀態，目前多頭馬車的土地開發管理機制及複雜的法規也產生了一些規劃協調上的問題。

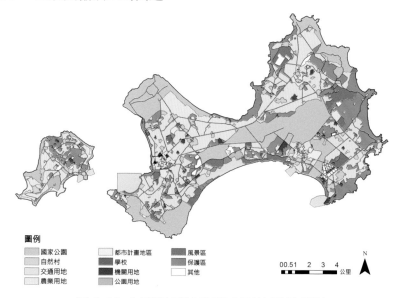

圖 8-64　金門現行計畫體系下的用地管控

　　就主要活動及設施的空間分佈而言，圖 8-65 所示為金門本島主要觀光景點和活動場所的空間分佈，圖 8-66 所示則為現有建築物的空間分佈。這兩個分析圖的內容顯示出，雖然不少土地開發活動及機能係集中在與主要道路網相連的地區，但也有不少發展在金門本島其他地方蔓延。破碎化、蔓延式的空間發展模式已經浮現，因此，應思索如何透過大眾運輸建設和成長管理方面的公共政策與規劃措施，來適當管控蔓延發展的趨勢。

　　圖 8-67 為以村里為空間單位的人口密度空間分佈圖。同樣地，此圖顯示出人口集中在某些特定地區，如金城市區以及山外和沙美的地區中心，同時也呈現多核心發展的現象，需要有效率的大眾運輸系統來連接這些主要的成長中心。

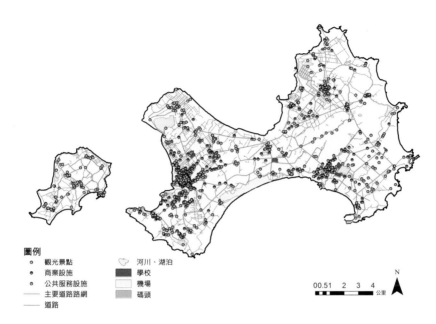

圖 8-65 金門景點和活動場所的空間分佈

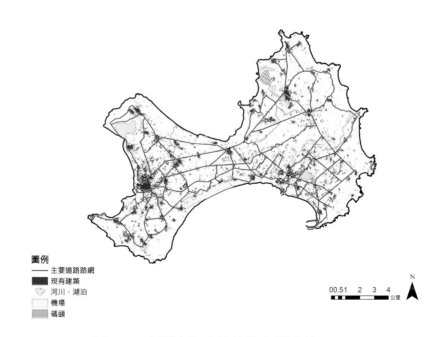

圖 8-66 金門本島建築物的空間分佈

275

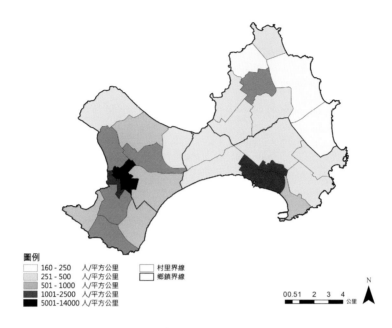

圖 8-67 金門本島村里空間單位的人口密度

(二) 人口預測和遊客預估

　　人口和觀光客的成長是影響金門經濟發展的主要因素，也是支持金門興建輕軌系統或 BRT 系統的基礎。為了進行所需的預測，本研究測試了多種預測模式，最後選擇以下幾種方法來進行預測分析：等分平均法 (the semi-average method)、幾何級數法 (the geometrical method)、修正冪數曲線(the modified exponential curve method)、龔柏茲曲線(the gompertz curve)、直線最小二乘法(the linear least squares method)。在人口預測方面，輸入預測模式的基本資訊是金門從 1998 年到 2016 年的每年總人口數，預測進行到 2040 年。較具代表性的預測結果如圖 8-68 所示，分別代表低度成長、中度成長和高度成長的趨勢。在使用幾何級數法之中度成長預測中，2040 年金門的總人口約為 50 萬。值得注意的是，除了基於歷史趨勢的預測之外，我們與相關專業者與居民的訪談結果也顯示，金門的人口和遊客數成長會明顯地受到幾個政治和經濟因素的影響，例如公共基礎建設投資的程度、目前土地使用管制內容的修改、縣府產專區等大型計畫的推動成效、金門大學的成長狀況，以及中國大陸與臺灣的關係。

　　同樣地，本研究也使用數種常用的預測方法來對金門觀光客的成長進行預測，較具代表性的預測結果如圖 8-69 所示。此結果顯示，根據低度成長之預測，

2040 年金門的年度觀光客總數將接近 300 萬；若採用中度成長之預測，預計 2040 年時觀光客總數將達到 450 萬；若是採用高度成長之預測，則預計會超過 600 萬；然而，同樣地，此結果也會受到上述政治和經濟因素的影響。

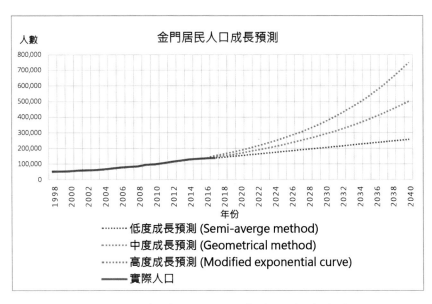

圖 8-68　金門 2018~2040 年人口成長預測

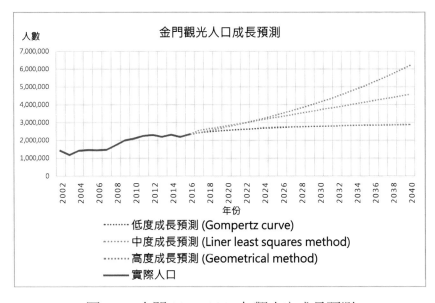

圖 8-69　金門 2018~2040 年觀光客成長預測

(三) 旅次成長預測

　　旅運需求分析可協助評估適合金門的大眾運輸系統。旅次分配是旅運需求分析的一個重要步驟，有助於瞭解地方旅運行為的模式。如前述分析結果所顯示，金門已呈現多核心發展的趨勢，幾個主要的島嶼機能中心在影響旅次分配方面發揮著重要的作用。為了評估金門目前和未來的旅次分配模式，本研究配合旅運調查，採用了重力模型來建立旅行起點和目的地之間的旅次分配模型。重力模型源於牛頓萬有引力定律，其假設兩個物體之間的重力與物體的質量成正比，與它們之間的距離平方成反比。重力模型已廣泛應用於交通規劃中的旅次分配模擬分析(Wu, 1994; Cervero and Wu, 1997)，本研究以旅次距離作為模型中的阻抗因數，Gamma函數經測試後，被使用作為阻抗函數，因它較符合研究區域的旅運特徵。重力模型公式和阻抗函數如以下所示：

$$T_{ij} = P_i \cdot \left(\frac{A_j \cdot F_{ij} \cdot K_{ij}}{\sum\limits_{j=1}^{n} A_j \cdot F_{ij} \cdot K_{ij}} \right)$$

$$F_{ij} = a \cdot d_{ij}^{-b} \cdot e^{-c(d_{ij})}$$

其中：

　　　　T_{ij}：交通分區 i 所產生並被吸引至交通分區 j 的旅次數
　　　　P_i：在交通分區 i 所產生的總旅次數
　　　　A_j：被吸引至交通分區 j 的總旅次數
　　　　F_{ij}：交通分區 i 到交通分區 j 的阻抗函數
　　　　K_{ij}：交通分區 i 對交通分區 j 的社會經濟調整係數
　　　　d_{ij}：交通分區 i 至交通分區 j 的阻抗值

　　經過模型建置與驗證，研究結果顯示，模型的表現符合期望。2020 年旅次分配的預測結果如圖 8-70 所示，可為 Green TOD 的運具選擇及路線與車站規劃，提供基本的參考資訊。

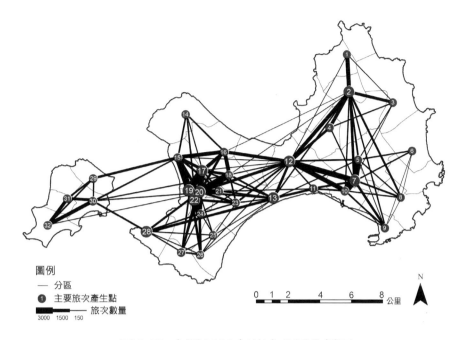

圖 8-70 金門 2020 年旅次分派分析圖

(四) 評選適當的 Green TOD 運輸系統與技術方案

　　藉由對於金門之土地使用、人口和觀光客成長趨勢、交通特徵及旅次分派等因素的綜合分析，以及參考金門縣政府之金門縣概念性總體規劃報告 (2011) 中的構想和本研究對專家學者訪談的結果，本研究提出了兩套 Green TOD 規劃方案：一個是輕軌(LRT)和 BRT 系統結合的方案；另一個則是以 BRT 系統為主的快捷公車導向城市發展方案。兩套 Green TOD 規劃方案的概念圖如圖 8-71 和圖 8-72 所示。此兩套 Green TOD 計畫方案皆試圖連接到金門主要的活動節點和機能中心，並銜接機場和主要碼頭，本研究所規劃的輕軌及 BRT 路線係使用現有的主要道路，並為大多數的社區和聚落提供便捷的交通服務。

　　根據上述概念性計畫方案，本研究制定了更詳細的 Green TOD 運輸計畫方案，其中包括兩個規劃方案中的輕軌或 BRT 的服務路線和車站地點，如圖 8-73 和圖 8-74 所示。輕軌及 BRT 路線與車站的規劃係主要考量幾個關鍵因素，包括：路線的載客係數、可能會由汽機車轉換到輕軌或 BRT 的交通量、至主要城鎮中心和旅遊景點的可及性、至大多數住宅社區及聚落的可及性、至主要公共服務設施的可及性，以及至主要零售和商業活動的可及性等。車站的位置係經過仔細的規劃，以便能為大部分社區及景點提供便利的交通服務。市中心或鄉鎮中心地區的

279

站點與站點之間的距離約為 400~500 米，郊區站點之間的距離則較長一些，但仍
維持在步行可及的範圍內。部分站點係由現有的公車站升級，以便與現有的公車
系統能夠整合。兩個 Green TOD 方案在運具及運輸系統技術方面的基本資訊如表
8-13 所示，皆採用供給導向的規劃觀點，企圖以公共建設投資來引導城鎮化發展。

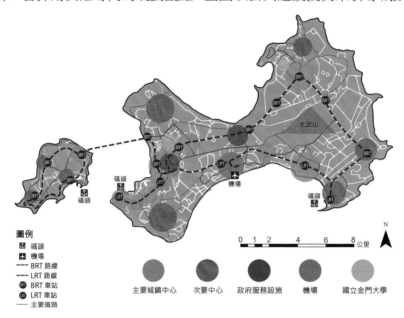

圖 8-71 金門 Green TOD 方案 A：輕軌+ BRT 系統導向發展

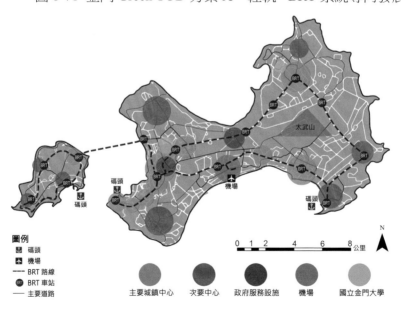

圖 8-72 金門 Green TOD 方案 B：BRT 系統導向發展

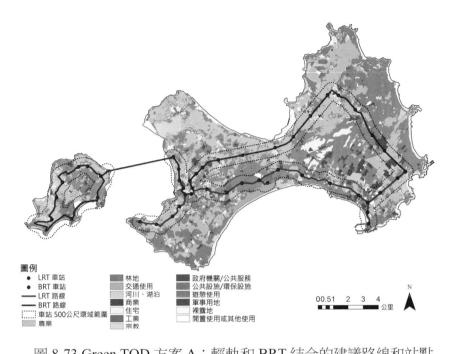

圖 8-73 Green TOD 方案 A：輕軌和 BRT 結合的建議路線和站點

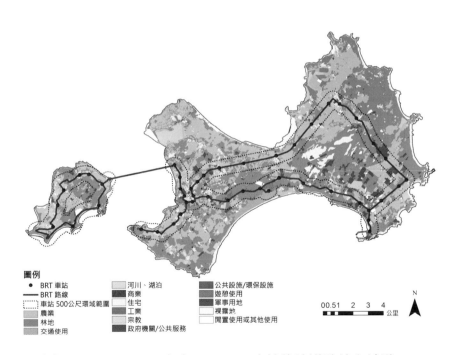

圖 8-74 Green TOD 方案 B：BRT 系統的建議路線和站點

表 8-13 金門的兩個 Green TOD 規劃方案運具及運輸系統技術基本資訊比較表

	方案 A： LRT + BRT 系統	方案 B： BRT 系統
路線總長	50.30 公里	50.28 公里
車站數量	LRT: 20; BRT: 28	BRT 47
月台型式	側式站台	側式站台
車體長度	12 公尺	10-12 公尺
路權型態(ROW)	B＋C 路權	B＋C 路權
建造成本	平均約 2.1 億新台幣/公里	平均約 4000 萬新台幣/公里
採用的規劃理念	供給導向規劃模式	供給導向規劃模式

為了系統性地評估適合金門島嶼環境的 Green TOD 規劃模式，本研究對前述兩個方案進行了初步的可行性分析，分析內容包括：財務可行性、制度可行性、法令可行性、工程可行性、對環境與生態之影響、對促進地區發展的效益、對土地和住宅發展的效益，以及地方及政治支持度等因素。根據本研究的實地調查及資料分析結果，並參考對於相關專業者和決策者訪談的結果，本研究進行了初步的綜合性的可行性評估，結果如表 8-14 所示。

表 8-14 金門的兩個 Green TOD 規劃方案之可行性比較分析

評估因素	方案 A： LRT + BRT 系統	方案 B： BRT 系統
財務可行性 (考量資本成本、營運成本、自償率、實際收益率、自籌資金比率、內部收益率、中央補助程度等)	○	◎
制度可行性 (考量中央和地方政策之支持程度，獲得現行規劃體系支持和資金的能力等)	○	●
法令可行性 (符合大眾運輸法、公路法、土地使用法規、BOT 和促參條例等)	◎	◎
工程可行性 (考量道路狀況和道路改造潛力、環境和地質之限制、路權形式、道路彎道及迴轉限制、排水條件等)	○	●
對環境和生態系統的影響 (考量對野生動物和環境敏感地的影響；對生物多樣性的影響；對水文的影響；對傳統聚落及文化景觀的影響等)	◎	◎
對促進地區發展的效益 (考量在促進旅遊發展、促進地方社區發展、推動地方商業及產業創生、改善島嶼形象及促進自然村再發展上的效益)	●	●
對土地和住房發展的效益 (考量對於增加土地開發收益、促進緊湊有序的空間結構、帶動地價及房價上漲、引入多元的住宅開發等方面的效益)	●	◎
地方及政治支持度 (考量是否可獲得地方行政首長及地方政治的支持；當地居民和社區的支持程度；是否獲得在地商家的支持；是否可獲得地方輿論的支持等)	◎	◎

備註：三個尺度之評量：○代表差(低)；◎代表普通(中等)；●代表高(佳)

為了協助評估 Green TOD 方案的運具模式，本研究也依據預測的金門人口數、旅次數等因素對適合金門的大眾運輸運具做一比較。圖 8-75 所示為目前進行 TOD 規劃時三個主要捷運系統(BRT、LRT 和 MRT)的基本特徵及特性。此資料係本研究根據文獻回顧及專家學者訪談結果彙整而得。如圖 8-75 內容所顯示，若以金門目前的人口規模及運量，應無條件發展中高運量的捷運系統(MRT)，但若以供給導向的規劃觀點，再加上金門的人口及觀光客如能持續地成長，其實是有潛力發展 BRT，甚至輕軌系統，以便透過大眾運輸建設來引導空間結構的調整和帶動地區發展。若將 BRT 系統與輕軌系統進行比較可發現，BRT 系統具有靈活且成本較低的優點，而目前金門預測的人口及遊客數的成長也可支持 BRT 系統的運作，等到運量及人口到達適當規模時，BRT 也可以升級至輕軌(或部分路線升級)。

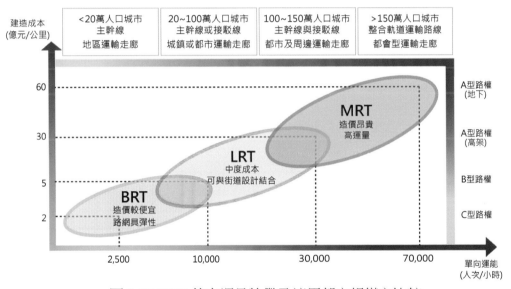

圖 8-75 TOD 基本運具特徵及適用都市規模之比較

經由綜合性的可行性評估分析(表 8-14)以及 TOD 主要運具特性與都市發展關係的比較分析(圖 8-75)，本研究建議在低度成長至中度成長的情境假設下，發展 BRT 系統應具有可行性且符合成本效益，因此建議在目前階段可考慮以 BRT 導向的 Green TOD 規劃，來帶動金門地區的永續及緊湊發展。但是，需要一提的是，快捷公車系統(BRT)的建設也應與現有公車系統的改善相結合，以獲得最佳的公共交通建設之整體效益。目前金門有 29 條公車路線，每天提供 465 班次的公車服務，每天載客量約為 11,000 名乘客。公車乘客以學生和老年人居多(約占 60%)，由於摩托車和汽車的快速成長以及公車的服務不能滿足居民和遊客的需求，金門公車

的乘客量近年來有所下降，這些實有賴於新的 Green TOD 規劃理念之推廣及低衝擊綠色運具的引入，以進行全面性的大眾運輸服務的改造。採用供給導向的規劃觀點，以低衝擊且較低成本的 BRT 系統來引導緊湊且結構化的城鎮化空間發展型態，對於目前正處於空間結構轉型的金門而言，應為可思考的方向。

　　本研究所建議的 BRT 系統與金門現有的公車系統應為互補的角色與功能。為了讓兩者有所區隔，根據文獻分析及專家訪談的結果，本研究建議適合金門的 BRT 系統應具備以下特點或系統元素：(1)專用或部分專用路權；(2)乘客可以快速上下車(例如多車門或加寬的車門，車輛的地板與月台齊平)；(3)高 效 率 的 收 費 系統；(4)結合 ITS 技術；(5)應用潔淨能源技術；(6)生動鮮明的行銷識別系統；(7)低底盤車體；(8)於固定的路線提供密集班次、準點服務。考量目前金門的道路狀況，短期內部分 BRT 服務路線將採用混合路權(圖 8-76)，另外，根據臺灣的公路法及其他相關規定，BRT 系統需要至少 13 公尺的道路寬度，因此部分道路需要拓寬，但由於金門目前的都市化程度並不高，因此道路拓寬的困難度並不高。

圖 8-76　短期 BRT 路線的路權狀況

　　經由理論與實例分析，本研究建議以 BRT 導向的 Green TOD 規劃模式來促進金門島嶼地區的永續與緊湊發展，圖 8-77 所示為此規劃模式中 BRT 系統之車站周遭 500 公尺環域內的土地使用現況，由此圖中可看出不少車站周邊地區都有相當的發展潛力，可配合相關政策引入適當的人口及生活機能。圖 8-78、圖 8-79、圖

8-80 所示，係以 GIS 的環域功能(500 公尺環域)來分別分析政府機關和公共服務設施、商業/零售設施、旅遊景點至本研究提出之 BRT 車站與服務路線的可及性。如這些分析圖所示，本研究提出的 BRT 系統和 Green TOD 運輸走廊的服務範圍(500公尺環域距離)可以涵蓋 70%以上前述日常生活所需的服務。

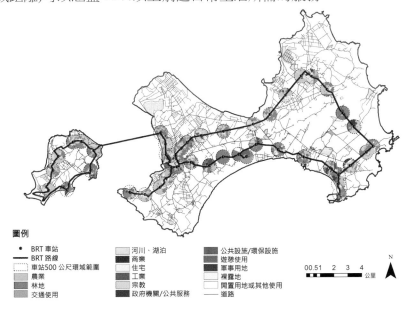

圖 8-77 BRT 車站 500 公尺環域內的土地利用現況

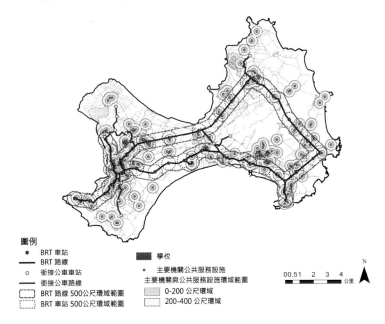

圖 8-78 政府機關/公共服務設施至提議之 BRT 路線和車站的可及性

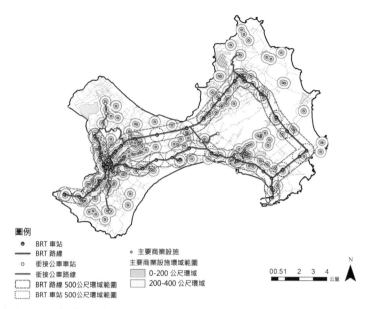

圖 8-79 商業/零售設施至提議之 BRT 路線和車站的可及性

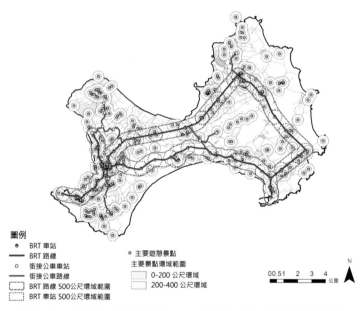

圖 8-80 旅遊景點至提議之 BRT 路線和車站的可及性

(五) 綠色大眾運輸村(Green Transit Villages)暨永續生態社區選址評估

　　綠色大眾運輸導向發展(Green TOD)規劃模式的推動，除了要選擇適當的大眾運輸運具及運輸系統技術之外，也需進行配套的土地開發管理及生態社區規劃設計。在確定金門推動 Green TOD 的公車運具形式及路線和車站規劃之後，本研究

繼續進行相關之永續生態社區規劃，首先嘗試確認出適宜開發的土地及進行生態社區選址評估。圖 8-81 所示為根據地區開發條件及相關法規，在 BRT 車站 500 公尺及 800 公尺環域範圍內，所界定出的高潛力生態社區開發用地，這些土地是經先排除在生態環境保育及文化景觀維護上需保存維護的土地資源之後，再依據目前土地使用編定所界定出的適宜開發土地，未來相關的生態社區建設時，希望能配合相關法規及獎勵機制，將住宅社區開發活動及人口引導到這些土地上，以達永續和緊湊發展的目標。

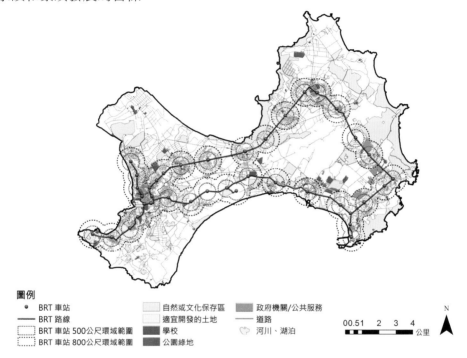

圖 8-81 BRT 車站 500 公尺及 800 公尺環域範圍內生態社區建設適宜開發的土地

為了在研究中的 TOD 運輸走廊內系統性地選擇合適的地點來建設永續生態社區，必須建立一套適當的選址評估架構。依據先前研究、文獻分析及訪談調查分析的結果，本研究提出一套綜合性的評估架構。此架構包括五個構面，每個構面都有 5 到 6 個評估項目(圖 8-82)。這些構面及評估項目的選取，除了參考相關文獻及訪談調查的結果之外，也有考量到研究地區的環境特徵，以及是否有足夠的資料來進行評估時所需的分析。為了便於研究操作，可及性指標係使用直線距離來衡量；社經屬性特徵的空間分析單位是村里或內政部的最小統計單元，依資料的可取得性而定；土地利用特性指標是根據政府部門的土地利用調查資料及本研

究實際調查所建立的資料庫來進行分析，此構面中的混合使用狀況指標及人行環境品質指標是依據本研究實際以李克特量表進行調查之結果計算而得；住宅資訊是經由所購買的政府資料庫及本研究的實際調查彙整而得；生物多樣性指標是參考林務所及本研究調查的資料，其他部分質性指標則是透過態度量表調查而得。此評估架構主要用以協助確認出配合 Green TOD 規劃模式所欲推動的永續生態社區開發地點。在確定評估模型的架構之後，本研究接著使用 AHP 分析來界定評估

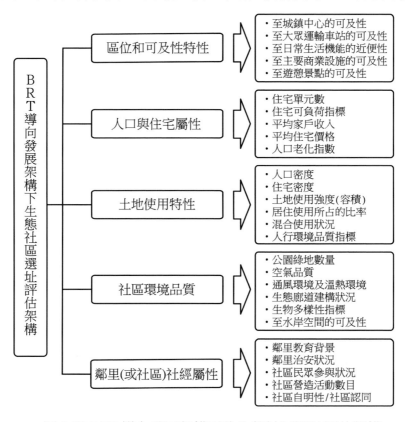

圖 8-82 BRT 導向發展架構下的生態社區選址評估架構

架構中各基本構面及評估項目(或指標)的相對重要性。AHP 分析乃針對相關領域學者專家、規劃專業者以及地區民眾進行調查，分析結果並經一致性檢定，以確定填答的合理性(Saaty, 1980; 郭幸萍、吳綱立，2013)。圖 8-83 所示為本研究所提出

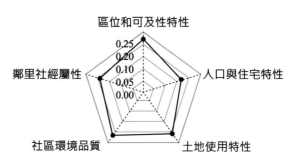

圖 8-83 選址評估構面相對重要性分析

之金門永續生態社區選址評估架構中，五個基本構面之相對重要性的分析結果，此結果顯示，區位和可及性特性、社區環境品質以及土地使用特性等三個構面的重要性，高於其他兩個構面，但差異並沒有很大，此結果顯示出，本研究所提出的五維評價架構應屬合理。受限於本專書的篇幅，第二層級評估項目及指標的相對重要性分析結果，就不在此詳述。

　　經由前述選址評估模型的運用和 GIS 空間分析的結果，本研究確認出配合金門 TOD 規劃之相關生態社區開發的高潛力地點，如圖 8-84 所示。接著對這些高潛力地點的生態社區進行規劃設計，首先依據其發展潛力和環境特徵予以分類，區分出基本的生態社區發展型態類型，包括：新建住宅社區發展型、傳統聚落活化再發展型，以及自然村環境改善與再發展型。不同類型的生態社區發展的位置如圖 8-85 所示，後續研究可依據各類型生態社區的特性及發展目標，擬定相關的策略。

圖 8-84　Green TOD 規劃架構下生態社區發展高潛力地點分析圖

圖例
Green-TOD 大眾運輸村/生態潛力地點
開發型態
✸ 傳統聚落活化再發展型
✸ 自然村環境改善與再發展型
✸ 新建住宅社區發展型

● BRT 車站
━ BRT 路線
⬚ BRT 車站500公尺環域範圍
⬚ BRT 車站800公尺環域範圍

━ 主要道路
🌀 河川、湖泊
⬚ 機場
⬛ 碼頭

00.51 2 3 4 公里

N

圖 8-85　潛力生態社區發展類型分析圖

(六) 情境導向的人口成長模擬分析

　　為探討以 BRT 為基礎的 TOD 規劃模型及緊湊城市理念對金門未來人口空間分佈的影響，本研究進行了情境導向的人口成長模擬分析，藉以探討未來的空間發展趨勢。本節所探討兩種情境分別為：(1)BRT 導向的緊湊城鎮發展模式，以及(2)趨勢模型(蔓延發展模式)，亦即是維持目前的蔓延式發展型態。兩種未來空間發展情境搭配前述人口成長預測結果，產生了一些不同的人口分派方案，可藉以檢討金門未來人口空間分佈與規劃模式的關係，進而提出對未來空間發展模式和都市形態發展的建議。人口空間分佈的分析結果如圖 8-86 至圖 8-90 所示。圖 8-86 呈現出 2017 年金門本島人口的空間分佈狀況，此圖是使用 ArcGIS 的空間分析功能，以 2017 年金門最小統計單位的人口資料所製作的。2017 年金門本島的總人口為 121,808 人，如圖 8-86 所顯示的，此時金門本島地區已出現破碎化且蔓延發展的空間發展型態，此將有可能導致土地使用和公車服務效率的低落，這種多重旅次起訖點與旅次方向的旅運行為，實難透過現有的公車系統來提供有效率的服務。

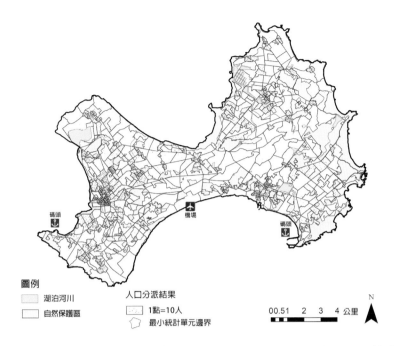

圖 8-86 金門本島 2017 年的人口分佈狀況 (人口約 12.18 萬人)

　　圖 8-87 所示為基於當前發展趨勢(蔓延發展趨勢)的 2040 年金門本島的人口分佈預測，此部分係以低度成長的人口預測(預估約 24 萬人，見前述的人口成長預測)來進行人口分佈的推估。由此圖中可看出，由於沒有重要的大型公共建設來引導人口的發展，不少自然村或農業用地將進行土地使用管制的調整或用地重劃以適應未來的人口成長，而整體空間發展模式將為破碎化及蔓延式的發展，缺乏有效的成長管理。圖 8-88 和圖 8-89 所示為基於 BRT 導向發展及緊湊城市理念所進行 2040 年金門本島的人口分佈預測，分別以低度成長預測(2040 年時約 24 萬人)和中度成長預測(2040 年時約 45 萬人)來進行人口分派。這兩個模擬分派的結果是透過將較高的成長率數值分配給建議的 BRT 運輸走廊地區、車站周邊地區以及先前確認出的生態社區潛力地點所產生的。此規劃模式的基本假設為：透過 BRT 系統與緊湊城市理念的結合，可將人口和土地開發吸引到大眾運輸服務可及性較佳的高潛力開發地點及車站周邊地區。透過此理念的落實，除了可有效地引導都市空間結構的調整，亦可以保存維護金門特殊的傳統閩南建築聚落、廣大的開放空間及重要的農田和林地。再者，研究結果也顯示出，緊湊發展模型與 BRT 導向的 TOD 規劃模式之結合，可有效率地引導金門未來人口分派和住宅的整體發展。另外，為了有效地形塑城鎮空間結構，BRT 系統建議應與現有公車系統進行配套整合，將服務連接到目前分散發展的傳統聚落及自然村(見圖 8-90 的模擬分析結果)。

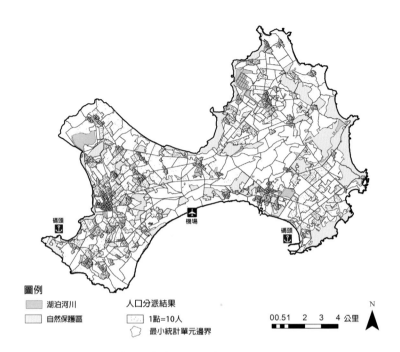

圖 8-87 金門本島 2040 年的人口分佈預測方案
(蔓延發展趨勢模式，預估人口成長至約 24 萬人)

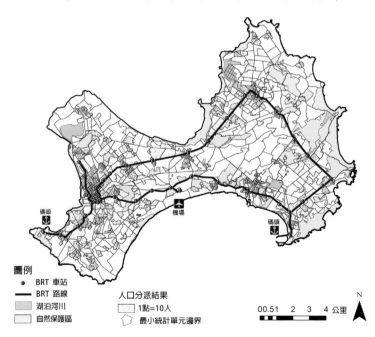

圖 8-88 金門本島 2040 年的人口分佈預測方案
(BRT 導向的緊湊發展模式，預估人口成長至約 24 萬人)

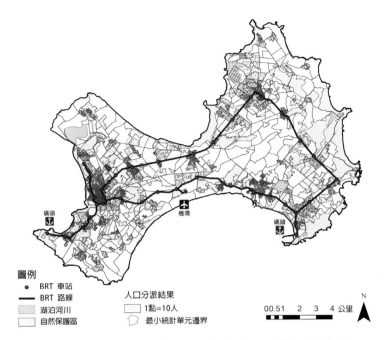

圖 8-89 金門本島 2040 年的人口分佈預測方案
(BRT 導向的緊湊發展模式，預估人口成長至約 45 萬人)

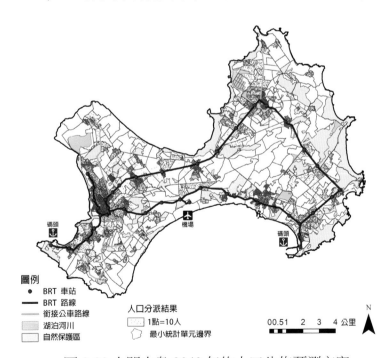

圖 8-90 金門本島 2040 年的人口分佈預測方案
(BRT 導向的緊湊發展模式，並加強 BRT 與公車系統的配套銜接，
預估人口成長至約 45 萬人)

(七) 永續生態社區與綠建築技術分析

在對以 BRT 為基礎的 TOD 規劃模式進行人口成長分派模擬分析，並選取出具永續生態社區開發潛力的開發地點之後，本研究接著探討可實際應用於這些社區的生態社區規劃設計手法與綠建築技術。在對這些高潛力社區進行實地調查和環境分析之後，建議可優先採用以下綠建築和生態社區的技術，包括與建築立面和遮陽設計相結合的垂直綠化技術(圖 8-91)；住宅社區人行空間鋪面設計與綠化的結合，以減少水泥及硬鋪面的使用(圖 8-92)；運用生態草溝來加強社區雨水收集及自然水循環(圖 8-93)；生態滯洪池與社區景觀設計相結合(圖 8-94)；透過社區有機菜園來鼓勵社區民眾參與及接近大自然(圖 8-95)；社區建築光電建築一體化發展(BIPV)及 PV 技術與社區建築的陽台及立面設計結合(圖 8-96)；PV 和社區公共藝術設計相結合(圖 8-97)；與 TOD 活動場所相串連的自行車路線規劃和具地方特色的自行車停放設施設計(圖 8-98)，以及發展可自發性推動社區環境改善的社區互助機制(圖 8-99)。

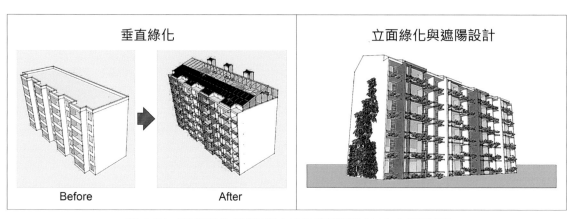

圖 8-91 垂直綠化與建築立面和遮陽設計結合示意圖

圖 8-92 人行步道與綠化設計示意圖　　圖 8-93 生態草溝應用示意圖

圖 8-94 生態景觀滯洪池示意圖

圖 8-95 社區有機菜園示意圖

圖 8-96 BIPV 用於建築立面及陽台
設計示意圖

圖 8-97 社區公共藝術設計結合太陽
能 PV 設施示意圖

圖 8-98 地方特色的社區自行車停
放設施示意圖

圖 8-99 透過社區互助機制進行環
境改善示意圖

五、結論與省思

　　本案例嘗試提出一種本土化的研究方法論，藉以發展一套新的綠色大眾運輸導向發展(Green TOD)規劃模式與評估架構，從中探討 TOD 理論及永續生態社區

295

理論應如何整合，以應用於新興島嶼區域的交通規劃與城鄉發展，並引導出永續與緊湊的空間發展型態及舒適宜人的社區生活環境。本研究係採用「供給導向」的規劃觀點，嘗試利用交通建設的投資及相關的土地開發管控與生態社區建設來帶動島嶼區域空間結構的調整以及未來的城鄉發展，以便將較高強度的土地開發活動及多樣的生活機能引導至大眾運輸場站周邊地區(圖 8-100)，進而協助建立緊湊、有秩序的城鎮化空間發展型態，以減緩金門目前蛙躍式、破碎化及小汽車導向的城鄉空間發展模式所造成的交通問題及環境衝擊(圖 8-101 及圖 8-102)，並進而保留金門重要的開放空間與文化景觀資源。

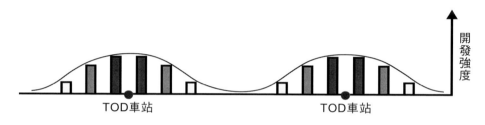

圖 8-100 TOD 車站地區土地開發強度示意圖
(利用 TOD 車站的節點效應，打造地區機能中心，引導出緊湊有秩序的發展型態)

圖 8-101 金門蛙躍式發展的空間結構　　　圖 8-102 金門小汽車導向的空間發展
　　(資料來源：作者 2018 年空拍)　　　　　　(資料來源：作者 2018 年空拍)

　　透過文獻與案例分析，以及金門島嶼地區 Green TOD 規劃之實例操作及可行性分析，本研究比較了輕軌系統和 BRT 系統在金門島嶼 Green TOD 規劃中作為主要運具的適用性。經由多重面向的可行性評估以及都市空間結構、土地使用、人口及旅次分派的分析，本研究結果顯示，綜合考量目前金門多核心的空間發展趨勢及人口與交通運量規模，如欲發展輕軌導向的 TOD，似乎尚未達到符合成本效

益的門檻，因此推動結合 BRT 與升級公車系統的 TOD 發展，並加強其與永續生態社區建設的配合，應為較適合目前金門島嶼環境的 Green TOD 規劃方案。

經由情境模擬分析，研究結果顯示，本案例所提出的 BRT 導向的 Green TOD 方案應該可以緩解當前金門蛙躍式蔓延發展的問題，並促進緊湊且有秩序的城市空間結構發展。經由實際操作，本研究提出了金門 BRT 系統的建議路線和初步的站點規劃，以作為引導人口成長和住宅社區發展的觸媒。根據文獻分析、問卷調查和訪談分析的結果，本研究也發展出一套五維(五個構面)的永續生態社區選址評估模型，以便協助在金門 BRT 運輸走廊服務範圍內選擇適當的永續生態社區發展地點。透過綜合運用 GIS 空間分析及選址評估模型，並確認出多處可配合 BRT 導向之 TOD 規劃而進行生態社區建設的高潛力開發地點。

配合提議的 BRT 規劃方案及永續生態社區建設，本研究根據當前趨勢的「蔓延式發展模型」及「BRT 導向的緊湊發展模型」來分別模擬 2040 年金門的人口空間分派，研究結果顯示，BRT 導向的緊湊發展模式可以有效地維護金門獨特的自然和文化景觀資源(例如豐富的自然開放空間及特色傳統聚落與自然村)，並形成緊湊有秩序的城鄉空間型態。最後，配合本研究確認出的高潛力生態社區開發地點的環境特性，本研究也建議幾種可行的生態社區設計策略及綠建築技術，以便逐步落實永續生態社區營造的理念。

綜合而言，本研究提出了一套綜合性的分析方法及規劃途徑(planning approach)，以便在快速發展或轉型的島嶼區域推動 BRT 導向的 Green TOD 規劃，此方法論及規劃操作程序，應可對規劃專業者和土地開發業者提供一些有用的參考資訊，有助於其進行可導入大眾運輸服務效益的永續生態社區建設。綠色大眾運輸導向發展 (Green TOD)規劃模式的推動應以成本效益的觀點，選擇適合地方環境的大眾運輸運具及運輸系統技術方案，並需要有支持的土地使用政策及開發管控機制，以便能有效地管理相關土地開發的時程、內容、規模與地點。此外，供給導向的規劃觀點更需審慎的使用，以避免因無法持續地推動滾動式發展，而造成公共投資的浪費。TOD 和相關的永續生態社區建設不可能在一夜之間就完成，但只要認同此理念，並開始實踐，終會有願景達成的一天。最後，值得一提的是，受限於研究資源與時間，本研究應視為是一個初探。本研究雖嘗試提供一個完整的規劃模式之操作架構與範例，但由於受到於專書章節的篇幅限制，而無法完整的陳述所有的分析過程與成果；再者，許多所操作的內容也尚需更詳細的調查分析及驗證，才能得到更具體的建議，此部分仍有待後續研究持續努力。

【註釋】

註 1. 本節部分內容的初稿曾發表於以下兩個研討會：吳綱立、郭幸萍、盧新潮、張德宇 (2013/10)，「以環境倫理及荒野哲學觀點探討如何創造城市濕地保育與周圍街廓土地開發的互利共生」，收錄於中國風景園林年會研討會論文集。吳綱立、盧新潮(2013/07)，「從環境倫理及荒野哲學角度看都市濕地規劃與周圍土地開發的關係」，世界華人不動產學會 2013 年會暨新型城鎮化與房地產業可持續發展國際研討會。

註 2. 目前一些規劃用詞的使用，中國大陸與臺灣仍有一些差異，例如英文 Urbanization 一詞，中國大陸稱為城鎮化或是城市化，而臺灣則稱為都市化。為於便於學術交流的方便，關於 Urbanization 的概念，在討論到中國大陸案例時，本書主要使用城鎮化一詞，至於探討到臺灣案例時，則使用都市化。

註 3. 此處指的是已出現明顯都市化發展現象的地區(urbanized areas)，由於目前大陸仍較少使用「城鎮化地區」或「城市化地區」等名詞，故此處還是使用臺灣習用的都市化地區一詞，以便讀者能容易了解所描述的內容。

註 4. 本節部分內容的初稿曾發表於以下研討會：吳綱立、曲藝 (2016/12)，「結合生物多樣性分析的都市生態廊道規劃：以深圳國際低碳城為例」，中華民國 2016 年都市計畫學會年會暨論文研討會。

註 5. 本節部分內容的初稿曾發表於以下研討會：吳綱立，鄒志翀，單樑，向暢穎 (2015/09)「應對氣候異變的海綿城市雨洪管理及規劃模式」，論文獲選為中國城市規劃年會交流論文，收錄於 2015 年中國城市規劃年會論文集。

註 6. 本節係以作者主持之科技部專題研究計畫的成果為基礎而繼續發展，計畫名稱：全球化視野下建構綠色大眾運輸導向發展的規劃設計模式來促進新興城市區域的永續發展：以金門為例 (計畫編號 MOST105-2410-H-507-005)，作者感謝科技部及計畫審查委員的支持。部分金門旅運分析的基礎資料及 BRT 系統資訊，係由鼎漢工程顧問公司提供，作者感謝鼎漢工程顧問公司的協助，尤其是鼎漢工程高雄分公司程珮鳳副總的鼎力支持。本節部分內容的初稿曾發表於 2018 年金門學國際學術研討會，作者感謝台大地理系林禎家教授在研討會論文發表時的寶貴建議。本節的研究成果，也經國立金門大學前校長李金振校長的推薦，以專題報告的方式，向金門縣楊鎮浯縣長及縣府相關主管報告，作者感謝李校長及楊縣長對於研究內容及論點的肯定和支持。

第九章　推動生態觀的土地開發管理與生態城鄉營造

第一節　理論和方法與專業實踐結合的省思

　　為了對生態規劃設計理念的實踐有一個完整的綜合性評述，本書嘗試涵蓋制度面、審議面、規劃設計面及方法論層面的探討。制度面(規劃機制)與審議層面的分析可讓讀者及專業者瞭解生態規劃設計理念在海峽兩岸的土地開發及城鄉規劃設計實務作業中是如何地運作，以及其所面臨到的問題與挑戰，藉以思考值得相互學習的地方，以避免問題的重複發生。在宏觀尺度的案例探討層面，本書也嘗試論述當前一些重要的公共政策與生態保育上的折衝，尤其在不同的規劃體系之下，這些政策是如何地操作。在生態規劃設計的專業實踐面向，本書以符合生態規劃設計理念的小尺度、小而美的生態街道及水岸空間改造案例，來說明如何在現實生活中落實生態規劃設計的理念。這些經驗的交織呈現，希望能提供一個生態規劃設計理念實踐上較整體的輪廓。

　　在方法論的層面，本書嘗試透過多尺度、多重案例分析，並結合質性與量性研究方法的途徑，來對生態規劃設計理念應用在海峽兩岸的土地開發管理及城鄉規劃設計的經驗作一個綜合性的評述與分析。資料分析與研究結果顯示，新一代的空間規劃分析方法 (例如書中所運用到的景觀生態學指標、地理空間資訊系統、雨洪管理模擬分析、生物多樣性不可替代性分析，以及 Green TOD 城鎮發展模式)，提供了一個有用的分析架構及方法，可以協助規劃設計者更系統性的描述、解釋及預測未來的生態城鄉發展。但這些社會科學、實證科學導向的空間分析工具應用之關鍵，還是取決於其結果是否會獲得決策者、規劃設計專業者及民眾的認同，以便能充分發揮告知之作用，進而引導其決策邏輯和行為模式的調整。同樣重要的是，相關空間規劃設計方法及工具的應用，也必須要能回歸到城鄉規劃設計的專業實踐及相關機制的檢討，以期能有效率且公平的引導規劃設計方案的調整及相關規劃引導策略或指導原則的建立。

　　同時，理念與價值觀的建立也非常重要。具有共識基礎的理念才能形成可實踐的信念，進而引導行為的調整，來協助推動生態、環保、健康、親自然的生活方式及引導出低碳生態的行為模式。在海峽兩岸的城市環境皆朝向越來越人工化及設備化之趨勢而發展的情況下，如何從「師法自然」及「尊重自然循環」的傳統生態哲學及生態思潮前輩的前瞻遠矚理念中，找尋一些未來的發展方向，值得

建築、景觀及城市規劃設計領域的專業者共同來省思與努力。本書回顧了海峽兩岸近十餘年來操作生態規劃設計的代表性案例及執行結果，結果是令人興奮的，但也為規劃設計專業者及教育者帶來一些強大的壓力。我們雖然有一些進展，但其實進展不多，許多生態規劃設計的建設成果通常是工程導向或是大而美、形式主義的表面化建設成果，而非真正的人與生態之間和諧關係的建立。儘管技術與科學性分析工具越來越多，目前又是處於相關資訊氾濫的行動通訊年代，但我們似乎更應該思考我們需要什麼樣的行為模式及生活態度。城市中的自然生態環境，一定要花費昂貴的成本來營造與維護嗎？綠意盎然的住宅垂直綠化及都市森林景觀，一定必須是豪宅或高收入族群才能擁有嗎？城市中寶貴的自然濕地景觀及其所提供的生態效益，難道不能讓更多普羅大眾及地球生物來共享嗎？這些問題的解答都亟待一些信念及價值觀來引導我們，也需要一些科學性的模擬分析工具及使用者調查資訊來協助決策。

在氣候變遷衝擊加劇且災變不斷發生的情況下，我們生活的城鄉環境中，需要更多小系統、相互支援、就地處理、彈性調整、自然平衡、小而美的生態低碳環境營造，並應以更系統性、綜合性及跨領域整合的角度來思考相關建設所產生的綜合性效果與衝擊。例如目前臺灣積極推動的綠能建設(尤其是太陽能光電設施建設)，其實不只是種電而已，還須考慮到太陽能光電設施對於生態、農業，以及整體景觀所產生的環境衝擊，本書中的山東蔚萊城光電社區案例分析的經驗，應可提供一些省思與啟示。再者，相關科學性分析工具及實際案例檢討的經驗，也應該回歸到城鄉規劃設計專業實踐的引導以及協助規劃設計操作模式的調整，然而這些也都需要對生態及空間使用者的行為有更深入的觀察、體驗與系統性的分析，才能發展出真正適合地方民眾需求及師法自然的生態規劃設計模式。

對於本書中所提到的研究方法及案例分析經驗，作者建議採用以下的方式來思考或延伸應用：新一代的科學性分析方法如地景生態學指標、生物多樣性不可替代性分析、雨洪管理模擬 (或淹水潛勢地區分析)，以及結合 TOD 及空間決策支援系統的城鎮成長管理及生態社區建設，應可提供規劃設計師一個輔導決策的工具，藉以瞭解地區的脆弱度，以及目前破碎化發展所造成的一些問題，但重點還是應該回歸到實際規劃設計策略與方案的檢討，並需要加強與民眾的溝通與協調，畢竟生態規劃設計是要看最後能實踐 (implementation) 多少，而不是說了多少，或是研究了多少，此乃本書標題的另一個意涵。

　　專業實踐需要有理念的支撐，本書中所提的一些重要的理念或思潮及其背後所隱含的理念精神與價值觀，如生態區域及荒野哲學等，皆可作為相關專業者及學生思辨的基本觸媒。依據書中所分析的中國大陸生態社區案例經驗顯示，生態社區的類型具有多樣性且有不同的操作模式，但其共同的核心問題卻是一致的：如何加強對於民眾基本生活需求的關懷 (尤其是在地民眾的需求)；如何善用地方資源，發展符合地域特色的生態社區發展模式，同時嘉惠在地民眾與生態系統；以及如何以符合成本效益、社會包容 (social inclusive)與可持續發展的方式來推動生態城鄉 (或生態社區)建設。這些案例分析的資訊與方法及其多尺度的應用，有賴於規劃設計專業者與學生在生活中予以實踐，並時常提出相關的批判性省思與思辨。本書嘗試提供一塊敲門磚，希望能引發更多相關專業者及學生對此領域的興趣，讓生態規劃設計的概念能在土地開發管理及城鄉規劃設計專業操作中得到真正的落實。

第二節 土地開發及城鄉規劃設計策略及操作模式調整的建議

本書嘗試以具體的實際案例來探討生態規劃設計理念在臺灣及中國大陸的實踐經驗，希望記錄這些規劃設計專業者的努力，以及他們在專業操作過程中所遭遇的問題。同樣重要的是，也希望能提供一些可供參考的檢討與省思，以期讓生態城鄉的願景能夠在海峽兩岸逐步地落實。經由前述的理論與案例分析，對於如何落實生態規劃設計在臺灣及中國大陸的城鄉規劃設計與土地開發管理，作者提出以下的建議：

一、土地開發管理及城鄉規劃設計之正確價值觀與倫理觀的再定位

價值 (values)與倫理 (ethics)是指導專業實踐與決策的基礎，在全球化競爭及全球環境變遷的衝擊下，土地開發的價值與倫理必須做適當的再定位。土地開發的規劃與管理時，規劃專業者必須重新思考地景資源規劃與土地開發的真正價值所在及其背後的專業倫理意涵。以目前城鄉規劃環境而言，經濟價值、生態環境價值、社會價值及尋求地域性特色的價值，將是未來主要的核心價值，而在知識經濟導向，強調低碳、生態、創新及地域認同的兩岸城鄉發展政策方向下，傳統土地開發管理的評估標準也必須做適當的修正，土地開發及城鄉規劃設計的價值將是綜合其在生產、生活、生態、文化上的多重價值，而非僅是單純的商品化經濟性價值而已。另外，近半世紀來人類的經濟活動及快速的都市化(城鎮化)發展，已對土地及大自然造成不小的衝擊，如何將尊重自然、師法自然的價值觀與倫理觀導入城鄉規劃與土地開發的專業實踐之中，適度地減緩土地開發的速度與強度，讓土地資源與大自然得以休息生養，也應是我們亟需思考的方向。

二、營造人與自然持續「生活出來」的生態城鄉，而非粗糙的地景形式或規劃設計手法之複製

生態城鄉營造的主要關鍵在於正確觀念的建立及親身實踐，生態城鄉是「生活出來」的成果，而非複製空間形式或樣板成功案例所能產生的。在強調生態自持、循環再生、減法減量及親自然設計的理念下，生活模式及心態的調整應是最好的實踐方式。讓自然生態化的價值被各界所尊重，並深化到土地開發及城鄉規劃設計的基本考量之中，這樣就能反映到市場經濟價值及民眾需求的調整，使得生態化及親自然設計不只是房地產行銷的標籤或口號而已，而是成為生活上的真正作為。尊重人與自然和諧關係的建立，並維持城鎮中的自然演替及生態循環，

讓我們共同「活出來」一個美好的生態城鄉，如此就可以創造出區域景觀資源的最大價值及人造環境與自然環境的和諧之美。

三、國土計畫及特定區域計畫在界定限制發展區及土地使用管制程度上的檢討

在強調區域競合及資源共享的國際趨勢下，國土計畫及特定區域計畫對於生態規劃設計理念在較高層級空間計畫之實踐，扮演著重要的角色。臺灣傳統區域計畫的功能不彰，已是不爭的事實，臺灣區域計畫中目前雖有劃分「限制發展區」及「保育區」，然而所劃定之限制發展區或保育區多是基於最基本的環境保育或安全考量而劃定，並未能充分考量如何依據土地資源在生態環境及文化上的功能，來界定出不同程度的限制發展區，又因受限於相關基礎研究及資料之不足，亦無法依各地區的災害風險因素及生物多樣性規劃的需求，將需要管制的土地資源予以明確的等級劃分，以作為土地開發審議與管制之參考。臺灣的國土計畫法已於2015 年 12 月立法通過，配合國土計畫法的頒佈與實施，國土計畫將取代區域計畫，成為指導城鄉規劃及土地開發的主要基礎，因此各界對於國土計畫的角色與功能皆抱持著很高的期望。國土計畫以四種功能分區來推動城鄉建設及環境保育，又將國土保育地區列為四大分區之首，這應該不僅是宣示性作用而已，如何依據土地資源在生態城鄉發展及文化發展上的意義與價值，公平且有效地界定出國土保育區及生態復育區的位置與範圍，並研擬具體且具有社會接受度的土地開發管控作法，實為需要深入探討的課題。

四、土地開發審議機制中生態規劃設計項目評估架構與原則之建立

目前土地開發審議機制中有關生態規劃設計的考慮項目多散見於不同的條文之中，既無整體性的架構，亦缺乏明確的規定。如欲有效的推動生態規劃設計理念，應就現行相關規範中的條文加以檢討，依據生態規劃設計考量內容的空間尺度及規劃設計層級予以分類，於相關條文中具體地納入不同層級的生態規劃設計議題。例如在主要計畫或規劃許可階段應考量整體性、架構性、原則性的內容，例如涉及區域生態維護、生態廊道建構、水資源管理及生物多樣性維護的項目，後續細部計畫或控制性規定(中國大陸)實質審查時，可再就細部計畫內容等加以檢視(例如街道設計、生態土地使用管控內容、綠化原則、海綿城市理念的滯洪與雨水收集設計等)。再者，現行審議制度中關於生態規劃設計審查項目的增修，應顯示出整體生態城鄉(或生態社區)的發展遠景，並儘量提供圖例及可操作的設計導則。此外，一些涉及開放空間及地景元素之生態功能及品質的評估指標也應建立。

五、加強實質計畫審議時中央與地方的權責分工

　　生態規劃設計理念的落實也須適當的土地使用管控及都市設計管控，以便有效地引導土地開發行為。本書建議，在設計管控基本元素及架構確認之後，可依據中央與地方分工的原則，由中央政府負責規劃整體架構性層面之開發審議內容及原則性規範的研擬，地方政府則可著重於設計管控在細部計畫、開發基地環境管理及建築使用管理層面的審議。中央政府著重於環境衝擊及區位適宜性層面的開發管理，地方政府則以具體空間計畫內容及景觀與都市設計的實質審議為主要的管理範疇，藉此達到有效地審議分工之目的。此外，中央與地方的實質審議權責分工，也應在策略性空間計畫或空間政策的原則下，考量開發基地與區域(或地區)整體環境之關係，達到上下位階審議作業的成功銜接。

六、審議下授原則及地方執行機制建立

　　目前臺灣中央政府已將審議下授的規模擴大，擴大下授可促進中央與地方的分工合作，但並非所有的開發計畫之審議工作都適宜下授給地方審議，例如涉及區域資源分配公平性及公共利益的重大建設計畫，或是需由中央政府主導的開發計畫(如科學園區計畫或必要性鄰避型設施計畫)，暫不宜貿然地下授地方處理。而且案件下授之後，地方政府的審議標準及審議程序也應制度化，並與中央審議標準維持一致。否則，將造成開發審議案件朝容易過關的地方去申請之現象，造成國土資源管理上的公平性爭議。地方審議實際操作時，如有因政黨立場、地方派系運作或地方審議機制執行能力不足而影響下授案例之審議時，中央應收回審議權(類似都市更新如因地方怠惰執行時，中央政府可收回主導權)。地方政府審議機制的運作應有客觀且標準化的流程及評鑑機制，審議太鬆、太緊或回饋機制要求不合理時，中央政府皆應及時糾正，必要時得要求收回中央審議。開發業者如對審議結果有質疑時，也應有適當的申訴機制。

七、加強實質開發內容與基地周圍環境關係之整體考量

　　基地開發內容除考慮個案區位條件、機能及用地編定等審議項目之外，也應考量開發行為對基地周圍環境的衝擊，並要求將相關規劃原則或策略落實在實質計畫的考量中。開發基地的活動引入及環境衝擊考量，可區分為規劃及設計兩個階段，在規劃階段應考量影響整體地區環境品質及生態景觀之重要元素，例如對地景空間結構的影響、保育區留置位置與功能、基地排水與周圍水文系統及水循環之關係、開放空間類型及使用機能、與基地周遭土地使用的相容性、交通動線

與出入口對鄰近交通的衝擊、土地使用強度及建築高度對地區整體環境意象及景觀的衝擊等，以及影響地區整體生態環境之空間規劃元素的配置計畫與開發管理。

八、加強宣導與共識凝聚，以逐步調整方式進行土地開發管控內容的檢討

土地開發管理機制是維護生態系統健全性的重要工具，相關規範的研擬及內容考量皆有其時空背景，在環評、水保及景觀管理審議機制在生態維護方面皆未具體化的情況之下，土地開發許可審議規範的內容難免可能過於剛性或制式化，經由作者實際調查分析，檢討開發審議參與者對於相關規範內容之重要性與可執行性的認知後發現，部分重要的相關規範，其實不易操作或社會接受度不高。為解決此問題，宜加強宣導土地開發審議機制運作的價值以及中央與地方審議分工的效益，並以使用者及開發者的角度，來逐步修改規範。在維護整體環境品質的前提下，考量開發業者的實際需求及地方民眾的社會接受度，應是較務實的作法。

九、研擬地區水與綠空間計畫，並與土地開發管控機制結合

目前海峽兩岸土地開發管理機制中雖有對於綠覆率、滯洪設施、保育區及緩衝綠帶等項目作相關的規定，但並無明確的區域性綱要計畫來指導開發者去調整綠地計畫、保育區與滯洪池的配置位置或加大緩衝綠帶的寬度，以便能與區域內自然或人造生態廊道的網絡系統相配合。所以，建立都會區域相關的水與綠綱要計畫(或綠廊綱要計畫)，實為當務之急。此外，目前的開發審議機制多係以個案審查的方式進行，很難要求一地區內數項開發案之間的相互配合(例如考慮綠地留設位置的延續性與串連性，以形成整體性的生態綠廊網絡)。所以，上述水與綠綱要計畫也應有適當的法源基礎及約束力，以便能要求土地開發單位作相關的配合。

十、土地使用管控機制在管理農地變更時考量面向及評估原則之檢討

農地管理是影響區域生態環境的重要因素之一，以臺灣為例，配合農村再生及地方創生政策，農地釋出與農村再發展已成為政府的施政方向之一，但是農地大量的零星釋出作為其他土地開發用途，對於生態資源的整體性及農村整體景觀都將產生不小的衝擊，故農地釋出應有原則性的整體考量，在農地釋出總量、類型及區位上作整體的配套規劃，並在農地申請變更使用時訂出適當的評估原則，以免造成日後土地開發時財務上或環境上的衝擊。以目前農地管理及農村規劃政策來說，農業用地變更作為非農業使用時，應以不影響農業生產環境之完整性及區域生態環境之健全性為基本原則，因此在檢討農地變更時，應依據區域生態環

境的容受力及地區自然環境與人文資源的特性，界定出區域內之可變更農地總量及不宜變更農地的位置，以便評估變更的適當性及優先順序。例如對於目前非都市土地中劃定為「特定農業區」之「農牧用地」或都會區周圍具有防止都市蔓延(urban sprawl)及生態環境保育功能的保護區或農業用地，都應避免變更作其他開發用途。在國土計畫法全面實施後，此類農地應給予適當的維護。而使用農地的未登記工廠對整體農業資源及生態環境的影響頗大，應如何處理，也應該建立一套能兼顧生態及地方經濟發展的一致性原則。

十一、區位適宜性的決策原則待確立

就臺灣現況而言，區位適宜性檢討是土地開發管控時的重要考量之一，但在實際土地開發審議操作時，卻常出現雖然開發區位並不適宜，但只要該開發案無明顯違反相關審議規範，審查委員會通常較無充分理由來否決該開發案的申請，以致造成有些案子的審議時程拖得很長，而審查委員會的審議機制通常只是在協助修改計畫內容、圖說及修正報告書而已，尤其是政府政策強力支持的案子，如果政策面極力護航，公部門提供公共建設的承諾及地方政府也全力配合，即使區位不合適，通常也能獲得通過。為避免不適當區位之零星開發破壞整體生態環境及造成破碎化、拼布式的區域發展，作者建議進行區位適宜性審議時，應從政策面、基地限制面及開發所造成的外部性等多重面向進行整體考量，以減少開發案的環境衝擊，對於明顯區位不適宜的案件，公部門單位應發揮示範作用，主動撤案，或務實地檢討區位適宜性，以免造成公共投資的浪費及資源分配不公的問題。

十二、採用師法自然的設計手法及建立小尺度的生態系統

採用向大自然學習，順應大自然力量(風、光、水、熱等驅策力)之「師法自然」的生態規劃設計手法來進行土地開發及建築設計，避免營造過多需依賴人工設備和化石燃料的大尺度系統。鼓勵在地循環利用、就地處理、自持式小尺度生態系統的建置與系統間的相互支援；鼓勵在各種資源使用的生命週期過程中，落實「從搖籃到搖籃」的理念，不斷地發掘地方資源及產品的再利用價值，讓減量、回收、循環再利用、閒置空間活化再生等，能在社區及民眾的生活周遭發生。

十三、將超大街廓形式的土地開發轉換為短距離城市理念的人性尺度街廓開發

以中國大陸為例，目前普遍流行的宏大尺度、強調「大而美」空間美學的超大街廓土地開發，其實不利於生態城市及生態社區發展，應配合地區生態環境特

性及市場需求，轉換為「以人為本」的「人性尺度生態街廓開發」，以落實「短距離城市」及「步行友善環境營造」的理念。街廓長度 200 公尺以內的人性尺度街廓開發，將有利於營造舒適方便的步行環境及鄰里生活機能，也較能透過親切尺度的社區公共空間設計，來鼓勵社區居民的交流與互動，以協助凝聚社區意識，如此將有助於讓中國的城市發展從機能城市走向市民社會城市及包容性城市。

十四、避免過度依賴工程手法來進行生態城市及生態社區的建設

在海峽兩岸(尤其是中國大陸)，目前許多立意良好的生態城市及生態社區建設正在被積極地推動(如海綿城市、立體綠化城市)，但目前尚有一個隱憂是，這些理念的推動多係高度依賴人工化的技術及工程導向的手法，以求能快速地興建，並可大量的複製與開發。其實理想的生態城市及生態社區應該是因時因地制宜，而且必須是順應地域氣候環境特性而動態調適的。過度依賴工程手法及人工化設備將會增加系統設計上的風險，也會阻礙到人與自然之和諧關係的建立。

十五、加強科學性分析工具與民眾風險教育及風險告知的結合

在全球氣候變遷及災害頻傳的趨勢下，探討生態城鄉及韌性城鄉發展已成為全球的趨勢。目前已有不少科學性決策分析工具、評估系統或評估指標被用來協助界定城鄉發展的脆弱度與破碎化現象，進而分析各種災變的風險及潛勢區域，而風險導向的城鄉規劃也成為未來生態城鄉與韌性城鄉發展的一個重要議題與操作模式；然而這些多元的科學性決策分析工具的運用及相關評估指標與災害潛勢地圖的實際成效，乃取決於決策者與民眾的認知及風險意識，以及他們是否可藉由對相關資訊預警效果之「知曉」與「認同」，而產生行為模式上的調整。所以科學性分析工具的設計與應用並非僅係為了提供決策者相關的參考資訊，應同時加強科學性分析工具應用與民眾的互動溝通，以便發揮及時告知、教育與動員民眾的功能，如此才能達到真正的永續生態環境及韌性城鄉的建構。

十六、從生物多樣性邁向社會多樣性及文化多元性，並逐步走向包容性社會及包容性城市

生態規劃設計理念的落實需就規劃、設計、營造施工、使用管理、回收再利用等多重層面予以綜合性的考量，方能竟全功。隨著生態城市及生態城鄉理念的發展，其所涵蓋的範疇已不侷限於生態學、景觀生態學、植栽與綠地計畫、生態工程等面向，更拓展至環境管理、民眾參與、社會與文化發展等議題。生態城市(或

生態城鄉)的理念精神其實已與永續城市所強調之兼顧環境品質、經濟效率及社會公平的概念非常相近，所以生態規劃設計應嘗試將生態的效益在空間與社會層面上予以外溢，並發揮作為城市設計及社區營造之觸媒的效應，藉以導入更多的民眾投入與使用者參與，進而促進文化與社會的融合(本書所介紹的巴克禮生態公園營造與管理即是一例)。所以，城鄉規劃決策者、規劃設計師、建築師，甚至廣泛的民眾，應利用海峽兩岸正積極推動生態規劃設計的契機，給予不同族群參與的機會，透過參與和切身相關的環境改善，來建立認同及累積互信互愛的社會資本，進而促進對不同族群、社會階層及多元文化的包容，讓我們的社會朝包容性社會的方向邁進，讓我們的城市能變成包容性城市，進而逐步建構出我們共同的未來。

城鄉環境的生態修復及生態保育是一個長期的工作與志業，要融入日常生活之中，更要建立正確的價值觀與倫理觀。我們是要在破壞掉原有的城鎮空間紋理及自然生態的演替關係之後，再重新創造出一個符合生態規劃設計理念的人造自然呢？還是應在自然生態演替及文化傳承的過程中，不斷地去修復自然環境的破損及維持時空與文化的延續性？這些問題有待我們去深入思索，進而共同來找尋適合的答案。作者認為永續生態城鄉是人們生活出來的(簡言之，是共同活出來的)，故生態規劃設計的觀念及精神應落實在我們的生活之中。本書從近十餘年來海峽兩岸推動生態規劃設計的經驗著手，透過相關案例的記錄與評析，希望能提供一些可供省思與借鏡的地方。有些遺憾的是，對於關注於生態規劃設計專業實踐的讀者而言，本書因篇幅有限，而無法提出明確詳細的操作原則與規劃設計規範或準則的說明，此部分將待後續專書再繼續探討，但本書仍嘗試愷切地指出了一些問題及思考的方向，並提供一些可協助決策的思維模式與分析方法。作者認為「觀念」、「方法」與「行動」為推動生態城鄉發展的重要基礎，有了正確的觀念，就能發現問題，再加上運用適當的方法及身體力行的實踐，從個人、家戶、社區到城市，大家一起協力來落實親自然生活、循環再生及師法自然的生態設計理念精神，要達到永續生態城鄉的願景應該不是一個遙不可及的夢。

最後，在本書付梓之際，回想起二十多年前在美國唸書時，作者的老師 Allan Jacobs 教授(知名的都市設計學者及城市建設實踐家)，曾告訴過作者的一句話：「都市設計的重點在於實踐 (implementation)」，其實生態規劃設計也是如此，套句台灣目前流行的話，就是要「接地氣，做出來才算」。請讓我們一起努力，把美好的生態規劃設計理論與願景，扎扎實實地落實在我們生活的土地上，這也是本書書名的用意。

參考文獻

【中文部分】

1. 九宜工程顧問公司 (2008)，《北門新訂都市計畫報告書》。

2. 丁川、吳綱立、林姚宇 (2015)，「美國 TOD 理念發展背景及歷程解析」，《城市規劃》，第 39 卷，第 5 期，第 89-96 頁。

3. 中央營建技術顧問社 (2010)，《淡海新市鎮生態城市規劃報告書》。

4. 仇保興 (2008)，「創建低碳社會提升國家競爭力—英國減排溫室氣體的經驗與啟示」，《城市發展研究》，第 2 期，第 1-8 頁。

5. 仇保興 (2012)，「我國低碳生態城市建設的形勢與任務」，《城市規劃》，第 36 卷，第 12 期，第 9-18 頁。

6. 仇保興 (2015)，「海綿城市(LID)的內涵、途徑與展望」，《城鄉建設》，2015 年，第 2 期，第 8-15 頁。

7. 內政部建築研究所 (1997)，《綠建築社區的評估體系與指標之研究—生態社區的評估指標系統》，台北：內政部建築研究所研究報告。

8. 內政部建築研究所 (2003)，《綠建築解說與評估手冊》(2003 年更新版)，台北：內政部建築研究所。

9. 內政部建築研究所 (2008)，《亞熱帶的綠建築挑戰》，台北：內政部建築研究所。

10. 內政部建築研究所 (2010)，《生態社區解說與評估手冊(2010 年版)》，台北。

11. 內政部建築研究所 (2012)，《綠建築評估手冊—社區類》，台北：內政部建築研究所研究報告。

12. 內政部營建署城鄉分署 (2011)，《台中市黎明新村都市更新先期規劃報告》。

13. 王小璘、林雅君 (2010)，「全球氣候變遷下都市潛在綠空間之探討—以台中市為例」，《建築學報 20 週年紀念專刊》。

14. 王如松等 (2014)，「城市複合生態及生態空間管理」，《生態學報》，2014 年，第 34 卷，第 1 期，第 1-11 頁。

15. 王祥榮 (2002)，「城市生態規劃的概念、內涵與實證研究」，《規劃師》，第 4 期，第 18 卷，第 12-14 頁。

16. 王建國 (2000)，「綠色城市設計原理在規劃設計實踐中的應用」，《東南大學學報(自然科學版)》，第 30 卷，第 1 期，第 10-15 頁。

17. 王建國 (2002)，「城市設計生態理念初探」，《規劃師》，第 4 期，第 18 卷，

第 15-18 頁。

18. 王道駿、陳英、賈首傑、劉書安 (2014)，「基於景觀格局指數的耕地細碎化研究—以甘肅省臨夏北原地區為例」，《中國農學通報》，2014 年，第 32 期，第 184-188 頁。

19. 王鵬、吉露、勞森、劉濱誼 (2010)，「水敏性城市設計(WSUD)策略及其在景觀項目中的應用」，《中國園林》，2010 年，第 6 期，第 88-91 頁。

20. 禾拓工程顧問公司 (2010)，《馬太鞍濕地規劃報告書》。

21. 禾拓工程顧問公司 (2011)，《板橋公館街林蔭大道景觀工程規劃設計報告》，新北：新北市政府委託。

22. 江哲銘 (2004)，《永續建築導論》，台北：建築情報季刊雜誌社。

23. 行政院經濟建設委員會 (2004)，《永續生態社區發展計畫—台南高鐵沙崙站特定區規劃設計準則及實施機制之研究》，台北：行政院經濟建設委員會。

24. 住房與城鄉建設部 (2014)，《海綿城市建設技術指南—低影響開發雨水系統構建(網路版)》。

25. 何友峰 (2009)，《生態都市規劃技術及實例比較研究》，台北：內政部建築研究所。

26. 佐佐木葉二、小林政彥 (2004)，「六本木山莊的技術報告」，《景觀設計》，2004 年 5 月，第 5-29 頁。

27. 吳志強、李德華 (2010)，《城市規劃原理(第 4 版)》，同濟大學，北京：中國建築工業出版社出版。

28. 吳良鏞 (1990)，「論城市規劃的哲學」，《城市規劃》，1990 年，第 1 期，第 3-6 頁。

29. 吳良鏞 (1991)，「展望中國城市規劃體系的構成—從西方近代城市規劃的發展與困惑談起」，《城市規劃》，1991 年，第 5 期，第 3-12 頁，64 頁。

30. 吳彩珠 (2002)，「都市更新法制變遷之制度經濟研究」，《中國行政評論》，第 11 卷，第 3 期，第 63-94 頁。

31. 吳綱立 (1998)，「大眾捷運系統對都會區發展之影響：加州舊金山灣區捷運(BART)與台北捷運經驗的啟示」，《第三屆海峽兩岸都市(新市鎮)公共工程學術暨實務研討會論文集》，第 287-309 頁，台北：國立台北科技大學。

32. 吳綱立、Cervero R., 蔡育新 (2002)，「大眾運輸導向發展理念整合於都市發展管理之研究：美國經驗與臺灣經驗之比較」，《中華民國運輸學會第 17 屆論文研討會論文集》，台北，光碟版論文集。

33. 吳綱立 (2003)，「從建構全球在地化之永續農村地景的角度論臺灣非都市土地開發審議機制在管理鄉村農地及地景資源上的角色」，《全球衝擊與鄉村調適研討會論文集》，第 653-670 頁。

34. 吳綱立 (2003)，「都會區生態綠廊建構之研究：以台南市河川流域為例」，《休閒、文化與綠色資源論壇論文集》，3A10：1~22，臺灣大學。

35. 吳綱立 (2004)，《應用遙測及 GIS 技術於都會區綠資源監測與管理》，農業委員會科技研究計畫專題研究報告。

36. 吳綱立 (2004)，「都市設計納入開發許可審議機制之研究：內政部區委會住宅社區開發審議經驗為例」，收錄於《2004 年中華民國住宅學會年會暨論文發表會論文集光碟》，台北：臺灣大學。

37. 吳綱立 (2005)，「生態都市的理論與實踐」，收錄於《教育部普通高級中學課程地理教師基礎暨進階研習研習手冊》，第 133-143 頁。

38. 吳綱立 (2005)，《都市設計講義：水岸空間設計》，成大都市計畫系印製。

39. 吳綱立 (2006)，《生態社區共生化情境系統建構之研究》，專題研究報告，祐生研究基金會獎助研究。

40. 吳綱立 (2006)，「從西方近代都市設計思潮的發展看臺灣都市設計專業的定位」，《建築學報》，第 55 期，第 111-146 頁。

41. 吳綱立 (2007)，「永續社區理念之社區營造評估體系建構之研究：以台南縣市社區營造為例」，《住宅學報》，第 16 卷，第 1 期，第 21-55 頁。

42. 吳綱立 (2008)，《全球氣候異變下共生集居空間規劃模式之研究—共生圈一號經驗的省思與延伸》，專題研究報告，祐生研究基金會獎助研究。

43. 吳綱立 (2008)，《推動生態社區觀的環境綠美化：景觀改善示範手冊》，台南縣政府出版。

44. 吳綱立 (2009)，《台南市景觀綱要計畫總結報告書》，台南市政府委託。

45. 吳綱立 (2009)，《永續生態社區規劃設計的理論與實踐》，臺北：詹氏書局。

46. 吳綱立 (2009)，《非都市土地開發許可實質計畫及設計管控審議機制調整之研究，內政部營建署委託研究計畫》，內政部營建署委託研究計畫。

47. 吳綱立 (2009)，《高雄市區鐵路地下化站區新生地都市設計開發策略規劃案總結報告書》，高雄市政府出版。

48. 吳綱立 (2013)，《深圳國際低碳城策略規劃》，研究報告，深圳市城市規劃設計研究院委託研究。

49. 吳綱立、單樑 (2014)，《綠色大眾運輸導向發展(Green TOD)及 6D 理念的實

踐：以深圳寶安為例》，哈工大—柏克萊大學聯合可持續城市發展研究中心研究報告。

50. 吳綱立 (2015)，「建構全球在地化的永續農村地景：以中國東北示範生態村鎮為例」，《建築師》，No. 492，第 112-125 頁。

51. 吳綱立 (2016)，「生態城市設計的新思維：透析兩岸建構海綿城市的雨洪管理及城市規劃設計」，《交流》，第 146 期，第 56-61 頁。

52. 吳綱立譯注 (2017)，《明日城市：二十世紀城市規劃設計的思想史》(Peter Hall 原著)，台北：聯經出版社出版。

53. 吳綱立、金夢 (2017)，「中國東北農村菜窖的生態智慧、場所精神及多元價值之研究」，《建築學報》，第 101 期，第 161-184 頁。

54. 吳綱立 (2018)，「建構供給導向的綠色大眾運輸導向發展規劃模式來促進金門島與區域的永續與緊湊發展」，2018 金門學國際學術研討會論文集專書，第 439-477 頁。

55. 吳綱立等 (2018)，《金門韌性島嶼建構》，金門大學都市計畫與景觀系專題研究報告。

56. 吳綱立、李麗雪譯 (2001)，(Josef Leitmann 著，1999)，《永續都市：都市設計的環境管理》，台北：六合出版社。

57. 吳綱立、盧新潮 (2013)，「從環境倫理及荒野哲學角度看都市濕地規劃與周圍」，世界華人不動產學會 2013 年會暨新型城鎮化與房地產業可持續發展國際研討會論文集。

58. 吳綱立、郭幸萍、盧新潮、張德宇 (2013)，「以環境倫理及荒野哲學觀點探討如何創造城市濕地保育與周圍街廓土地開發的互利共生」，《中國風景園林學會 2013 年會論文集(上冊)》，第 142-148 頁。

59. 吳綱立、林峰田、鄒克萬 (2013)，「生態城市發展理念的舊城區再生：台中市黎明新村更新計畫的省思」，《中華民國都市計劃學會聯合年會暨論文研討會論文集》。

60. 吳綱立、鄒志翀、單樑、向暢穎 (2015)「應對氣候異變的海綿城市雨洪管理及規劃模式」，《2015 年中國城市規劃年會論文集(光碟版)》。

61. 吳綱立、王成芳 (2016)，「大眾捷運系統能引導都市及區域發展嗎—美國加州舊金山灣區捷運(BART)與都市發展 40 年經驗的回顧及其對中國的啟示」，《住宅學會年會研討會論文集》。

62. 吳綱立、曲藝 (2016)，「結合生物多樣性分析的都市生態廊道規劃」，《都

市計畫年會論文研討會論文集》。

63. 李正玲、陳明勇、吳兆錄、王倩、董永華 (2009)，「西雙版納社區村民對亞洲象保護廊道建設的認知與態度」，《應用生態學報》，第 20 卷，第 6 期，第 1483-1487 頁。

64. 李永展譯 (2005)，(Sir. John Egan 著)，《建構永續社區的技能》，台北：五南圖書出版公司。

65. 李永展 (2006)，《永續城鄉與生態社區》，台北：文笙書局。

66. 李玉生、何友鋒 (2008)，《都市設計審議結合生態城市概念》，台北：內政部建築研究所。

67. 李雱、侯禾笛 (2011)，「城市空間與自然荒野的互動—蘇黎世大學耶荷公園景觀設計」，《中國園林》，2011 年，第 9 期，第 10-14 頁。

68. 李錦育 (2010)，《生態工程》，台北：五南圖書出版公司。

69. 汪松 (1998)，《中國瀕危動物紅皮書》，北京：科學出版社。

70. 汪松、謝炎 (2009)，《中國物種紅色名錄》，北京：高等教育出版社。

71. 沈清基 (2009)，「城市生態規劃若干重要議題思考」，《城市規劃學刊》，第 2 期，第 23-30 頁。

72. 沈清基、安超、劉昌壽 (2011)，《低碳生態城市理論與實踐》，北京：中國城市出版社。

73. 沈清基、彭姍妮、慈海 (2019)，「現代中國城市生態規劃演進及展望」，《國際城市規劃》，2019 年，第 4 期，第 37-48 頁。

74. 辛章平、張銀太 (2008)，「低碳經濟與低碳城市」，《城市發展研究》，第 4 期，第 98-102 頁。

75. 肖篤寧 (1993)，《景觀生態學理論、方法及應用》，台北：地景企業印製。

76. 辰能集團 (2013)，《溪樹庭院低碳生活手冊》。

77. 林世強 (2013) ，「金門島嶼型災害特性及規模設定方法之探討」，《地理學報》，第 69 期，第 1-24 頁。

78. 林楨家、施亭仔 (2007)，「大眾運輸導向發展之建成環境對捷運運量之影響：臺北捷運系統之實證研究」，《運輸計劃季刊》，36 卷，4 期，451-476 頁。

79. 林憲德 (1999)，《城鄉生態》，台北：詹氏書局。

80. 林憲德 (2006)，《綠色建築》，台北：詹氏書局。

81. 林憲德 (2011)，《亞洲觀點的綠色建築》，台北：詹氏書局。

82. 林憲德 (2014)，《建築碳足跡：診斷實務篇》，台北：詹氏書局。

83. 金門縣政府 (2011)，《金門縣概念性總體規劃報告》。

84. 周潮、劉科偉、陳宗興 (2010)，「低碳城市空間結構發展模式研究」，《科技進步與對策》，第 27 卷，第 22 期，第 56-59 頁。

85. 姚亮等 (2011)，「中國居民消費隱含的碳排放量變化的驅動因素」，《生態學報》，2011 年，第 31 卷，第 19 期，第 5632-5637 頁。

86. 俞孔堅 (1999)，「生物保護的景觀生態安全格局」，《生態學報》，第 19 卷，第 1 期，第 8-15 頁。

87. 俞孔堅 (2011)，「城市綠色海綿—哈爾濱群力國家城市濕地」，《景觀設計學》，2011 年，第 6 期，第 88-95 頁。

88. 俞孔堅、李迪華 (2003)，《城市景觀之路—與市長們交流》，北京：中國建築工業出版社，第 149-153 頁。

89. 俞孔堅、李迪華、劉海龍 (2005)，《反規劃途徑》，北京：中國建築工業出版社。

90. 施鴻志、曾梓峰 (2009)，《生態城市都市設計操作手冊之研究》，台北：內政部營建署委託研究計畫。

91. 徐小東、王建國 (2009)，《綠色城市設計—基於生物氣候條件的生態策略》，東南大學出版社出版。

92. 徐年盛、劉宏仁、劉振宇 (2014)，「臺灣都市減洪治水之道」，《營建知訊》，2014 年，第 2 卷，第 18-25 頁。

93. 徐義中 (2010)，《低碳社區發展指南》，中國建築工業出版社。

94. 倫迪・鶴斯特 (R. Hester)、張聖琳、王師 (1999)，《生活地景》，台北：土生金農業股份有限公司。

95. 株式會社象設計集團 (2006)，《台南縣鄉村風貌綱要規劃報告書》。

96. 高賓、李小玉、李志剛、陳瑋、何興元、齊善忠 (2011)，「基於景觀格局的錦州灣沿海經濟開發區生態風險分析」，《生態學報》，2011 年，第 31 卷，第 12 期，第 3441-3450 頁。

97. 郭幸萍、吳綱立 (2013)，「公私合夥觀點之古跡再利用委外經營決策影響因素之研究：多群體分析」，《建築學報》，第 84 期，第 141-161 頁。

98. 郭瓊瑩 (2003)，《水與綠網絡規劃理論與實務》，台北：詹氏書局。

99. 華昌琳 (1997)，《生態都市：台北市新住宅社區規劃設計之生態準則》，台北市政府委託研究報告。

100. 許海龍 (2005)，《生態構法》，台北：詹式書局。

101. 許晉誌、吳綱立、王小璘 (2012)，《修定台南市景觀綱要計畫》，台南市政府委託研究。

102. 莫琳、俞孔堅 (2012)，「構建城市綠色海綿—生態雨洪調蓄系統規劃研究」，《城市發展研究》，2012 年，第 19 卷，第 5 期，第 5-8 頁。

103. 陳秋陽 (1998)，《水資源保育生態技術彙編》，經濟部水資源局委託研究。

104. 陳亮全 (2014)，「韌性城市概念落實」，節錄自余紀忠基金會網頁。

105. 陳琳等 (2011)，「從規劃理念到實踐的低碳城市與複合社區—以上海市南橋新城為例」，《城市規劃學刊》，第 4 期，第 30-38 頁。

106. 陳利、朱喜鋼、孫潔 (2017)，「韌性城市的基本理念、作用機制及規劃願景」，《現代城市研究》，第 9 期，第 18-24 頁。

107. 梁宏飛 (2017)，「日本韌性社區營造經驗及啟示—以神戶六甲道車站北地區災後重建為例」，《規劃師》，第 33 卷，第 8 期，38-39 頁。

108. 梁浩、龍惟定 (2011)，「低碳社區建築能源規劃的目標設定」，《城市發展研究—第 7 屆國際綠色建築與建築節能大會論文集》，第 470-473 頁。

109. 張君瑛 (2011)，「規模化低碳社區的建設基礎與實施保障」，《綠色建築》，第 6 期，第 39-43 頁。

110. 張學孔、呂英志 (2009)，「大眾運輸導向發展下運輸系統技術方案適用性之比較分析」，《都市與計畫》，第 36 卷，第 1 期，第 51-79 頁。

111. 喬路 (2018)，「易於規劃管控的低碳生態城市指標體系研究—以肇慶新區起步區控規為例」，《城鄉規劃》，2018 年，第 3 期，88-97 頁。

112. 黃書禮 (2000)，《生態土地使用規劃》，台北：詹氏書局。

113. 黃斌、戴林琳 (2011)，「我國低碳社區公共參與機制構建探討」，《北京規劃建設》，第 5 期，第 69-73 頁。

114. 閔雷、熊貝妮 (2012)，「宜居型社區規劃策略研究—以武漢低碳生態社區規劃為例」，《規劃師》，第 6 期，第 18-23 頁。

115. 鄔建國 (2003)，《景觀生態學：格局過程、尺度與等級》，台北：五南圖書出版。

116. 鄒克萬、吳綱立、林峰田 (2011)，《臺中市黎明新村生態低碳化都市更新規劃設計總結報告書》，營建署城鄉分署委託研究計畫。

117. 董淑秋、韓志剛 (2011)，「基於生態海綿城市構建的雨水利用規劃研究」，《城市發展研究》，2011 年，第 18 卷，第 12 期，第 37-41 頁。

118. 萬敏、陳華、劉成 (2005)，「讓動物自由在地通行—加拿大班夫國家公園的

生物通道設計」，《中國園林》，第 11 期，第 17-21 頁。

119. 葉平 (2004)，「生態哲學視野下的荒野」，《生態哲學》，10 期，64-69 頁。

120. 葉昌東、周春山 (2010)，「低碳社區建設框架與形式」，《現代城市研究》，第 8 期，第 30-33 頁。

121. 楊敏行、白鈺、曾輝 (2011)，「中國生態住區評價體系優化策略」，《城市發展研究》，第 12 期，第 27-32 頁。

122. 餘詩躍、阮如舫，(2011)，「國際低碳社區民眾參與經驗借鑒」，《北京規劃建設》，第 5 期，第 74-76 頁。

123. 鄧雅雯 (2014)，「流動城市：荷蘭城市地表水系統規劃發展和設計模型解讀」，《規劃師》，2014 年，第 S4 期，第 64-68 頁。

124. 潘海嘯等 (2008)，「中國低碳城市的空間規劃策略」，《城市規劃學刊》，2008 年，第 6 期，第 57-64 頁。

125. 盧惠敏 (2006)，《環境生態規劃與工法：生物多樣性與農村環境》，台北：建築情報季刊雜誌社。

126. 賴明洲 (2006)，《永續建築及景觀的實務生態學》，台北：明文書局。

127. 錢學森 (1985)，「關於建立城市學的設想」，《城市規劃》，1985 年，第 4 期，第 26-28 頁。

128. 韓選棠 (1998)，《道路與水域之生態系統規劃》，臺大農村規劃研究中心報告。

129. 邊泰明 (2010)，「都市更新—困境與信任」，《經濟前瞻》，131 期。

130. 鐘國慶 (2007)，「美國國家公園的鄉土景觀設計歷史評述」，《風景園林》，2007 年，第 3 期，第 64-67 頁。

131. 顧朝林 (1992)，《中國城鎮體系：歷史·現狀·展望》，北京：商務印書館。

132. 顧朝林等 (2009)，「氣候變化碳排放與低碳城市規劃研究進展」，《城市規劃學刊》，2009 年，第 3 期，第 38-45 頁。

【外文部分】

1. Alexander, C. (1977), *Timeless Way of Building.* Oxford University Press.

2. Barthelmie, R. J., S. D. Morris, and P. Schechter (2008), "Carbon neutral Biggar: calculating the community carbon footprint and renewable energy options for footprint reduction." *Sustainability Science*, 3(2):267-282.

3. Barton, H. (2000), *Sustainable Communities: The Potential for Eco-Neighborhood.*

London: Earthscan Publications Ltd.

4. Bateman, B., A. Worsdale, and S. Griffiths (2011), *Drainage Impact Assessment: Blackpool Road. Preston*. Amec Environment & Infrastructure UK Ltd.

5. Beatley, T., and K. Manning (1997), *The Ecology of Place: Planning for Environment, Economy, and Community*. Washington, D.C.: Island Press.

6. Beatley, T. (1998), "The Vision of Sustainable Communities." in R. J. Burby eds. *Cooperating with Nature: Confronting Natural Hazards with Land-Use Planning for Sustainable Communities*. Washington, D.C.: Joseph Henry Press.

7. Beatley, T. (2001), *Green Urbanism: Learning from European Cities*. Washington, D.C.: Island Press.

8. Bernick, M., and R. Cervero (1997), *Transit Villages in the 21st Century*. New York: McGraw-Hill.

9. Bookchin, M. (1971), *Post-Scarcity Anarchism*. Berkeley, CA: Ramparts Press.

10. Bookchin, M. (1982), *The Ecology of Freedom*. Palo Alto, CA: Cheshire Books.

11. Boorman, D. B., J. M. Hollis, and A. Lilly (1995), *Hydrology of soil types: a hydrologically-based classification of the soils of the United Kingdom*. Research Report, Institute of Hydrology, Report No. 126.

12. Bourdeau, P. (2004), "The man-nature relationship and environmental ethics." *Journal of Environmental Radioactivity*, 72(1): 9-15.

13. Brugiere, D., and P. Scholte (2013), "Biodiversity gap analysis of the protected area system in poorly-documented Chad." *Journal for Nature Conservation*, 21(5): 286-293.

14. Bruneau, M., S. E. Chang, R. T. Eguchi, G. C. Lee, T. D. O' Rourke, A. M. Reinhorn, M. Shinozuka, K. Tierney, W. A. Wallace, and D. von Winterfeldt (2003), "A framework to quantitatively assess and enhance the seismic resilience of communities." *Earthquake Spectra*, Vol. 19, No. 4, pp. 733-752.

15. Calthorpe, P. (1993), *The Next American Metropolis: Ecology, Community, and the American Dream*. New York: Princeton Architectural Press.

16. Calthorpe, P. (2011), *Urbanism in the Age of Climate Change*. Washington, D.C.: Island Press.

17. Carson, R. (1962), *Silent Spring*. Boston: Houghton Mifflin Company.

18. Cervero, R., and J. Landis (1995), "The Transportation-Land Use Connection Still

Matters." *Access*, Vol. 1(7), pp. 2-10.

19. Cervero, R., and K. Kolkelman (1997), "Travel demand and the 3Ds: Density, diversity, and design." *Transportation Research*, 2(3): 199-219.

20. Cervero, R., and K.-L. Wu (1997), "Polycentrism, Commuting, and Residential Location in the San Francisco Bay Area." *Environment and Planning A*, Vol. 29(5), pp. 865-886.

21. Cervero, R. (1998), *The Transit Metropolis: A Global Inquiry*. Washington, D.C.: Island Press.

22. Cervero, R., and J. Murakami (2008), *Rail and Property Development: A Model of Sustainable Transit Finance and Urbanism*. Research Report, University of California at Berkeley, Center for Future Urban Transport: A Volvo Center of Excellence.

23. Cervero, R. (2013), *Bus Rapid Transit (BRT): An Efficient Competitive Mode of Public Transportation*. The 20th ACEA Scientific Advisory Group Report. University of California at Berkeley.

24. Cervero, R., and D. Dai (2014), "BRT TOD: leveraging transit oriented development with bus rapid transit investments." *Transport Policy*, Vol. 36, pp.127-138.

25. Comfort, L. (1999), *Shared Risk: Complex Systems in Seismic Response*. New York: Pergamon Press.

26. Cook, E. A. (2002), "Landscape structure indices for assessing urban ecological networks." *Landscape and Urban Planning*, Vol. 58(2-4), pp.269-280.

27. Cowie, S. (2008), *Flood Risk Assessment: Queen Street, Preston*. Technique Report. Weetwood Environmental Engineering.

28. Dramstad, W. E., J. D. Olson, and R. T. Forman (1996), *Landscape Ecology Principles in Landscape Architecture and Land-Use Planning*. Washington, D.C.: Island Publishers.

29. Dreistadt, S. H., D. L. Dahlsten, and G. W. Frankie (1990), "Urban forests and insect ecology: complex interactions among trees, insects, and people." *BioScience*, Vol. 40(3), pp. 192-198.

30. Duany, A., E. Plater-Zyberck, A. Krieger, W. R. Lennertz, P. Pinnell, V. Scully, and R. Staff (1991), *Towns and Town-Making Principles*. Cambridge, MA:

Harvard University, Graduate School of Design.

31. Duany, A., and E. Talen (2002), "Transect Planning." *Journal of the American Planning Association*, 68(3): 245-266.

32. Engwicht, D. (1992), *Towards an Eco-city: Calming the Traffic*. Sydney, Australia: Envirobook.

33. Fábos, J. G. (2004), "Greenway planning in the United States: its origins and recent case studies." *Landscape and Urban Planning*, 68(2-3): 321-342.

34. Faulkner, D. (1999), *Flood Estimation Handbook*. Vol. 2: Rainfall frequency estimation, Wallingford: Institute of Hydrology.

35. Ferrier S., R. L. Pressey, and T. W. Barrett (2000), "A new predictor of the irreplaceability of areas for achieving a conservation goal, its application to real-world planning, and a research agenda for further refinement." *Biological Conservation*, 93(3), 303-325.

36. Folke, C., S. Carpenter, T. Elmqvist, L. Gunderson, C. S. Holling, and B. Walker (2002), "Resilience and sustainable development: building adaptive capacity in a world of transformations." *Human Environment*, 31(5): 437-440.

37. Forman, R. T. T., and M. Godron (1986), *Landscape Ecology*. New York: John Wiley and Sons Ltd.

38. Francis, M. (2003), *Village Homes: A Community by Design*. Washington, D.C.: Island Press.

39. Gao, B., X.-Y. Li, Z.-G. Li, W. Chen, X.-Y. He, and S. Qi (2011), Assessment of ecological risk of coastal economic developing zone in Jinzhou Bay based on landscape pattern. *Acta Ecologica Sinica*, 31(12), 3441-3450.

40. Giuliano, G. (1995), "Land Use Impacts of Transportation Investments: Highway and Transit." in Susan Hanson eds. *The Geography of Urban Transportation*. 2nd edition, New York: The Guilford Press.

41. Glaeser, E. L., and M. E. Kahn (2010), The greenness of cities: carbon dioxide emissions and urban development. *Journal of Urban Economics*, 67: 404-418.

42. Godoy-Bürki, A. C., P. Ortega-Baes, J. M. Sajama, and L. Aagesen (2014), "Conservation priorities in the Southern Central Andes: mismatch between endemism and diversity hotspots in the regional flora." *Biodiversity and Conservation*, 23(1): 81-107.

43. Gunderson, L. H., and C. Folke (2005), "Resilience—Now More than Ever." *Ecology and Society*, 10(2).

44. Gurrutxaga, M., P. J. Lozano, and G. del Barrio (2010), "GIS-based approach for incorporating the connectivity of ecological networks into regional planning." *Journal for Nature Conservation*, 18(4): 318-326.

45. Hall, P. (1982), *Great Planning Disasters*. Berkeley: University of California Press.

46. Hall, P. (2002), *Cities of Tomorrow: An Intellectual History of Urban Planning and Design in the Twentieth Century*. Third Edition. London: Linking Publishing.

47. Hermoso, V., S. Linke, J. Prenda, and H. P. Possingham (2011), "Addressing longitudinal connectivity in the systematic conservation planning of fresh waters." *Freshwater Biology*, Vol. 56(1): pp. 57-70.

48. Hess, A. L. (1990), Overview: Sustainable development and environmental management of small islands. In *Sustainable Development and Environmental Management of Small Islands*, W. Bell, P. D' Ayala, and P. Hein eds., 3-14. Paris: UNESCO.

49. Hester, R. T. (1987), Participatory Design and Environmental Justice: Pas de Deux or Time to Change Partners? *Journal of Architecture and Planning Research*, Vol. 4, No. 4, pp.289-299.

50. Hester, R. T. (1990), *Community Design Primer*. Berkeley: University of California Press.

51. Holian, M. J., and M. E. Kahn (2013), *The Rise of the Low Carbon Consumer City*. NBER Paper No. 18735.

52. Horton, R. E. (1919), "Rainfall interception." *Monthly Weather Review*, Vol. 47(9), pp. 603-623.

53. Hough, M. (1984), *City Form and Natural Process: Towards a New Urban Vernacular*. New York: Van Nostrand Reinhold.

54. Hough, M. (1995), *Cities and Natural Process*. New York: Routledge Publisher.

55. Howard, E. (1902), *Garden Cities of To-morrow*. London: Swan Sonnenschein. Reprint (1946). London: Faber and Faber.

56. IPCC (2007), *Climate Change 2007: Synthesis Report*. The fourth assessment report of IPCC (AR4), Cambridge, UK: Cambridge University Press.

57. IPCC (2014), *Climate Change 2014: Synthesis Report (AR5)*. IPCC Publications.

58. IUCN (International Union for the Conservation of Nature and Natural Resources), (1980), *World Conservation Strategy: Living Resource Conservation for Sustainable Development*. IUCN: Gland.

59. Jain, A., and A. Kumar (2006), "An evaluation of artificial neural network technique for the determination of infiltration model parameters." *Applied Soft Computing*, Vol. 6(3), pp. 272-282.

60. Karvonen, A. (2010), "Metronatural: Inventing and reworking urban nature in Seattle." *Progress in Planning*, Vol. 74(4), pp. 153-202.

61. Katz, P. eds. (1994), *The New Urbanism: Toward an Architecture of Community*. New York: McGraw-Hill.

62. Kellert, S. R., and E. O. Wilson (1993), *The Biophilia Hypothesis*. Washington, D.C.: Island Press.

63. Knight, A. T., A. Driver, R. M. Cowling, et al. (2006), "Designing systematic conservation assessments that promote effective implementation: best practice from South Africa." *Conservation Biology*, Vol. 20(3), pp. 739-750.

64. Leitmann, J. (1999), *Sustaining Cities: Environmental Planning and Management in Urban Design*. New York: McGraw-Hill.

65. Leopold, A. (1949), *The Land Ethics: in A Sand County Almance*. New York: Ballabtine Books.

66. Lin, Y.-P., P. H. Verburg, C.-R. Chang, H.-Y. Chen, and M.-H. Chen (2009), "Developing and Comparing Optimal and Empirical Land-Use Models for the Development of an Urbanized Watershed Forest in Taiwan." *Landscape and Urban Planning*, Vol. 92(3-4), pp. 242-254.

67. Liu, G., Z. Yang, B. Chen, and M. Su (2012), "A dynamic low-carbon scenario analysis in case of Chongqing city." *Procedia Environmental Sciences*, Vol. 13, pp. 1189-1203.

68. Lovelock, J. E. (1979), *GAIA—A New Look at Life on Earth*. London: Oxford University Press.

69. Lu, D., K. Song, L. Zeng, D. Liu, S. Khan, B. Zhang, Z. Wang, and C. Jin (2008), "Estimating Impervious Surface for the Urban Area Expansion: Examples from Changchun, Northeast China." *The International Archives of the Photogrammetry*,

Remote Sensing and Spatial Information Sciences, Vol. XXXVII. Part B8. Beijing 2008, pp. 385-392.

70. Lupp, G., F. Höchtl, and W. Wende (2011), "Wilderness – A designation for Central European landscapes?" *Land Use Policy*, Vol. 28(3), pp. 594-603.

71. Lynch. K. (1981), *A Theory of Good City Form*. Cambridge, MA: MIT Press.

72. Price, L., N. Zhou, D. Fridley, S. Ohshita, H. Lu, N. Zheng, and C. Fino-Chen (2013), "Development of a low-carbon indicator system for China." *Habitat International*, Vol. 37, pp. 4-21.

73. MacArthur, R., and E. O. Wilson (1967), *The Theory of Island Biogeography*. New Jersey: Princeton University Press

74. Maclaren, V. (1996), "Urban Sustainability Reporting." *Journal of the American Planning Association*, Vol. 62(2), pp. 184-202.

75. Margules, C. R., and R. L. Pessey (2000), "Systematic Conservation Planning." *Nature*, Vol. 405(6783), pp. 243-253.

76. Marshall, D. W., and A. C. Bayliss (1994), *Flood Estimation for Small Catchments*. Research Report. Natural Environment Research Council.

77. Mayunga, J. S. (2007), "Understanding and applying the concept of community disaster resilience: a capital-based approach." *Summer Academy for Social Vulnerability and Resilience Building*, 1-16.

78. McDonough, W., and M. Braungart (2009), *Cradle to Cradle: Remaking the Way We Make Things*. London: Vintage Press.

79. McGarigal, K., and B. J. Marks (1995), *FRAGSTATS: spatial pattern analysis program for quantifying landscape structure*. General Technical Report, Portland: U.S. Department of Agriculture, Forest Service.

80. Mcharg, I. L. (1969), *Design with Nature*. New York: The Natural History Press.

81. Meadows, D. H., D. L. Meadows, J. Randers, and W. W. Behrens III (1972), *The Limits to Growth: A Report for the Club of Rome's Project on the Predicament of Mankind*. New York: Universe Books.

82. Ministry of Housing, Spatial Planning and the Environment and National Spatial Planning Agency, Netherlands (2001), *Making Space, Sharing Space*. The fifth national policy document on spatial planning.

83. Mitsch, W. J., and S. E. Jørgensen (2004), *Ecological Engineering and Ecosystem*

Restoration. New York: John Wiley & Sons, Inc.

84. Mitsch, W. J., and J. G. Gosselink (2007), *Wetlands*. 4th edition. New York: John Wiley & Sons, Inc.

85. Mollison, B., and D. Holmgren (1981), *Permaculture One: A Perennial Agriculture for Human Settlements*. Tagari Publisher.

86. Mollison, B., and R. M. Slay (1991), *Introduction to Permaculture*. New York: Garden City Publishing, Ltd.

87. Morison, P. J., and R. R. Brown (2011), "Understanding the Nature of Publics and Local Policy Commitment to Water Sensitive Urban Design." *Landscape and Urban Planning*, Vol. 99(2), pp. 83-92.

88. Moughtin, C. (1996), *Urban Design: Green Dimensions*. Oxford: Architectural Press.

89. Mumford, L. (1938), *The Culture of Cities*. London: Secker and Warburg.

90. Mumford, L. (1961), *The City in History*. New York: Harcourt Brace.

91. Naess, A. (1973), "The shallow and the deep, long-range ecology movement. A summary." *Inquiry*, 16 (1-4): 95-100.

92. Naess, A. (1977), "Spinoza and ecology." *Philosophia*, 7: 45-54.

93. Naess, A. (1989), *Ecology, Community and Lifestyle*. London: Cambridge University Press.

94. Naveh, Z., and A. S. Lieberman (1994), *Landscape Ecology: Theory and Application*. New York: Spring-Verlag.

95. Norberg-Schulz, C. (1979), *Genius Loci: Towards a Phenomenology of Architecture*. New York: Rizzoli.

96. Norwood, K., and K. Smith (1995), *Rebuilding Community in America: Housing for Ecological Living, Personal Empowerment, and the New Extended Family*. Berkeley, California: Shared Living Resource Center.

97. ODPM (The Office of the Deputy Prime Minister) (2004), *The Egan Review: Skill for Sustainable Communities*. London: ODPM.

98. Odum, Eugene P., and Howard T. Odum (1959), *Fundamentals of Ecology*. Philadelphia: W. B. Saunders Company.

99. Pierce S. M., R. M. Cowling, A. T. Knight, A. T. Lombard, M. Rouget, and T. Wolf (2005), "Systematic conservation planning products for land-use planning:

interpretation for implementation." *Biological Conservation*, Vol. 125(4), pp. 441-458.

100. Popescu, V. D., L. Rozylowicz, D. Cogălniceanu, I. M. Niculae, and A. L. Cucu (2013), "Moving into Protected Areas? Setting Conservation Priorities for Romanian Reptiles and Amphibians at Risk from Climate Change." *Plos One*, Nov. 4, 8(11), e79330.

101. Pôças, I., M. Cunha, and L. S. Pereira (2011), "Remote sensing based indicators of changes in a mountain rural landscape of Northeast Portugal." *Applied Geography*, 31(3), 871-880.

102. Prentis, J., and S. Sheridan (2013), *Banstead Cemetery Development SUDS and Flood Risk Assessment.* Cemetery Development Services.

103. Prince Georges County (1999), *Maryland. Low Impact Development Design Strategies: An Integrated Design Approach.* Research Report. Maryland, Department of Environmental Resources.

104. Rees, W. E., and M. Wackernagel (1996), "Urban Ecological Footprints: Why Cities Cannot be Sustainable (and Why They are Key to Sustainability)." *Environmental Impact Assessment Review*, Vol. 16, pp. 223-248.

105. Register, R. (1987), *Eco-city Berkeley: Building Cities for a Healthy Future.* Berkeley, CA: North Atlantic Books.

106. Roseland, M. (1997), Dimensions of the Future: An Eco-city Overview, in *Eco-City Dimensions: Health Communities, Health Planet.* Canada: New Society Publishers.

107. Roseland, M. (1998), *Toward Sustainable Communities: Resource for Citizens and Their Governments.* Gabriola Island BC, Canada: New Society Publishers.

108. Rouget, M., R. M. Cowling, A. T. Lombard, A. T. Knight, and G. I. H. Kerley (2006), "Designing large-scale conservation corridors for pattern and process." *Conservation Biology*, Vol. 20(2), pp. 549-561.

109. Rumming, K. (2006), *Sustainable Urban Development — the Ecologically Exemplary New Settlement of Hannover-Kronsberg.* Summary planning report, Hannover City Council, Hannover, Germany.

110. Saaty, T. L. (1980), *The Analytic Hierarchy Process.* New York: McGraw-Hill.

111. Schumacher, E. F. (1973), *Small Is Beautiful: A Study of Economics as If People*

Mattered. London: Blond & Briggs Publisher.

112. SEDEPTF (Minnesota Sustainable Economic Development and Environmental Protection Task Force) (1995), *Common Ground: Achieving Sustainable Communities in Minnesota*. St. Paul: Minnesota Planning.

113. Seelig, S. (2011), "A master plan for low carbon and resilient housing: The 35 ha area in Hashtgerd New Town, Iran." *Cities*, 28(6): 545-556.

114. Sitarx, D. eds. (1993), *Agenda 21: The Earth Summit Strategy to Save Our Planet*. Boulder, Colorado: Earth Press.

115. Southworth, M. (2005), "Designing the walkable city." *Journal of Urban Planning and Development*, Vol. 131(4), pp. 246-257.

116. Steiner, F. (2000), *The Living Landscape: An Ecological Approach to Landscape Planning of Landscape Planning*. New York: McGraw-Hill Press.

117. Sustainable Seattle (1998). *The Sustainable Seattle 1998 Indicators of Sustainable Community: A Report on Long-Term Trend in Our Community*.

118. Tackett, T. (2008), Seattle's policy and pilots to support green storm water infrastructure. Paper in the International Low Impact Development Conference.

119. Taylor, P. W. (1986), *Respect for Nature*. New Jersey: Princeton University Press.

120. Tian, Y., C. Y. Jim, and H. Wang (2014), "Assessing the landscape and ecological quality of urban green spaces in a compact city." *Landscape and Urban Planning*, Vol. 121, pp. 97-108.

121. Turner, J. F. (1976), *Housing by People: Toward Autonomy in Building Environments*. London: Marion Boyars.

122. Turner, R. K., Jeroen C. J. M. Van Den Bergh, T Söderqvist, et al. (2000), "Ecological-economic analysis of wetlands: scientific integration for management and policy." *Ecological Economics*, Vol. 35(1), pp. 7-23.

123. Urban Ecology (1990), *1990 Eco-city Conference Report*. Berkeley, CA: Urban Ecology.

124. U.S. Department of Transportation (DOT) (1989), *A Guide to Land Use and Public Transportation*. U.S. Department of Transportation.

125. Uuemaa, E., Ülo Mander, and R. Marja (2013), Trends in the use of landscape spatial metrics as landscape indicators: a review. *Ecological Indicators*, Vol. 28, pp. 100-106.

126. Van der Ryn, S., and P. Calthorpe (1991), *Sustainable Communities: A New Design Synthesis for Cities, Suburbs and Towns*. San Francisco: Sierra Club Book.

127. Van der Ryn, S., and S. Cowan (1996), *Ecological Design*. Washington, D.C.: Island Press.

128. Verma, S. C. (1982), "Modified Horton's infiltration equation." *Journal of Hydrology*, Vol. 58(3-4), pp. 383-388.

129. Wates, N., and C. Knevitt (1987), *Community Architecture: How People are Creating their own Environment*. London: Penguin.

130. WCED (World Commission on Environment and Development) (1987), *Our Common Future*. New York: Oxford University Press.

131. WCU (World Conservation Union) (1991), *Caring for the Earth: A Strategy for Sustainable Living*. Switzerland: Gland.

132. Webber, M. W. (1976), *The BART Experience—What Have We Learned*? Research Report. Institute of Urban & Regional Development, UC Berkeley.

133. Wheeler, S. (2004), *Planning for Sustainability: Creating Livable, Equitable, and Ecological Communities*. New York: Routledge.

134. Wheeler, S. (2012), *Climate Change and Social Ecology: A New Perspective on the Climate Change*. New York: Routledge.

135. Wheeler, S., and T. Beatley eds. (2014), *The Sustainable Urban Development Reader*. New York: Routledge (the third edition).

136. White, R. R. (2002), *Building the Ecological City*. New York: CRC Press.

137. Wilson, E. O. (1984), *Biophilia*. Cambridge: Harvard University Press.

138. Wilson, E. O. (1992), *The Diversity of Life*. Cambridge: Harvard University Press.

139. Wilson, E. O. (2000), *Sociobiology: The New Synthesis*. The Twenty-Fifth Anniversary Edition (1975), Cambridge: Harvard University Press (first edition).

140. With, K. A. (1997), "The application of neutral landscape models in conservation biology." *Conservation Biology*, 11(5), 1069-1080.

141. World Commission on Environment and Development (Brundtland Commission) (1987), *Our Common Future*, New York: Oxford University Press.

142. Wu, L., Q. Jiang, and X. M. Yang (2012), "Carbon Footprint Incorporation into Least-cost Planning of Eco-city Schemes: Practices in Coastal China." *Procedia Environmental Sciences*, Vol. 13, pp. 582-589.

143. Wu, K.-L. (1994), *A Study of the Spatial Relationship between Jobs and housing in the San Francisco Bay Area: Improving the Jobs-Housing Balance to Improve Regional Mobility*. Berkeley, UC Berkeley, Department of City and Regional Planning, Master's Thesis.

144. Wu, K.-L. (2014), "Sustainable Urban Development in China." in *The Sustainable Urban Development Reader* (the third edition), edited by S. Wheeler and T. Beatley. London: Routledge, Taylor & Francis Group.

145. Wu, K.-L. (2014), Developing a Green TOD Urban Design Model to Promote Sustainable Urban Development. in *City and Countryside*, edited by A. Lai and M. Lu. Harbin: Harbin Institute of Technology Press.

146. Wu, K.-L. (2017), *Developing A Green TOD Planning Model for Promoting Sustainable Development of Emerging City-Regions: Case Study of Kinmen, Taiwan. Research report, Ministry of Science and Technology of Taiwan*. (Project No: MOST 105-2410-H-507-005)

147. Wu, K.-L., L. Shan, W. L. Jing, C.-C. Liu, J. H. Liu, and Y. N. Tang (2014), "Developing a Planning Model for the Construction of Ecological Corridors for Low-Carbon Ecological Cities: A Case Study of the Shenzhen International Low-Carbon City." *Advanced Materials Research*, pp. 838-841: 2823-2829.

148. Wu, K.-L., S.-T. Yeh, and K. Y. Chu (2013), Developing an Evaluation Framework for Solar Building from the Viewpoint of Sustainable and Ecological Cities. *Applied Mechanics and Materials*, pp. 316-317: 171-175.

149. Wu, K.-L., L. Shan, X. Li, and Y. M. Shi (2013), "Developing a Low-carbon Ecological City Planning Model from the Viewpoint of Eco-region: Case Study of Shenzhen." *Advanced Materials Research*, pp. 869-870: 218-225.

150. Wu, K.-L., D. Y. Zhang, Z. C. Zou, and L. Shan (2015), "Employing RS and Landscape Ecology Indicators in Measuring the Changes of Landscape Patterns in Low Carbon Eco-City Planning." *Advanced Materials Research*. Vol. 1092-1093.

151. Wu, Q., H.-Q. Li, R.-S. Wang, J. Paulussen, Y. He, M. Wang, B.-H. Wang, and Z. Wang (2006), "Monitoring and predicting land use change in Beijing using remote sensing and GIS." *Landscape and Urban Planning*, 78(4): 322-333.

152. Xie, M., Y. Wang, and Q. Chang, M. Fu, and M. Ye (2013), "Assessment of landscape patterns affecting land surface temperature in different biophysical

gradients in Shenzhen, China." *Urban Ecosystems*, 16, pp. 871-886.

153. Young, M. D. (1992), *Sustainable Investment and Resource Use*. Great Britain: The Parthenon Group.

154. Zhang, L., Y. Feng, and B. Chen (2011), "Alternative Scenarios for the Development of a Low-Carbon City: A Case Study of Beijing, China." *Energies*, 4: 2295-2310.

155. Zhou, X., and Y.-C. Wang (2011), "Spatial–temporal dynamics of urban green space in response to rapid urbanization and greening policies." *Landscape and Urban Planning*, 100(3): 268-277.

156. Zonneveld, I. S. (1995), *Land Ecology: An Introduction to Landscape Ecology as a Base for Land Evaluation, Land Management & Conservation*. Amsterdam: SPB Academic Publishing.

157. 日本環境共生住宅推進協議會 (1998)，《環境共生住宅 A-Z》，東京：ビオツテ株。

【網頁資料】

1. City of Elk Grove, http://www.egplanning.org/projects/lagunawest/

2. Friberg, L. Innovative Solutions for Public Transport; Curitiba, Brazil. 2007, www.world.org/transportbtrans/pub_tr/curitiba_summary.pdf.

3. Metro of Rouen, http://mapa-metro.com/en/france/rouen/rouen-metro-map.htm

4. Naha-Airport, www.naha-airport.co.jp

5. OnTheWorldMap, http://ontheworldmap.com/france/city/rouen/rouen-metro-map

6. Seattle Housing Authority, http://www.seattlehousing.org/

7. Seattle Public Utilities, Sustainable in Seattle: from Street Edge Alternatives to City Standards. www.seattle.gov/ util/naturalsystems

8. Sustainable Planning in San Francisco Website，http://www.sustainable-city.org/

9. Sustainable Seattle，http://www.sustainableseattle.org/

10. Urban Drainage and Flood Control District, Colorado, "RUNOFF: DRAINAGE CRITERIA." http://www.udfcd.org/ 2007.

11. WIKIMEDIA COMMONS, https://commons.wikimedia.org/wiki/File:Almere_public_transport_network.svg

12. 深圳市氣象局，「深圳市分區氣候特徵」http://www.szmb.gov.cn/article/QiHouYeWu/qihouxinxigongxiang/qhgx_fenqutezheng.html

國家圖書館出版品預行編目(CIP)資料

生態規劃設計理念在海峽兩岸土地開發管理與城鄉規劃設
計的實踐 / 吳綱立著.--
二版. -- 臺北市 : 五南, 2019.07 ;
　　面 ;　　公分
ISBN 978-957-763-493-1 (平裝)
1.都市計畫　2.土地開發　3.景觀建築
445.1　　　　　　　　　　108010168

生態規劃設計理念在海峽兩岸土地開發管理與城鄉規劃設計的實踐

作　　者　吳綱立
發 行 人　楊榮川
主　　編　高至廷
出 版 者　五南圖書出版股份有限公司
地　　址　106 台北大安區和平東路二段 339 號 4 樓
電　　話　(02)2705-5066
傳　　真　(02)2706-6100
網　　址　http://www.wunan.com.tw
電子郵件　wunan@wunan.com.tw
劃撥帳號　01068953
戶　　名　五南圖書出版股份有限公司

法律顧問　林勝安律師事務所　林勝安律師

初版一刷　2018 年 12 月
二版一刷　2019 年 7 月　　　　　　定　　價　新台幣 480 元
ISBN 978-957-763-493-1